한방의 효능이 있는
놀라운 생약

약초
대백과

본초학 연구회 편저

백만문화사

<약초대백과>를 소개하며

　우리 주위에 있는 나무, 풀, 뿌리, 열매들이 우리 몸을 깨우고, 힘을 주고, 되살려 내는 약초가 될 수 있습니다. 저는 질병을 치료하러 오는 환자들이 그 약초들이 내 몸에 어떻게 작용해서 도움을 주는지 알 수 있는 기회를 주고 싶어서, 직접 눈으로 보고 만져보고 냄새를 맡아보고 맛을 보는 한방체험을 수년간 진행해 오고 있습니다. 내 주위의 풀이 내 몸과 인연을 맺는 경험을 하면서, '자연 속에 함께한다.'는 겸허함과 '신비한 몸을 지닌 나'에 대한 소중함을 깊이 알 수 있기를 바라고 있습니다.

　최근 만나게 된 <약초대백과>는, 이렇게 우리 몸과 이어질 때 신비한 일을 하는 약초들에 대해 하나하나 살피고 철철이 그 모양을 사진으로 담고 있었습니다. <약초대백과>를 본 첫 감상은 사진이 참 좋다는 것이었습니다. 이 사진은 어느 산에서, 이 사진은 어느 들판에서 언제 찍었을까 하는 생각과, 같은 약초라도 꽃은 봄에 찍었겠지, 열매는 가을에 다시 찍었겠지 하고 생각하면서 사진과 함께 나의 영혼이 산과 들, 시간을 초월하여 함께하면서 숙연한 마음을 갖게 되었습니다.

환자를 진료하는 한의사로서 백문이 불여일견(百聞不如一見)이라는 말을 더욱 절실하게 느끼고 있었습니다. 그런데 바로 그 "백문불여일견(百聞不如一見)이란 문장은 <약초대백과>를 표현하기 위하여 만들어졌나 보다."라고 생각하게 되었습니다. 여기에서 더 나아가 "백견불여일행(百見不如一行)"이란 말을 전하고자 합니다. <약초대백과>를 나침반 삼아 직접 실물과 접하는 경험을 해보기를 권하고 싶습니다. 산과 들에서 직접 보고, 인연이 있는 약초를 직접 취하여 활용까지 해본다면 삶의 또 다른 가치를 창조할 것입니다.

흔히 아는 만큼 보이고, 잘 아는 만큼 즐거운 법인데 주위의 잡초처럼 보이는 풀이 약초라는 것을 알면서 산행을 한다면, 산의 초목이 그저 초목일 때와는 산행의 즐거움이 한층 다르지 않겠습니까?

요즈음은 정보화 시대이다 보니 약초명을 하나 넣고 검색하면 여러 가지 정보와 다양한 이미지 사진을 볼 수 있습니다. 그러나 다양한 정보와 이미지에서 내가 원하는 것을 찾기는 어렵고 찾았다 하더라도 시간이 필요하고 또한 정리가 필요합니다. 그러므로 어느 시점에서 내 것이 아닌 그저 저 멀리 정보의 바다에 그러한 것이 있다 하는 정도로 귀결되는데, 이러한 때 <약초대백과>가 있다면 하나의 표준을 잡아 줄 수 있을 것입니다.

이 책에는 약초의 학명과 생약명, 기본 정보와 효능, 약성 활용법 등이 간략하지만 충실하게 기재되어 있습니다. 글이란 중언부언 늘리기는 쉽지만 일목요연(一目瞭然)하게 축약하기는 어렵습니다. 한 글자 한 글자 정수만을 담으려 고심하고 일관성 있게 정리한 <약초대백과>에 감탄하였습니다

책을 한 장 두 장 넘기다가 약초명과 사진 그리고 한 줄의 묘사를 보면서 정신없이 다음 페이지를 넘기게 됩니다. "이 세상에 이렇게나 다양한 꽃말이 있었구나"하고 감탄하면서 소나무의 꽃말은 '정절, 장수'이고, 요즘 처방에 많이 활용하고 있는 금은화(金銀花) 즉 인동초의 꽃말이 '사랑의 인연'이라는 것도 확인해 보게 되었습니다.

<약초대백과>를 접하셨다면 먼저 익히 알고 있는 나무와 꽃을 살펴보아 간단한 식생 정보를 확인하고 약으로는 어떠한 작용과 활용이 있는지를 알아보면 도움이 될 것입니다. 간단한 약초명에 서술한 효능을 참고한 후 스스로 파악하고 필요한 약초를 찾다 보면 제대로 독서의 즐거움을 맛볼 수 있을 것입니다. 틈틈이 소개되는 「민간요법」도 쏠쏠한 정보를 제공하고 「그렇군요」에서 제공하는 정보도 새삼 상식을 넓혀주는 화수분이 됩니다.

한의대 학생시절 본초 현장학습으로 축령산에 오르며 교수님과 조교 선배님을 졸졸 따라다니며 약초 설명을 듣던 기억이 납니다. 이때 <약초대백과>와 같은 책이 있어서 옆구리에 끼고 가서 같이 공부하였다면 얼마나 좋았을까 하는 아쉬움과 함께 산행에 대한 욕구가 솟아오릅니다.

자연과 건강, 약초에 관심이 있으신 분들, 또는 등산을 하며 호연지기를 기르는 분들에게 <약초대백과>가 곁에 있다면 인생은 좀더 행복해지고 즐거워지지 않을까 생각하면서 이 책 <약초대백과>를 추천합니다.

유용우 (한의사 · 유용우 한의원장)

　질병을 치료하고 예방하는 데 약의 재료로 쓰이는 식물이나 약물을 가리켜 약초라 한다면 당연히 그 쓰임새와 효용을 알아두어야 약초를 처방하게 된다. 오래 전부터 많은 사람들은 식물의 생태는 물론이거니와 직접 먹어 보거나 물질에 대한 특수 작용을 시험해 보면서 질병이 발생한 시기나 절기, 기후에 대해 경험적인 근거를 이용해 인간의 자연에의 적응과정에서 나타나는 여러 경험을 통해 실증을 얻게 되었다. 그 이유는 수록된 약물 중에 식물류가 대다수이기 때문이라 여겨진다.

　산이 많은 우리나라의 지정학적 환경을 고려할 때 약초를 찾는 일은, 그리고 그 약초가 되는 식물에 대한 실증을 얻게 된 것은 자연스러운 일이었을 것이다. 이러한 과정은 결국 우리나라뿐만 아니라 중국 등지에서 식물의 뿌리나 뿌리줄기, 나무껍질, 꽃, 잎, 종자나 전초, 이른바 생약이라 칭하는 약물들을 연구하는 자연스런 계기가 되었고 그러면서 유독성과 무독성을 알게 되었으며 식이 여부 또한 가려내게 되었다.

　한의학에서 사용하고 있는 고(膏), 단(丹), 환(丸), 산(散) 등으로 제재한 약물을 포괄해서 우리는 한약이라 말하는데 풀뿌리, 열매, 나무껍질 따위가 주요 약재로 쓰인다. 한약은 약 4천 년 전부터 중국에서 쓰인 것으로 전해지며 우리나라에는 신라 초기에 수입된 것으로 기록되어 있다. 한약의 이전에는 사람의 질병을 미신적 사상과 천(天)과 지(地)를 믿는 사상에 의하여 병을 물리칠 수 있다고 생각해 왔다. 그러나 시대가 지남에 따라 인가 주변의 초근목피를 인간의 본능에 의해, 순수경험을 통해, 집적된 경험을 통해 한약이 생겨났다. 중국에서는 중약(中藥)이라 하고 우리나라에서는 종래 한약(漢藥)이라 부르던 것을 한약(韓藥)으로 개칭하여 부르고 있다. 동양 여러 나라에서는 그 한자명의 차이가 있고 아직도 치료효능이 있는 것을 통틀어서 한약이라 하고 그 원료식물을 한약재라고 한다.

　한의학에서는 약물의 기원이나 성질, 성미(性味)나 효능, 형태, 포제(炮製), 배합과 응용의 지식을 주요 내용으로 연구하는 학문을 본초학(本草學)이라 하는데 본초학 최초 전문서는 약조신이라 일컬어지는 신농이 저술하였다는 《신농본초경(神農本草經)》이 있다. 이 책은 옛날 백성들이 오랫동안 의료 실천을 통하여 얻은 약물학 성과를 총결한 책이고 본초학을 집대성한 사람은 중국 명나라 말기의 박물학자이자 약학자인 리스전(이시진)이다. 그가 지은 《본초강목(本草綱目)》전52권의 책에는 명칭의 유래와 형태, 수치, 약효, 약리를 해설하고 처방이 담겨 있어 한의서의 대표적인 책으로 꼽힌다. 또한 1596년(선조 29)에 왕명에 의하여 어의(御醫) 허준(許浚)이 엮은 《동의보감(東醫寶鑑)》은 우수한 한의약학의 백과사전으로 한의학에서는 바이블처럼 여겨진다.

　이 책은 그러한 책들의 자료 등을 통하여 자세히 설명되어 엮어졌으며 한방에서 이용되는 처방에 대한 것이나 섭생(양생)할 수 있는 정보를 제공함으로써 건강에 주의를 기울이며 증진을 꾀할 수 있도록 모든 힘을 기울였다. 중국의 《황제내경(皇帝內徑)》의 <소문(素門)>에는 주로 생리, 병의 원인, 이론 등의 기초의학에 해당하는 것과 양생에 관해 기록되어 있다.

　건강은 건강 이상의 것에 존재한다. 한방에 기초한 <약초대백과>를 접한다는 것은 건강을 지향하는 사람들에게 절대적 가치를 부여한다. 매우 기쁜 일이다.

본초학 연구회

차례

차례

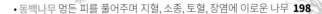

차례

차례

차례

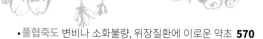

ㄱ

가는기린초/가래나무/가막사리/가막살나무/가문비나무/가시연꽃/가죽나무/갈대/감나무/갓/강아지풀/강황/개망초/개머루/개미취/개병풍/개비름/개비자나무/개석송/개오동나무/갯까치수영/갯댑싸리/갯완두/거지덩굴/검화/겨우살이/결명자/계뇨등/고마리/고비/고사리/고수/고욤나무/고추나물/고추냉이/골담초/곰솔/관중/광대수염/괭이밥/구기자나무/구름송이풀/구릿대/구상나무/구족도리풀/구지뽕나무/귀룽나무/극락조화/금난초/금낭화/금목서/금방망이/금불초/금어초/금잔화/기린초/깽깽이풀/꽃다지/꽃치자나무/꽈리/꿩의다리/끈끈이주걱

가는기린초

강장효과와 정신안정에 효험을 나타내는 약초

학명 *Sedum aizoon*
과 돌나물과 여러해살이풀
서식장소 산기슭, 모래자갈 땅
개화기 7~8월
분포 한국, 일본, 중국, 몽골, 시베리아
　　　등지의 온대지방
크기 높이 약 20~50cm
꽃말 기다림

■ 형태 및 생태

줄기는 뭉쳐나며 원기둥 모양으로 곧게 선다. 잎은 어긋나며 피침형이다. 거꾸로 줄 모양 혹은 좁고 긴 타원형으로 잎자루는 없다. 잎의 가장자리에는 둔한 톱니가 있고 꽃은 산방상 취산꽃차례로 원줄기 끝에 노랗게 달린다. 뿌리줄기는 짧고 굵다. 열매는 골돌과로서 달걀 모양이고 10개 내외의 종자가 8~9월에 익는다.

■ 이용

봄에 어린 줄기와 잎을 나물로 먹는데 신맛이 있어 데친 다음 물에 담갔다가 먹는다. 8~9월 꽃이 피었을 때 채취하여 햇볕에 말린다.

■ 복용법

하루 5~9g, 신선한 것은 60~90g을 달여서 복용하며 외용 시에는 짓찧어서 환부에 붙인다.

■ 약성

맛은 시고 성질은 평하다.

■ 생약명

비채(費菜), 백삼칠(白三七), 양심초(養心草)

■ 다른 이름

가는꿩의비름, 가는잎기린초

■ 효능

개화기에 채취하여 말린 것을 비채(費菜)라 하며, 토혈이나 혈변, 심계항진증, 외상, 종기 등의 치료에 사용한다. 위장질환, 폐결핵, 콩팥에서 생기는 나쁜 증세, 간질병 치료에도 좋다. 인삼과 비슷한 강장 효과를 가지고 있으며 여러 가지 출혈 증상을 막아주고 정신을 안정시키는 작용을 한다.

학명 *Juglans mandshurica*
과 가래나무과의 낙엽활엽 교목
서식장소 산기슭 양지쪽
개화기 4월
분포 한국 중부 이북, 중국 북동부 시베리아
크기 높이 20m
꽃말 지성

▪ 형태 및 생태
우리나라 자생 호두라 할 수 있는 가래나무는 중부 이북의 산속에서 만날 수 있는 낙엽성 큰 키나무이다. 나무껍질은 암회색이며 세로로 터진다. 잎은 홀수깃꼴겹잎으로 긴 타원형 또는 달걀 모양 타원형이다. 꽃은 단성화로 4월에 피며 암꽃이삭에 4~10개의 꽃이 핀다. 열매는 핵과로서 달걀 모양 원형이고 9월에 익는다.

▪ 이용
어린잎은 삶아서 먹을 수 있으며 열매는 날 것으로 그냥 먹거나 요리하여 먹고, 기름을 짜서 먹기도 한다. 껍질을 채취하여 약용으로 사용하기도 하나 봄에는 수액을 받아 건강 차로 마시기도 한다.

▪ 복용법
5~6g을 1회분으로 하루에 2~3회, 일주일 정도 복용하면 효과가 있다.

▪ 약성
껍질의 맛은 떫은 맛, 쓴맛, 매운맛이 있다.

▪ 생약명
추목(楸木)

▪ 효능
장염, 이질(적리), 설사, 맥립종, 눈이 충혈하고 붓는 통증 등에 처방한다. 살균과 살충 작용을 하는 독성이 있는데 이 효능이 인체에 잠재하고 있는 암세포를 소멸하고 치유하는 효능을 보인다. 잎은 무좀 치료에 효능이 있다.

학명 *Bidens tripartita*
과 국화과의 한해살이풀
서식장소 논이나 개울
개화기 8~10월
분포 아시아, 유럽, 북아메리카, 오스트레일
리아 등지 온대와 열대
크기 줄기 20~150cm
꽃말 알알이 영근 사랑

▪ 형태 및 생태
줄기는 가지를 치고 전체에 털이 나 있다. 잎은 마주나며 아래 난 것은 피침형이고 가운데에 난 것은 긴 타원형 피침형이고 톱니가 있거나 3~5개로 갈라진다. 꽃은 양성화이며 가지 끝과 원줄기 끝에 한 개씩 달린다. 열매는 수과(瘦果)로 다른 물체에 붙어서 종자를 산포한다.

▪ 이용
어린순은 봄에 나물로 식용하는데 가볍게 데친 후 우려낸 뒤 조리한다. 전초와 뿌리는 약용한다. 전초는 여름과 가을에 지상부분을 잘라 햇볕에 말린다. 뿌리는 여름과 가을에 채취하여 햇볕에 말린다.

▪ 복용법
전초 6~15g, 신선한 것은 30~60g을 달여 복용하고 분말로 만들거나 짓찧어 낸 생즙을 복용한다. 뿌리도 6~15g을 달여서 복용한다.

▪ 약성
맛은 쓰고 달며 성질은 평하다.

▪ 생약명
낭파초(狼把草), 침포초(針包草), 낭야초(郎耶草), 오계(烏階)

▪ 유사종
도깨비바늘

▪ 효능
결핵을 치료하는데 사용한다. 전초는 기관지염과 폐결핵, 인후염, 편도선염, 이질 단독 등을 치료하며 뿌리 역시 이질과 단독에 효능이 있다. 위궤양과 장염 증상을 개선해 주며 혈압과 열을 내려주는 효능이 있다.

가막살나무

아토피와 소화불량을 다스리는 약초

학명 *Viburnum dilatatum*
과 인동과의 낙엽관목
서식장소 산허리 아래의 숲속
개화기 6월
분포 제주도, 일본, 타이완, 중국, 인도
크기 높이 약 3m
꽃말 사랑은 죽음보다 강하다.

■ 형태 및 생태
줄기는 한 개 이상 올라오며 곧게 자란다. 가지가 엉성하게 나와 위쪽이 엉성하게 둥글어지며 전체에 거친 털이 있다. 잎은 마주나며 둥글거나 넓고 달걀을 거꾸로 세운 모양이고 톱니가 있다. 턱잎은 없다. 꽃은 6월에 흰색으로 잎이 달린 가지 끝이나 줄기 끝에 취산꽃차례로 핀다. 열매는 달걀 모양 핵과로 10월에 붉게 익는다. 겨울에도 가지에 매달려 있다.

■ 이용
관상수로 정원에 심으며 울타리 방화수로 이용한다. 어린잎은 데쳐서 물에 담가 쓴맛을 우려낸 뒤 나물로 먹는다. 줄기는 수시로, 잎은 봄여름에 채취하여 햇볕에 말려 사용한다.

■ 복용법
아토피, 소화불량, 열 감기에는 말린 것 20g을 물 800㎖에 넣고 달여서 마신다. 기미, 주근깨에는 달인 물을 바른다. 열매를 먹으면 피로권태와 동맥경화 예방에 좋으며 담금주로 만들어 하루 20cc 정도 마셔도 건강 증진에 좋다.

■ 생약명
해아권두(孩兒拳頭)

■ 유사종
털가막살나무

■ 효능
과민성피부염에 활용되고 풍열로 인한 감기에 내복하며 열감기와 아토피, 소화불량, 기미, 주근깨에 좋다. 나뭇가지를 달여 그 즙을 죽과 함께 복용하면 소아의 기생충을 죽인다. 『당본초』에는 "삼충을 다스리고 위로 치밀어 오르는 기를 내리며 소화를 촉진시키는 효능이 있다"고 했다.

가문비나무

동맥경화, 천식을 예방하고 피톤치드를 내뿜는 나무

학명 *Picea jezoensis* CARR.
과 소나뭇과 고산성 상록침엽수
서식장소 높고 추운 산지
개화기 5월경
분포 한국, 일본 북해도, 중국, 만주, 우수리
크기 40m
꽃말 성실, 정직

형태 및 생태
나무껍질은 회백색이며 입고병에 아주 약해 생태적으로 추운 곳이 아니면 자라기 힘들다. 잎은 바늘 모양으로 작고 치밀하여 분재로 많이 사용한다. 잎의 횡단면 양측 가장자리에 송진구멍이 있다. 5월경에 붉은 자주색 암꽃이 핀다. 방울 모양의 열매를 맺으며 9월에 녹황색으로 익는다.

이용
한방에서는 열매를 협미자라 하며 약용한다. 봄과 가을에 채취를 한다.

복용법
말린 약재 1~3g을 달여서 복용한다. 붉게 익은 열매를 담금주로 하여 하루 20cc정도씩 복용하면 좋다.

생약명
협미(莢迷)

다른 이름
가문비, 감비

효능
가문비나무에서 나오는 피톤치드는 동맥경화, 천식예방, 디프테리아, 백일해균의 살균작용이 있다. 풍열로 인한 감기에 내복하고 과민성피부염에 활용된다.

그렇군요!
한자어로는 가문비(假紋榧) · 당회(唐檜) · 어린송(魚鱗松) · 삼송(杉松) · 사송(沙松) · 가목송(椵木松) 등으로 쓴다. 잎이 작고 치밀하여 분재로 많이 사용한다.

31

가시연꽃

통증을 다스리는 효과의 이로운 약초

학명 *Euryale ferox* Salisb.
과 수련과 한해살이
서식장소 못이나 늪
개화기 7~8월
분포 한국(경기, 강원이남), 일본, 중국, 인도
크기 잎 지름 20~200cm
꽃말 그대에게 행운을

▪️형태 및 생태

잎이 수면 위로 드러나는 부엽식물로서 우리나라에서 잎이 가장 큰 식물이다. 앞면은 광택이 나고 주름이 지면서 봄에 물속에서 발아한다. 발아한 잎은 작고 침모양이며 가시가 없는 화살촉 모양으로 성장하고 창 모양으로 변한다. 꽃은 화려한 자색으로 피며 충매화이다. 열매 식물체는 대부분이 가시로 덮여 있다. 열매는 장과로 물속에서 만들어지고 익으면 검게 변한다.

▪️이용

씨앗을 말려서 약용하거나 식용한다. 종자 성숙기에 채취하여 종자만을 꺼내 말리고 탕전하거나 환제 또는 산제로 복용한다. 뿌리줄기는 짧은 수염뿌리가 많이 나며 토란처럼 삶아 먹는다.

▪️복용법

한방에서 설사를 멎게 하거나 허리와 무릎이 저리고 아픈 것을 치료하는 데 쓴다. 가루로 만들어 꿀에 반죽한 것을 감인다식이라 하며 감인가루 3홉과 쌀가루 1홉을 섞어서 감인죽을 만들어 먹기도 한다.

▪️생약명

감실(欠實), 감인(欠仁)

▪️다른 이름

가시연

▪️효능

강장, 건비위, 견비통, 관절통, 소변실금, 오십견, 요통, 지혈, 진통 등의 효과를 지닌다.

가죽나무

방광염, 출혈 등에 이로운 약초

학명 *Ailanthus altissima*
과 소태나뭇과의 낙엽교목
서식장소 야생 또는 식재
개화기 6~7월
분포 한국, 일본, 중국, 몽골, 유럽 등지
크기 높이 20~25m
꽃말 누명

■ 형태 및 생태

가죽나무는 가짜 죽나무란 뜻이며 나무껍질은 회갈색이다. 잎은 어긋나며 위로 올라갈수록 뾰족해지고 털이 난다. 꽃은 6~7월에 원추꽃차례를 이루며 흰색으로 작게 핀다. 열매는 시과(날개열매)로 9월에 익는다. 긴 타원형이며 프로펠러처럼 생긴 날개 가운데 한 개의 씨가 들어 있다.

■ 이용

한방에서는 봄과 가을에 뿌리의 껍질을 채취하여 겉껍질을 벗기고 햇볕에 말려서 쓴다. 새순과 잎, 열매 수피와 근피를 약재로 이용한다.

■ 복용법

말린 약재 잎 10~20g에 물 1리터를 넣고 물이 반으로 줄도록 달여 하루 3회 식사 후에 한 컵씩 마신다.

■ 약성

잎은 맛은 쓰고 성질은 따뜻하며 독성이 조금 있다. 열매는 맛은 쓰고 떫으며 성질은 차갑다. 수피와 근피의 맛은 쓰고 떫으며 차고 독성이 조금 있다.

■ 생약명

춘백피

■ 효능

한방에서는 이질, 치질, 장풍 치료에 처방하고 민간에서는 이질, 혈변, 위궤양에 쓴다. 요도염, 방광염, 치질, 자궁출혈, 장출혈, 대장염, 설사, 해열 등의 치료에 탁월한 효능을 보인다.

■ 주의

독성이 약간 있다.

35

학명 *Phragmites communis* Trin.
과 벼과 여러해살이풀
서식장소 습지, 하천가, 도랑, 연못 가장자리 등
개화기 8~10월
분포 전 세계 냉온대, 난 온대 지역
크기 높이 3m 정도
꽃말 친절, 순정, 지혜

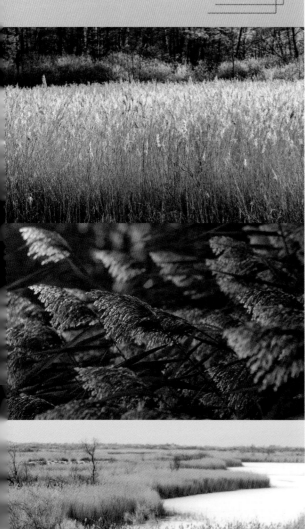

■ 형태 및 생태
뿌리줄기가 굵게 뻗으며 마디에서 굵은 줄기가 바로 서고 줄기 가운데가 비어 있다. 뿌리줄기는 땅속에서 층층이 뻗어나간다. 잎은 보통 아래로 향하며 잎 가운데에 뚜렷한 흰색 잎맥이 없고 잎 뒷면에도 튀어나온 잎맥이 없다. 꽃은 자갈색으로 줄기 끝에서 핀다. 열매는 영과(穎果)로 10월에 익으며 긴 타원형이다. 씨앗에 깃털이 있어 바람에 날려 멀리 퍼져나간다.

■ 이용
봄철이나 가을에 뿌리를 채취하여 뿌리에 수염을 다듬어 버리고 햇볕에 말린다.

■ 복용법
말린 약재 10g과 생강즙 4g을 섞어 물에 달여 하루 3회 나누어 복용한다. 뿌리 25g, 복숭아 씨 8g, 동아의 씨 8g을 섞은 비급천금요방(備急千金要方)은 폐옹(肺癰)에 사용한다.

■ 생약명
노근(蘆根)

■ 약성
맛은 달고 성질은 차갑다.

■ 다른 이름
노초, 갈

■ 효능
열을 내리게 하고 소갈 병을 낫게 한다. 뿌리는 치매예방에 좋으며 황달, 부증, 방광염, 이뇨 등에 효능이 좋다. 간, 신장, 폐열로 인한 기침, 폐농양, 복어중독의 치료에 좋다.

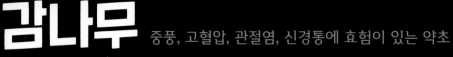

감나무

중풍, 고혈압, 관절염, 신경통에 효험이 있는 약초

학명 *Diospyros kaki*

과 감나무과의 낙엽활엽 교목

서식장소 따뜻한 지방

개화기 5~6월

분포 한국 중부이남, 일본, 중국 중북부

크기 높이 6~14m

꽃말 경의, 자애, 소박

◼ 형태 및 생태

줄기의 겉껍질은 비늘 모양으로 갈라지고 작은 가지에 갈색 털이 있다. 잎은 어긋나고 가죽질이며 타원형의 달걀 모양이다. 꽃은 양성화 또는 단성화로 5~6월에 황백색으로 잎겨드랑이에 달린다. 열매는 황적색 장과(漿果)로 달걀 모양 또는 한쪽으로 치우친 공 모양이고 10월에 주황색으로 익는다.

◼ 이용

감즙은 중풍의 명약으로 떫은 풋감을 절구에 넣고 짓찧은 다음 감 부피의 10분의1 분량의 물을 붓고 통에 옮겨 담은 뒤 날마다 한 번씩 잘 저어 5~6일쯤 두었다가 자루에 넣고 짜거나 고운 체로 걸러 5~6개월 동안 두었다가 약으로 쓴다. 감식초, 감장아찌, 주스 등으로 가공해 먹는다.

◼ 복용법

혈관 속 노폐물 제거와 혈액 순환의 효능이 있어 차로 마시면 좋다. 감잎차는 하루에 10g을 다려 차와 같이 마시면 된다.

◼ 생약명

시병(건시 또는 곶감), 시체(익은 감꼭지), 시엽(감나무잎)

◼ 유사종

돌감나무, 고욤나무

◼ 효능

중풍, 고혈압 등의 치료와 예방에 쓴다. 감은 멀미, 코피, 숙취해소에, 잎은 토혈과 객혈, 이질, 고혈압, 돼지고기 먹고 체한 데 좋으며 열매꼭지는 딸꾹질, 구토와 야뇨증, 백일해에 효능이 있다.

학명 *Brassica juncea*
과 겨자과의 한해살이풀
서식장소 보수력이 좋은 밭
수확기 10월 초~중순
분포 한국, 중국, 일본
크기 높이 1m
꽃말 무관심

▪️ 형태 및 생태
서늘한 기후를 좋아하는 채소로 잎의 모양이나 색깔이 다양하다. 보통 많이 재배하는 종류는 김치를 담그는 돌산갓과 김장의 양념으로 사용하는 얼청갓이다. 뿌리 잎은 넓은 타원형 또는 거꾸로 세운 달걀 모양으로 끝이 둥글고 밑부분이 좁아져 짧은 잎자루가 된다. 봄부터 여름까지 총상꽃차례에 노란꽃이 많이 달린다.

▪️ 이용
잎은 김치와 나물로 쓰는데 향기와 단맛이 있으며 매운맛도 약간 난다. 종자는 가루로 만들어 향신료인 겨자 또는 약용인 황개자(黃芥子)로 쓴다.

▪️ 생약명
개채(芥菜)

▪️ 파종시기
해가 많이 들고 따뜻한 남부지방은 9월 중순, 중부 지방은 9월 초에 파종하는 것이 좋다. 파종 2주가 되면 떡잎이 많이 퇴화하고 본 잎이 많이 자란다. 4주가 지나면 20cm정도까지 포기가 자란다.

▪️ 효능
항산화 물질이 풍부해 노화와 질병 발병을 억제하는 효과가 있다. 다량의 무기질과 비타민을 함유하고 있어 피부미용과 스트레스 완화에 효과적이다.

▪️ 고르는 법
줄기가 가늘고 연하며 솜털 같은 가시가 살아 있어야 한다. 갓김치, 겉절이로는 매운맛이 덜한 청색 갓이 좋고 김장 양념의 재료에는 잎이 두껍지 않고 붉은색을 띠는 얼청갓이 좋다.

41

학명 *Setaria viridis*
과 화본과의 한해살이풀
서식장소 길가, 들
개화기 한여름
분포 전국
크기 줄기 20~70cm
꽃말 동심, 노여움

■ 형태 및 생태
줄기에서 가지를 치며 털이 없고 마디가 다소 길다. 기부에서 갈라져 마치 누워서 자라는 것처럼 보이기도 한다. 잎은 털이 없고 밑부분은 잎집이 되며, 가장자리에 잎혀와 줄로 돋은 털이 있다. 꽃은 한여름에 피고 자주색이다. 꽃은 7~9월에 피며 동물 꼬리처럼 생겼고 백색 털이 밀생한다. 열매는 영과(穎果)로 전체 이삭이 익을 때는 살짝 고개를 숙인다.

■ 이용
종자는 구황식물로 이용되었으며 민간에선 9월에 뿌리를 캐어 기생충을 없애는 약으로 쓰인다. 한방에서는 여름에 전초를 채취하여 말린 것을 약용으로 사용한다. 옛날에는 하나의 구황식물로 여겨 씨를 모아 죽으로 끓여 먹기도 했다.

■ 복용법
전초를 말려 조금씩 뜨거운 물에 차로 우려먹으면 시력과 피부와 해열에 도움이 되며 뿌리를 말린 것을 달인 물을 먹으면 몸속의 기생충이 사라진다.

■ 약성
차가운 성질이 있다.

■ 생약명
구미초

■ 유사종
갯강아지풀, 수강아지풀, 자주강아지풀

■ 효능
차가운 성질을 가지고 있어 변비에 아주 좋으며 작은 종기나 여드름에는 달인 물로 씻어주면 염증이 가라앉는다.

학명 *Curcuma longa* Rhizoma
과 생강과의 한해살이풀
서식장소 열대, 아열대 지역
개화기 4~6월
분포 인도, 중국, 동남아시아
크기 1m
꽃말 당신을 따르겠습니다

■ 형태 및 생태
꽃이삭은 잎보다 먼저 나오고 넓은 달걀 모양
이며 연한 녹색의 포에 싸여 있다. 4~6월에 잎
겨드랑이에서 노란 꽃이 피며 뿌리줄기의 겉은
연한 노란 색이고 속은 주홍빛이다.

■ 이용
줄기와 뿌리는 식용, 약용으로 이용된다. 카레
가루의 향신료로 쓰기도 한다.

■ 약성
맵고 쓴 맛이 난다.

■ 생약명
울금(鬱金)

■ 효능
우울증을 치료하고 인지능력을 키운다. 커큐
민 물질이 있어 항염증 작용을 하고 위장질환,
생리불순 낭포성 섬유증, 암 치료와 예방을 돕
고 해독작용을 한다. 통증완화에도 효능이 있
다. 인도에서는 타박상이나 염좌에 바르는 약
으로 쓴다.

■ 그렇군요!
카레의 주원료인 강황에는 커큐민이라는 좋은
성분이 들어 있다. 미국 미시간대학교 연구팀
이 동물을 대상으로 실험한 결과, 강황이 콜레
스테롤 수치를 낮추고, 콜레스테롤이 혈관에
쌓이는 것을 방지하며, 혈소판이 엉겨 붙는 것
을 멈추게 하는 것으로 나타났다.
태국에서는 코브라 독액을 치료하며, 불교도의
의복을 염색하는 데 사용한다. 인도에서는 의
식에 쓰인다.

개망초

해독과 소화를 도우는 이로운 약초

학명 *Erigeron annuus* (L.) Pers.
과 국화과 두해살이풀
서식장소 산비탈 모래자갈 풀밭
개화기 6~7월
분포 한국, 일본 및 온대지방
크기 높이 30~100cm
꽃말 화해

■ 형태 및 생태

줄기 잎은 어긋나며 밑 부분은 달걀모양 또는 난상 피침형이며 양면에 털이 있고 잎자루에는 날개가 있다. 뿌리에서 난 잎은 로제트이고 꽃은 6~7월에 백색으로 피는데 더러는 자줏빛이 도는 혀꽃이 둘러싸고 있다. 열매는 수과로 8~9월에 익는다.

■ 이용

뿌리 잎을 나물로 한다. 전초를 약용한다. 꽃이 피기 전에 채취하여 햇볕에 말린다.

■ 복용법

말린 약재 15~30g을 달여서 복용한다. 혹은 즙을 내어서 복용한다.

■ 생약명

일년봉(一年蓬)

■ 유사종

망초 북아메리카 원산의 두해살이풀이다. 원줄기가 곧게 서고 위쪽에서 잔가지가 갈라져 끝에서 작은 꽃이 핀다.

■ 효능

청열, 해독, 소화를 도와주는 효능이 있으며 장염의 설사, 전염성 간염, 임파절염, 혈뇨를 치료한다.

개머루

말없이 죽어가는 간세포를 살려줄 천연항생제 약초

학명 *Ampelopsis heterophylla*
과 포도과의 낙엽성 덩굴식물
서식장소 산과 들
개화기 6월~8월
분포 한국, 일본, 중국, 타이완
크기 높이 약 3m
꽃말 희망

형태 및 생태

나무껍질은 갈색이며 마디가 굵다. 줄기는 덩굴 초본으로 기부는 목질화 된다. 껍질은 밝은 갈색이고 새 가지에 거친 털이 있다. 잎은 어긋나고 3~5개로 갈라진다. 꽃은 6~8월에 녹색 꽃이 취산꽃차례로 피는데 양성화로 잔 꽃이 많이 달리며 잎과 마주난다. 열매는 장과(漿果)로 8월 말에서 10월 중순 사이에 초록색에서 검은 파란색으로 익는다.

이용

줄기덩굴과 뿌리를 약용으로 이용한다.

복용

수액을 하루에 2리터씩 마시면 1주일에서 20일 정도 지나면서 복수가 빠지고 소변을 제대로 볼 수가 있다. 간염이나 간경화도 수액을 2, 3개월 꾸준히 마시면 회복된다. 전초 30g에 물 2리터를 넣고 처음에 센 불에 끓였다가 끓기 시작하면 불을 줄여 약한 불에 30분간 더 달여 하루 3번 복용한다.

생약명

산고등(酸古藤) 사포도(蛇葡萄), 야포도(野葡萄), 산포도(山葡萄)

효능

한방에선 관절통, 소변불리, 붉은색소변, 만성 신장염, 간염, 창독 등의 치료에 달여서 쓰거나 상처를 닦아내는 데 쓴다. 전초는 간염, 간경화, 부종, 복수 찬데, 신장염, 방광염, 맹장염 등에 효능이 있다.

주의

소화기능이 약하거나 부작용이 있을 때는 복용을 중단하거나 양을 줄여 복용한다.

개미취

가래, 천식에 약용하는 이로운 약초

학명 *Aster tataricus*
과 국화과의 여러해살이풀
서식장소 깊은 산속 습지
개화기 7~10월
분포 한국, 일본, 중국 북부 및 북동부, 몽골,
　　　시베리아
크기 야생 높이 1.5m 재배 높이 2m
꽃말 기억, 먼 곳의 벗을 그리다

■ 형태 및 생태

줄기는 곧게 서며 뿌리줄기는 짧고 위쪽에서 가지가 갈라지며 짧은 털이 난다. 근생엽은 꽃이 필 때쯤 되면 없어지며 줄기 잎은 어긋나기하고 가장자리에 날카로운 톱니가 있다. 꽃은 7~10월에 연한 자주색 또는 하늘색으로 피는데 두상화가 가지와 원줄기 끝에 달린다. 열매는 수과로 10~11월에 결실하며 털이 난다.

■ 이용

어린 순을 나물로 무쳐 먹는다. 쓴맛이 강하므로 데쳐서 여러 날 흐르는 물에 우려낸 다음 말려 오래 동안 두었다가 조리한다. 봄, 가을에 채취하여 진흙을 털어내고 햇볕에 말리든가 수염뿌리를 엮어 올려서 햇볕에 말린다.

■ 복용법

쓰기에 앞서서 잘게 썬다. 썬 것에 꿀을 넣어 약한 불에 볶아서 말린 것을 쓰기도 한다. 5~10g을 달여서 복용한다. 또한 말린 약재를 1회에 2~4g씩 200cc의 물로 달이거나 가루로 빻아 복용한다.

■ 약성

향기가 약간 있고 맛은 쓰다. 약간 달기도 하고 성질은 따뜻하며 독은 없다.

■ 생약명

자완, 백완, 자영(紫英), 청완

■ 효능

한방과 효능에서는 뿌리와 풀 전체를 토혈, 만성기관지염, 이뇨, 폐결핵성 기침, 천식 등에 처방한다. 진해, 거담, 항균 등의 효능이 있으며 이뇨제로도 사용된다.

개병풍

항암과 항산화 효능이 있는 이로운 약초

학명 *Rodgersia tabularis*
과 범의귀과의 여러해살이풀
서식장소 깊은 산속 골짜기 나무 아래
개화기 6~7월
분포 한국
크기 높이 약 1m
꽃말 행복, 너와 함께

형태 및 생태
우리나라에서 잎이 가장 큰 육상식물로 줄기는 크고 길며 곧게 선다. 뿌리에 달린 잎은 긴 잎자루가 있으며 줄기에 달린 잎은 잎자루가 짧고 가장자리가 7개 정도로 갈라진다. 꽃은 양성화로 6~7월에 흰색으로 피며 원추꽃차례로 빽빽하게 달린다. 열매는 삭과로 8~10월에 익는다.

이용
어린잎은 식용할 수 있으며 복통과 장염 치료, 설사를 멎는데 약용한다.

복용법
말린 약재를 1~2g 달여 복용하고 말리지 않은 잎이나 뿌리를 짓찧어서 외용제로 붙이기도 한다.

다른 이름
골병풍

효능
엘라그산이 많이 함유되어 있어 항암과 항산화 효능이 있으며 특히 유방, 식도, 전립선, 췌장에서 암세포 활동을 억제하는 기능이 있다. 뼈의 통증, 생리불순, 복통 등에서도 사용한다.

주의
변비가 있을 때는 많이 먹지 않는 것이 좋다.

그렇군요!
북방계 식물이라 좀처럼 발견하기 힘들다. 최근 설악산에서 서식지가 발견되었다고 한다. 오대산 멸종위기식물원에서 만날 수 있다.

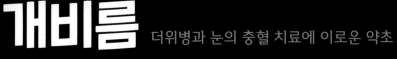

개비름

더위병과 눈의 충혈 치료에 이로운 약초

학명 *Amaranthus lividus*
과 비름과의 한해살이풀
서식장소 밭, 길가의 빈터
개화기 6~7월
분포 우리나라를 비롯 전 세계
크기 높이 30~80cm
꽃말 애정, 허식

형태 및 생태

논이나 길가에 흔히 보이는 식물로 전체에 털이 없으며 줄기는 연하고 밑 부분에서는 가지를 많이 뻗는다. 잎은 어긋나며 사각의 달걀 모양이다. 꽃은 양성화로 6~7월에 줄기 끝에 모여서 녹색으로 수상꽃차례를 이룬다. 열매는 포과(胞果)로 9월에 익으며 둥글고 꽃받침보다 약간 길며 주름이 조금 있다.

이용

어린잎은 식용한다. 가을에 여문 씨앗을 털어서 햇볕에 말린다.

복용법

말린 약재 3~5g을 진하게 달여 복용한다. 상처, 종기 같은 외상에는 생잎을 짓찧어서 붙여준다.

약성

『동의보감』에서는 성질이 차고 맛은 달며 독이 없다고 하였다.

생약명

야현

효능

씨앗은 해열, 해독, 감기, 이질, 눈의 충혈, 치질, 이뇨제로 쓰이며 변비에도 효과가 있다. 잎과 줄기도 같은 목적으로 쓰인다. 더위병과 나쁜 기운을 없애고 정신을 맑게 한다.

55

개비자나무

식도암, 폐암 치료에 이로운 나무

학명 *Cephalotaxus koreana*
과 주목과의 상록침엽 관목
서식장소 산골짜기, 숲 아래 습기 많은 곳
개화기 4월
분포 한국 경기, 충북이남
크기 높이 약 3m, 지름 약 5m
꽃말 소중, 사랑스러운 미소

형태 및 생태

줄기는 곧으며 작은 가지는 가늘고 녹갈색의 잎자국이 있다. 잎은 나선상으로 어긋나기를 하며 양쪽이 뾰족하고 잎 앞면은 녹색이고 윗면은 두 줄로 된 흰색의 기공선이 있다. 꽃은 단성화로 4월에 피며 10여 개의 뾰족한 녹색 포에 싸여 있다. 열매는 타원형으로 다음해 8~10월에 붉은색으로 익는다. 종자는 장타원형이고 갈색이다.

이용

열매를 식용하고 한방에서는 개비자나무의 종자를 토향비(土香榧)라고 하여 회충과 갈고리촌충 구제나 먹은 음식이 잘 소화되지 않을 때 이용한다. 종자는 기름을 채취하여 식용이나 등유용으로 쓴다.

복용법

달이거나 볶아서 복용한다.

생약명

토향비(土香榧)

다른 이름

좀비자나무, 조선조비(朝鮮粗榧), 눈개비자나무, 누은개비자나무, 좀개자나무

효능

림프육종, 식도암, 폐암 치료에 효능이 있다. 종기, 악창, 버짐, 옴, 무릎이 아픈 데에도 효능이 있다.

그렇군요!

잎의 끝 부분을 눌러 보았을 때 가시처럼 찔리는 감촉이 있으면 비자나무, 그렇지 않다면 주목이나 개비자나무이다.

57

학명 *Lycopodium annotinum*
과 석송과의 상록 여러해살이풀
서식장소 깊은 산의 숲속
분포 북반구의 온대지역
크기 높이 20cm
꽃말 비단결 같은 마음

■ 형태 및 생태
줄기는 옆으로 길게 뻗고 가지는 갈라진다. 잎이 바늘 모양으로 드문드문 달리며 군데군데에서 뿌리가 나온다. 잎은 빽빽하게 돌려나고 가장자리에 작은 톱니가 있다. 잎은 거의 직각으로 벌어진다. 포자는 여름에 익는다.

■ 이용
관상용으로 키우며 전초와 포자를 약용으로 풍습증, 타박상에 쓴다.

■ 복용법
고약을 만들어 습진, 곪은 상처에 바르거나 어린이 살포약으로 사용한다.

■ 생약명
삼만석송(杉蔓石松)

■ 유사종
석송

■ 효능
월경불순, 습진, 신경쇠약, 변비를 다스리며 피를 멎게 하고 몸무게가 줄어들 때, 밥맛이 없을 때 효능이 있다. 위통과 허리통증을 멎게 한다.

ㄱ ㄴ ㄷ ㄹ ㅁ ㅂ ㅅ ㅇ ㅈ ㅊ ㅋ ㅌ ㅍ ㅎ

개오동나무

간염, 간경화증, 간암 등의 간질환과
백혈병에 이로운 나무

학명 *Catalpa ovata*
과 능소화과 낙엽활엽 교목
서식장소 마을 인근이나 정원
개화기 6~7월
분포 한국, 일본, 중국 등지
크기 높이 10~20m
꽃말 젊음

■ 형태 및 생태

나무껍질은 잿빛을 띤 갈색으로 가지가 퍼지고 작은 가지에 잔털이 나거나 없다. 잎은 마주나거나 돌려나고 잎자루는 자줏빛이다. 꽃은 6~7월에 노란빛을 띤 흰색으로 가지 끝에 원추꽃차례로 달리며 털이 없다. 열매는 삭과(蒴果)로 10월에 익으며 종자는 갈색이고 양쪽에 털이 난다. 열매가 아카시아 나무처럼 주렁주렁 달리며 잎은 다 떨어져도 겨울에 긴 열매를 달고 있다.

■ 이용

한방에서 열매를 자실이라고 하며 나무의 속껍질은 자백피라고 하여 이용한다. 생으로 찧어서 무좀 치료에 쓰고 옥수수염과 잎을 같은 양으로 넣어 달여 먹으면 신부전증 치료에 효과가 있다. 열매가 익기 전 채취하여 그늘에 말린다.

■ 복용법

약재 말린 것 2g, 다슬기 10리터, 산머루 덩굴 한데 넣고 달여서 마셔주면 백혈병에 도움을 준다.

■ 생약명

자실

■ 다른 이름

향오동, 목각두, 개오동나무, 노나무

■ 효능

자실은 이뇨제로서 신장염, 단백뇨, 소변불리, 부종 등에 효과가 있으며 자백피는 신경통 황달, 신장염, 간염, 담낭염, 소양증, 암 등에 효능이 있다. 간경화증, 간암 등의 여러 간질환과 백혈병에 효능을 보인다. 복막염과 신장염에도 좋다.

갯까치수영

고혈압, 당뇨, 변비치료에 이로운 해변진주초

학명 *Lysimachia mauritiana* Lamarck
과 앵초과의 두해살이풀
서식장소 우리나라 남부지역 바닷가 바위사이
개화기 7~8월
분포 한국 남부지방, 동아시아, 남태평양 섬
크기 높이 10~40cm
꽃말 친근한 정, 그리움

▪ 형태 및 생태

줄기는 곧게 서고 밑에서 가지를 치며 잎이 아주 두툼하고 어긋난다. 월동시기부터 봄까지 잎에 뚜렷한 윤기가 흐르고 잎은 육질이며 넓은 피침형이고 붉은 색이 선명하다. 꽃은 여름에 피며 열매는 삭과로서 가을에 익는다. 열매의 끝부분이 열려 씨앗이 빠져나간다. 겨울이 되면 꽃이 핀 줄기 전체가 죽고 씨앗에서 싹이 터 꽃을 피운다.

▪ 이용

어린잎은 식용한다. 전초를 햇볕에 말려 쓴다.

▪ 복용법

말린 약재 3~5g을 달여서 2회로 나누어 복용한다.

▪ 다른 이름

갯까치 수염, 해변진주초, 갯좁쌀풀

▪ 효능

전초는 한방에서 강심제와 이뇨제로 이용되며 고혈압과 당뇨, 부종, 타박상, 변비치료에 뛰어난 효능이 있다.

▪ 그렇군요!

해안가 바위틈이나 마른땅에서 소금기를 머금은 바닷바람을 맞고 자란다.

학명 *Kochia scoparia* var. *littorea*
과 명아주과의 한해살이풀
서식장소 개펄
개화기 9~10월
분포 한국, 유럽, 남아시아, 중국
크기 높이 50~100cm
꽃말 고백

형태 및 생태
염생식물로서 염분이 많은 개펄에서 자란다. 줄기는 구불구불하고 나무처럼 단단하며 가지를 많이 친다. 잎은 어긋나고 피침형 또는 줄 모양 피침형이며 양쪽 끝이 좁아진다. 꽃은 9~10월에 연한 옥색 또는 붉은 빛으로 피고 잎겨드랑이에 몇 송이씩 모여 달린다. 열매는 포과로서 납작한 공 모양이다. 겉껍질은 막질로서 종자를 둘러싼다. 과실을 지부자(地膚子)라 한다.

이용
씨는 좁쌀만 하나 불려 삶으면 서너 배로 불어나 씹으면 톡 터지는 맛이 있다. 종자는 지부자, 어린 경엽은 지부묘(地膚苗)라 하며 약용한다. 가을에 열매가 익으면 전초를 베어 햇볕에 말린 다음 열매를 털어내 종자만 쓴다.

복용법
지부자 말린 것 6~15g을 달여 복용하거나 또는 환제로 복용한다. 외용 시에는 전액으로 환부를 씻는다. 지부묘는 30~60g을 달여 복용하거나 짓찧어서 즙을 내어 복용한다. 외용으로는 짓찧어서 즙을 내어 바르거나 전액으로 씻는다.

생약명
지부자(地腐子), 지규(地葵)

유사종
댑싸리 줄기와 가지가 곧게 서고 윗부분에 털이 있다.

효능
지부자는 청습열과 이소변, 소변불리, 임병, 대하 풍진, 창독, 음부습양을 치료하고 지부묘는 청열과 해독, 이뇨통림(利尿通淋), 적백리(赤白痢), 야맹증, 배뇨곤란 등을 치료한다.

65

갯완두

소변을 잘 보게 하고 독을 없애주는 약초

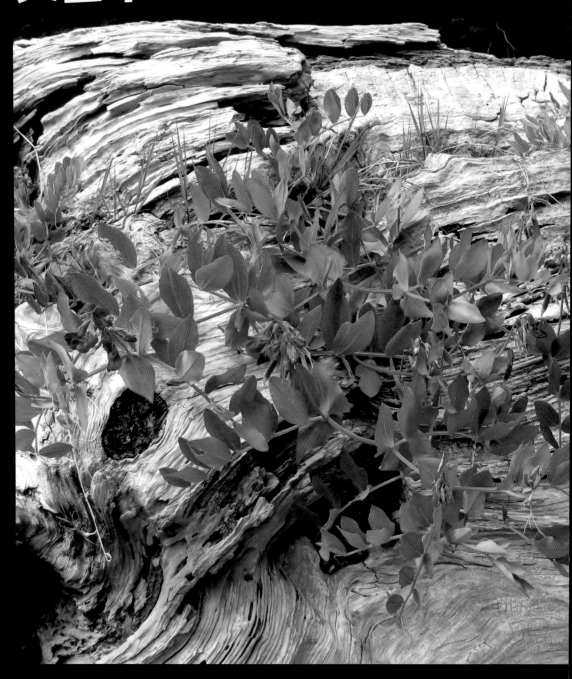

학명 *Lathyrus japonicus*
과 콩과의 여러해살이풀
서식장소 바닷가의 모래땅
개화기 5~6월
분포 한국
크기 높이 60cm
꽃말 미래의 기쁨

■ 형태 및 생태
땅속줄기가 발달하였으며 땅위의 줄기는 모가 나며 비스듬히 눕는 성질이 있다. 잎은 어긋나며 깃 모양이고 덩굴손이 있다. 꽃은 5~6월에 적자색으로 총상꽃차례를 이루며 잎겨드랑이에서 나온다. 열매는 협과(莢果)로서 7~8월에 익으며 자루가 없고 납작하며 긴 줄 모양 타원형이다.

■ 이용
봄에 어린 싹을 말려 사용한다. 씨는 식용으로 이용하고 줄기, 잎, 새싹은 약용으로 쓴다.

■ 복용법
말린 약재 10~20g을 사용하는데 1리터의 물을 붓고 달여 하루 3회로 나누어 복용한다. 가루나 환을 만들어 복용하기도 한다.

■ 약성
성질은 평하고 맛은 달다.

■ 생약명
대두황권(大豆黃卷)

■ 이명
개완두, 일본향완두, 야완두

■ 효능
서열증, 열나기 비증 뿐만 아니라 소변을 잘 보게 하고 각종 부스럼과 독을 제거하는 효능이 있으며 각기와 부스럼을 치료한다.

■ 주의
땀이 많을 때는 쓰지 못하며 해조류나 용담과 함께 사용할 수 없다.

거지덩굴

진통제 및 이뇨제로 쓰이고 간염, 황달에 이로운 약초

학명 *Cayatia japonica*
과 포도과의 여러해살이 덩굴식물
서식장소 산이나 들
개화기 7~8월
분포 한국(제주), 일본, 타이완, 중국, 인도
꽃말 기쁨, 박애, 자선

■ 형태 및 생태

땅속줄기는 땅속에서 옆으로 뻗는다. 줄기는 녹자색으로 능선이 있고 갈라져 나무나 풀을 감으며 올라간다. 뿌리가 옆으로 길게 뻗고 새싹이 군데군데에서 나온다. 잎은 어긋나며 잎자루는 길고 다섯 개의 작은 잎으로 된 겹잎이다. 꽃은 7~8월에 황록색으로 산방상 취산꽃차례로 피고 열매는 장과로 둥글고 검게 익는다.

■ 이용

어린 순을 데쳐서 나물로 먹기도 하고 초무침, 또는 볶음으로 먹는다. 전초 또는 뿌리를 오렴매라고 하며 한약재로 이용한다.

■ 복용법

하루 20~40g을 물로 달여서 복용하거나 가루를 내거나 술에 담가 복용한다. 또는 찧은 즙을 복용해도 된다. 외용약으로 쓸 때는 찧어 환부에 바른다. 달인 물을 정기적으로 복용하면 화농성 여드름에도 효과가 있다.

■ 약성

맛은 쓰고 시며 성질은 차고 독이 없다.

■ 생약명

오렴매(烏蘞莓)

■ 이명

오렴매, 오룡초, 발룡갈이

■ 효능

진통제 및 이뇨제로 쓰인다. 해독작용을 하는 성분이 있으며 화농성염증, 감염증, 외상, 습진, 피부염 등 악성 염증에 효능이 있으며 간염, 황달, 이질, 혈뇨에도 효능이 있다.

학명 *Viscum album* var. *coloratum*
과 겨우살이과의 상록 기생관목
서식장소 참나무, 물오리나무, 밤나무, 팽나무
개화기 3월
분포 한국, 일본, 중국, 타이완, 유럽, 아프리카
크기 지름 50~100cm
꽃말 강한 인내심

형태 및 생태
우리나라 산에서 흔히 마주칠 수 있는 기생식물로 둥지처럼 둥글게 자라고 키 큰 나무에 새 둥지처럼 붙는다. 잎은 마주나고 다육질이며 피침형으로 잎자루가 없다. 겨울에도 푸르다. 가지는 둥글고 황록색으로 털이 없으며 꽃은 3월에 황색으로 가지 끝에 피고 꽃대는 없다. 과육이 잘 발달되어 산새들이 좋아하는 먹이가 되고 새들에 의해 나무로 옮겨져 퍼진다.

이용
겨울에 채취하여 햇볕에 말려서 쓴다. 차, 술, 중탕으로 내려서 먹을 수 있으며 달일 때 대추, 감초를 함께 넣어주면 더욱 좋다. 한방에서는 풍습으로 인한 통증이나 관절 통증, 신경통, 태동이 불안할 때, 월경이 멈추지 않을 때 사용한다.

복용법
말린 것 30g을 물 700㎖에 넣고 달여서 마신다. 하루 서너 잔을 마시는데 가급적 미지근하게 덥혀서 마시는 것이 좋다.

생약명
상기생(桑寄生), 우목(寓木), 기동(寄童), 기생수(寄生樹)

다른 이름
동청(凍靑), 기생목

효능
고혈압, 당뇨, 중풍, 심장병에 좋으며 특히 폐암, 신장암, 위암 등에 효능이 뛰어나다. 혈관을 타고 흐르는 콜레스테롤을 제거해 주고 노폐물이 쌓이는 것을 막아준다. 또한 인슐린 분비를 촉진하여 혈당을 정상화 시켜주는데 좋은 효능을 보인다.

71

결명자

눈을 밝게 하며 간열을 내리는 이로운 약초

학명 *Senna tora*
과 콩과 일년생 초본식물
서식장소 밭
개화기 7~8월
분포 전국 각지
크기 키1~1.5m
꽃말 광명, 수줍음

형태 및 생태
결명자란 눈을 밝게 해주는 씨앗이란 뜻이다. 활모양의 꼬투리 속에 윤기가 나는 종자가 한 줄 들어 있는데 이것이 결명자이다. 종자에는 구부러진 어두운 색깔의 떡잎이 있다. 7~8월에 잎의 겨드랑이에서 노란 꽃이 핀다. 짧은 원기둥 모양이며 한 쪽 끝은 뾰족하고 다른 한 쪽 끝은 매끈하다. 양쪽의 옆에 황갈색의 넓은 세로 줄 및 띠가 있고 질은 단단하다.

이용
씨가 가을에 여물면 줄기째로 베어 말린 후 씨를 털어 모은다.

복용법
말린 약재 30g을 물 2리터 정도 비율로 끓여서 약한 불로 30분 정도 더 달인 후 복용한다. 볶아서 차로 마신다.

약성
특이한 냄새와 맛이 있으며 달고 쓰고 짜며 약간 차다.

생약명
결명자(決明子), 초결명(草決名), 마제초(馬蹄草), 양각(羊角), 강남두(江南豆)

효능
간열을 내리고 눈이 충혈 되고 붓고 아프며 눈물이 흐르는 증상을 치료한다. 야맹증에도 사용하며 열이 대장에 쌓여 생기는 변비에 효과가 있다. 그리고 혈압을 내리고 동맥경화 예방에도 효능이 있다. 약리효과는 혈압 강하, 이뇨, 통변, 자궁수축작용과 피부진균 억제, 콜레스테롤 강하 등의 기능이 있다.

73

학명 *Paederia scandens*
과 꼭두서니과의 낙엽활엽 덩굴식물
서식장소 산기슭의 양지쪽
개화기 7~8월
분포 한국, 일본, 중국, 필리핀
크기 줄기 5~7m 잎 길이 5~12cm
꽃말 지혜

■ 형태 및 생태
줄기와 잎은 달걀 모양 또는 피침형으로 마주
난다. 잎의 가장자리는 밋밋하다. 꽃은 7~8월
에 원추꽃차례 또는 취산꽃차례로 잎겨드랑이
나 줄기 끝에 달린다. 열매는 둥글고 윤이 나며
9~10월에 황갈색으로 익는다.

■ 이용
열매와 줄기와 뿌리를 채취하여 말린 뒤 약재
로 쓴다. 여름철에 채취하여 햇볕에 말리고 쓰
기에 앞서 잘게 썬다.

■ 복용법
말린 약재를 1회에 3~6g씩 200cc의 물로 뭉근
하게 달여서 복용한다. 타박상과 종기에는 생
것을 짓찧어서 환부에 붙인다.

■ 생약명
계뇨등(鷄尿藤). 취피등(臭皮藤), 취등(臭藤)

■ 효능
열매와 뿌리는 신경통, 위통, 간염, 기관지염의
치료에 효능이 있다. 한방에서는 열매 말린 것
을 계뇨등과(鷄尿藤果), 뿌리 말린 것을 계뇨등
근(鷄尿藤根)이라 하며 신경통, 류머티즘, 관절
염, 소화불량, 위통, 간염, 비장종대(脾臟腫大),
기관지염, 해수, 골수염, 타박상, 림프선염, 화
농성질환 등에 처방한다.

■ 그렇군요!
어린 가지에 잔털이 있으며, 식물체에 접촉하
면 암모니아 같은 구린내가 난다.

ㄱ
ㄴ
ㄷ
ㄹ
ㅁ
ㅂ
ㅅ
ㅇ
ㅈ
ㅊ
ㅋ
ㅌ
ㅍ
ㅎ

고마리

기혈을 통하게 하고 류머티즘, 지혈에 탁월한 약초

학명 *Persicaria thunbergii*
과 마디풀과의 한해살이풀
서식장소 양지바른 들이나 냇가
개화기 8~9월
분포 한국, 일본, 중국, 타이완, 인도
크기 높이 약 1m
꽃말 꿀의 원천

■ 형태 및 생태

고랑이나 개울에서 자란다고 고마리란 이름
이 붙여졌다. 줄기는 곧바로 올라가거나 줄기
의 능선을 따라 가시가 있으며 잎은 어긋나고
모양은 방패처럼 생겼다. 꽃은 8~9월에 피는데
가지 끝이나 잎겨드랑이에 연분홍색 또는 흰색
꽃이 뭉쳐서 핀다. 세모난 달걀모양 열매는 수
과로 10~11월에 황갈색으로 익는다.

■ 이용

전초(잎과 줄기, 뿌리)를 생으로 쓰거나 가을에 채
취하여 햇볕에 말려 이용한다. 어린 풀은 살짝
데쳐서 물에 잘 우려낸 다음 나물이나 된장국
을 끓여서 먹는다.

■ 복용법

하루에 전초 10g을 사용하는데 물 600㎖을 붓
고 달여서 아침저녁 2회로 나누어 복용한다.

■ 생약명

수마료

■ 약성

성질은 평하고 맛은 쓰다.

■ 이명

고만이, 꼬마리, 조선꼬마리,

■ 효능

전초를 수마료라고 하는데 기혈을 잘 통하게
하고 콜레라, 류머티즘, 지혈에 효능이 있다.

77

학명 *Osmunda japonica*
과 고비과의 여러해살이풀
서식장소 평지 또는 산야
분포 한국, 일본, 중국, 히말라야, 필리핀 등지
크기 높이 60~100cm
꽃말 몽상

▪ 형태 및 생태

땅속줄기는 짧고 굵으며 덩이 모양이고 잎이 뭉쳐난다. 잎은 어릴 때 붉은빛이 도는 갈색의 솜털들이 밀생하지만 성장하면서 없어진다. 잎의 가장자리에 잔 톱니가 있으나 자루는 없다. 포자기는 3~5월로 포자엽은 봄에 영양엽보다 먼저 나오고 포자는 9~10월에 익는다. 고비는 동그랗게 말려 있고 연갈색 솜털로 덮여 있어 고사리와 구분할 수 있다.

▪ 이용

어린순은 나물로 먹거나 국을 끓여서 먹는다. 뿌리에서 녹말을 만들어 떡을 만들어 먹기도 한다. 봄과 여름에 채취하여 햇볕에 잘 말린다. 한방에서는 뿌리줄기를 약재로 쓴다.

▪ 생약명

자기, 구척(狗脊)

▪ 다른 이름

꼬치미, 께치미

▪ 효능

감기로 인한 발열과 피부 발진에 효과가 있으며 기생충을 제거하고 지혈 효과가 있다. 말린 줄기와 잎은 인후통에 좋으며 뿌리는 이뇨제에 효능이 있다.

▪ 그렇군요!

고비는 풀고비, 팥고비, 탈고비, 참고비, 말고비, 호랑고비(관중)등이 있다. 이 중에서 호랑고비는 독초로 식용이 불가하며 나머지는 다 식용으로 가능하다.

고사리

동맥경화, 고혈압, 심혈관질환을 예방하는 나물

학명 *Pteridium aquilinum* var. *latiusculum*
과 양치류에 속하는 다년생 식물
서식장소 산과 들
분포 유럽, 아시아, 북아메리카, 남아메리카,
　　　호주, 뉴질랜드
크기 잎자루 길이 20~80cm, 잎몸 길이
　　　20~100cm
꽃말 달성

■ 형태 및 생태

뿌리줄기가 땅속에서 자라면서 곳곳에 잎을 뻗는다. 잎자루는 연한 황토색이며 땅에 묻혀 있는 부분은 털이 있고 갈색이다. 잎 조각은 갈라지지 않고 길게 자란다. 고사리는 하나의 종을 지칭하는 말이 아니라 약 10여 가지의 종이 속하는 속을 가리키는 말이다.

■ 이용

어린 순은 갈색으로 꼬불꼬불한 모양을 하고 소금에 절이거나 말려서 먹는다. 뿌리를 채취하는 시기는 10월부터 이듬해 3월까지가 좋다. 뿌리줄기는 녹말을 만든다.

■ 생약명

궐근(蕨根), 궐기근(蕨其根), 고사리근(高沙利根)

■ 효능

식이섬유소가 풍부하여 배변활동을 도와 변비를 예방한다. 면역력을 높여주고 기생충, 염증 치료에 효과가 있어 몸에서 열이 나는 발열증상이 있는 경우 해열제로도 효과가 높다. 나트륨을 배출하는 효과가 있어 혈압을 낮추고 동맥경화, 고혈압, 심혈관질환을 예방한다.

■ 주의

찬 성질이 있어 평소 손발이 차가운 사람의 경우 설사나 복통 등을 유발할 수 있다. 또한 고사리를 충분히 익히지 않은 경우 티아미나아제라는 성분이 사라지지 않아 비타민B1이 분해되니 충분히 익혀서 먹는 것이 좋다.

고수
위, 폐, 대장에 효험이 있는 약초

학명 *Coriandrum sativum*

과 미나리과의 한해살이풀

서식장소 재배

개화기 6~7월

분포 한국

크기 높이 30~60cm

꽃말 지혜, 아름다운 점

■ 형태 및 생태

풀 전체에 털이 없고 줄기는 곧고 가늘며 속이 비어 있고 가지가 약간 갈라진다. 잎에서 빈대 냄새가 나고 뿌리에 달린 잎은 잎자루가 길다. 꽃은 6~7월에 가지 끝에서 산형꽃차례로 10개 정도의 백색 꽃이 달리며 열매는 둥글고 10개의 능선이 있다.

■ 이용

줄기와 잎을 고수강회, 고수김치, 고수 쌈으로 먹는다. 한방에서는 전초를 호유, 열매를 호유자라 하여 건위제, 고혈압, 거담제로 쓴다.
호유 뿌리가 달린 전초를 봄에 채취하여 깨끗이 씻어 햇볕에 말린다.
호유자 8~9월 과실이 성숙하였을 때 열매를 채취하여 햇볕에 말려서 열매를 떨어 다시 햇볕에 말린다.

■ 복용법

호유 9~15g, 신선한 것은 30~90g을 달이거나 생즙을 내어 복용한다.
호유자 6~12g을 달여서 복용하거나 또는 산제로 하여 복용한다.

■ 생약명

호유 또는 향채(香菜)

■ 효능

베타카로틴, 칼륨, 비타민C 등이 풍부하게 함유되어 있어 혈중 콜레스테롤 수치를 낮춰주고 체내 나트륨을 몸 밖으로 배출시켜 피를 맑게 하며 고혈압이나 동맥경화, 심근경색증 등과 같은 혈관질환 예방에 효과적이다. 위장보호, 입 냄새를 없애고 기침을 멎게 하며 폐와 대장에 효능이 높다.

고욤나무

당뇨, 고혈압, 복수, 중풍에 이로운 나무

학명 *Diospyros lotus*
과 감나무과의 낙엽 교목
서식장소 민가 근처
개화기 6월
분포 한국(경기이남), 일본, 중국 등지
크기 높이 약 10m
꽃말 경의

■ 형태 및 생태
껍질은 회갈색이고 잔가지에 회색 털이 있으나 점차 없어진다. 잎은 어긋나고 타원형 또는 긴 타원형으로 끝이 뾰족하다. 꽃은 6월에 암수딴 그루 연한 녹색으로 피고 새가지 밑 부분의 잎 겨드랑이에 달린다. 열매는 둥근 장과로 10월에 황색에서 흑색으로 익는다.

■ 이용
한방에서는 열매를 따서 말린 것을 군천자(君遷子)라 하여 소갈, 번열증 등에 쓴다. 가을에 서리가 내린 뒤 채취하여 항아리에 저장 발효시켰다가 먹으면 건강에 좋다. 잎은 지혈, 진해제로 이용된다.

■ 복용법
말린 약재 3~5g을 진하게 달여 복용한다.

■ 약성
맛은 달고 떫으며 성질은 서늘하고 독이 없다.

■ 생약명
군천자(裙樋子)

■ 다른 이름
고양나무, 소시(小枾)

■ 효능
당뇨, 고혈압, 결핵성 망막출혈, 변비, 불면증 등을 치료하고 설사를 멈추게 하며 소갈증을 해소시키고 피부를 윤택하게 한다. 복수, 방광염, 중풍에도 효과가 있다.

■ 주의
많이 먹으면 숙병(宿病)을 일으킬 수 있고 냉기를 더하게 하며 기침이 잦다.

85

고추나물

우울증, 갱년기 장해를 다스리는 명약

학명 *Hypericum erectum*
과 물레나물과의 여러해살이풀
서식장소 들판의 약간 습한 곳
개화기 7~8월
분포 한국(남부지방, 제주)
크기 높이 20~60cm
꽃말 친절

■ 형태 및 생태
줄기는 둥글고 곧게 서며 가지를 친다. 잎은 마주나고 잎자루가 없으며 밑 부분이 서로 접근하여 원줄기를 감싸고 검은 점이 흩어져 있다. 가장자리가 밋밋하고 피침형 또는 달걀모양이다. 꽃은 7~8월에 취산꽃차례를 이루어 가지 끝에 달린다. 열매는 삭과로 달걀 모양이고 10월에 익는다. 작은 종자가 많이 들어 있다.

■ 이용
어린잎을 나물로 먹는다. 한방에서는 6, 8월에 풀 전체를 캐서 말린 것을 소연교(小蓮翹)라 하며 토혈, 코피, 혈변, 월경불순, 외상출혈, 타박상, 종기 등에 처방한다. 민간에서는 7월에 잎을 따서 말려 구충제로 이용한다.

■ 복용법
수종(水腫)에는 잎 15g에 후박나무 열매 10g을 섞어 달여 복용한다. 대변출혈에는 20~40g을 달여서 복용한다. 전초 20g에 물 800㎖을 넣고 달인 물을 반으로 나누어 아침저녁으로 복용하거나 즙을 내어 복용한다.

■ 약성
맛은 쓰며 성질은 평하고 독이 없다.

■ 생약명
소연교(小連翹)

■ 이명
소연교, 배초, 배향초

■ 효능
우울증 및 갱년기 장해에 효능이 있다. 불면, 초조, 현기증, 전신 권태감, 신경통, 요통, 두통 등에 뛰어난 효과가 있다.

고추냉이

만성적인 위장병 치료에 이로운 약초

학명 *Wasabia koreana*
과 십자화과의 여러해살이풀
서식장소 습하고 그늘진 곳에서 재배
개화기 5~6월
분포 한국, 일본
크기 30~50cm
꽃말 원한, 복수

◼ 형태 및 생태

줄기는 여러 겹으로 모여나기를 하며 뿌리 잎은 염통꼴로 잎가장자리에 잔 톱니가 있다. 꽃은 5~6월에 흰빛으로 피며 줄기 끝부분의 잎겨드랑이나 끝에 짧은 모두송이꽃차례로 달린다. 열매는 약간 구부러져 있고 끝에 부리모양의 돌기가 있다.

◼ 이용

전초는 봄에 김치를 담가먹고 땅속줄기는 신미료(辛味料)로 사용된다. 한방에서는 산규근(山葵根)이라 하여 약용한다. 뿌리줄기의 잔뿌리를 떼버리고 햇볕에 말린다.

◼ 복용법

생선회와 같이 먹으면 살균효과가 있다. 한방에서는 류머티즘, 신경통 등에 약재로 쓴다. 국소에 바르며 생선중독, 국수중독도 치료한다.

◼ 약성

따뜻하며 맵다.

◼ 생약명

산규근(山葵根)

◼ 효능

비타민C가 풍부하고 베타아밀라제 같은 소화효소가 있어 위가 아프거나 명치끝이 묵직한 느낌이 들 때, 헛배가 부를 때 등 만성적인 위장병 치료에 효과가 크다.

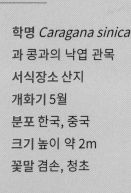

학명 *Caragana sinica*
과 콩과의 낙엽 관목
서식장소 산지
개화기 5월
분포 한국, 중국
크기 높이 약 2m
꽃말 겸손, 청초

■ 형태 및 생태

아주 옛날 중국에서 들어온 꽃나무이다. 줄기는 회갈색으로 가시가 뭉쳐나고 잎은 넓은 타원형이고 어긋난다. 꽃은 5월에 한 개씩 총상꽃차례로 피며 나비를 닮은 모양이다. 뒷부분에는 약간 붉은색이 많으며 시간이 갈수록 노란색 꽃이 붉게 변한다. 열매는 협과로 원기둥 모양이고 털이 없으며 9월에 익는다.

■ 이용

한방에서는 뿌리 말린 것을 골담근(骨擔根)이라 하는데 진통, 통맥의 효능이 있어 해수, 대하, 고혈압, 타박상, 신경통 등에 처방한다. 꽃을 따서 쌀가루와 섞어 시루떡을 해먹는다.

■ 복용법

뿌리를 캐서 말린 것 130g을 소주 1.8리터에 담가 먹으면 신경통 치료에 좋다.

■ 생약명

골담근(骨擔根), 금작근(金雀根), 토황기

■ 다른 이름

금작목, 금작화, 금계인

■ 효능

뼈를 다스린다는 뜻으로 골담초라 부르게 되었다. 뼈질환에 효능이 있으며 씹으면 심한 구역질이 나 식중독에 걸리거나 소화 장애가 있을 때 토해내게 하는데 아주 유용한 약초이다. 신경통, 진통, 이뇨작용, 강심, 관절통에 효능이 있다.

■ 주의

뿌리에 약간의 독성이 있어 한꺼번에 많이 먹어선 안 된다.

학명 *Pinus thunbergii*
과 소나뭇과의 상록교목
서식장소 바닷가
개화기 5월
분포 한국(중부이남), 일본
크기 높이 약 20m
꽃말 불로장수

형태 및 생태
잎이 소나무(적송) 잎보다 억세어서 곰솔이라 부른다. 나무껍질은 검은빛을 띤 갈색이며 거북 등처럼 갈라져서 조각으로 떨어진다. 잎은 짧은 가지 위에 두 개씩 달리고 꽃은 5월에 피며 암수한그루이다. 열매는 구과(毬果 방울열매)로 달걀 모양 긴 타원형이며 이듬해 9월에 익는다.

이용
나무껍질 및 꽃가루는 식용으로 쓰인다. 송홧가루는 차를 끓이거나 다식을 만드는데 썼다. 송진은 고약의 원료로 쓰였다.

생약명
송엽(松葉)

다른 이름
해송, 흑송, 완솔, 숫솔, 검솔

효능
소화불량이나 각기병 치료에 쓰였으며 강장제로도 효능이 있다.

관중

항산화, 항바이러스 작용에 강력한 약초

학명 *Dryopteris crassirhizoma*
과 면마과의 여러해살이풀
서식장소 산지의 나무 그늘
분포 한국, 일본, 중국, 동북부 등지
크기 50~100cm
꽃말 끼리끼리

형태 및 생태
뿌리줄기는 굵은 덩어리 모양이고 비스듬히 서며 광택이 많이 나고 잎이 돌려난다. 비늘조각은 피침형이고 광택이 있으며 가장자리에 긴 돌기가 있다. 잎조각은 줄 모양의 피침형이며 자루가 없고 끝이 뾰족하며 비늘조각이 있다. 특이한 점은 뿌리에서 줄기가 올라온 후 잎이 나는 것이 아니라 땅속의 뿌리에서 곧바로 잎이 땅 위로 뻗어 나온다.

이용
어린잎을 식용한다. 가을에 채취하여 엽병과 수염뿌리를 없애고 흙을 털어낸 뒤 햇볕에 말린다. 한방에서는 뿌리줄기를 약재로 쓴다.

복용법
말린 약재 5~9g을 달이거나 또는 환제, 산제로 복용한다. 외용 시에는 가루 내어 조합해서 바른다.

약성
성질은 차고 맛은 쓰며 독이 약간 있다.

생약명
관중(貫衆)

이명
면마(綿馬), 초치두(草鴟頭), 백두(白頭)

효능
강력한 항산화 작용을 하며 항바이러스 작용과 항균작용에 뛰어난 효능을 나타낸다. 지혈, 자궁출혈, 코피를 멎게 하고 항바이러스 작용으로 감기와 바이러스성 폐렴을 예방한다.

광대수염

자궁질환, 비뇨기질환에 이로운 약초

96

학명 *Lamium album* var. *barbatum*
과 꿀풀과의 여러해살이풀
서식장소 산지의 숲속 그늘진 곳
개화기 5월
분포 한국
크기 높이 약 60cm
꽃말 외로운 사랑

형태 및 생태
줄기는 곧게 서고 네모지며 털이 약간 있다. 잎은 마주나고 잎자루가 있으며 달걀 모양이다. 잎 끝이 뾰족하고 둥글거나 심장 모양이며 잎 가장자리에 톱니가 있다. 양면에 털이 있고 주름진다. 꽃은 5월에 자주색 또는 흰색으로 마주난 잎겨드랑이에 5~6개씩 층층으로 달려 핀다. 열매는 수과로 달걀을 거꾸로 세운 모양이고 7~8월에 익는다.

이용
봄에 어린 순과 줄기를 나물로 먹는다. 잎은 들깻잎처럼 맛이 담백하다. 꽃은 약용한다. 5~6월경에 전초를 채취하여 그늘에서 말린다.

복용법
하루 10~15g에 물 1리터를 붓고 달여 2~3회로 나누어 복용하거나 가루를 만들어 복용한다.

약성
성질은 평하고 맛은 달다.

생약명
야지마(野芝麻), 속단(續斷), 포단초(包團草), 야유마(野油麻),

한약명
야지마(野芝麻)

다른 이름
산광대, 꽃수염풀

효능
꽃을 달여 먹으면 자궁질환, 비뇨기질환, 월경 불순에 효능이 있다.

괭이밥

항균, 치질에 이로운 약초

학명 *Oxalis corniculata*
과 괭이밥과
서식장소 양지바른 곳
개화기 7월~8월
분포 전국 각지
크기 높이 10~30cm
꽃말 빛나는 마음

형태 및 생태
잎은 어긋나고 세 개의 작은 잎은 옆으로 펼쳐져 있으며 거꾸로 된 심장 모양이다. 가장자리와 뒷면에 털이 있으며 햇볕이 없으면 오므라든다. 꽃은 7~8월에 황색으로 피는데 잎겨드랑이에서 길게 나온다. 열매는 9월경에 익으며 안에는 많은 종자가 들어있다.

이용
관상용으로 쓰이며 잎은 식용으로 이용된다. 7~8월경에 전초를 채취하여 햇볕에 말린다.

복용법
하루 6~12g, 생것은 30~60g에 물 1리터를 붓고 달여서 2~3회로 나누어 복용하거나 생즙을 내서 복용한다. 산제로 복용할 수도 있다. 외용할 때는 달인 물로 씻거나 즙을 내서 바르고 치통에는 달인 물로 양치질 한다.

생약명
산지초(酸之草), 초장초(酢漿草), 산장(酸漿), 산초(酸草), 삼엽산(三葉酸)

다른 이름
초장초, 시금초, 괴싱아산장초, 괭이밥풀

효능
전초는 염증과 구충, 이뇨, 해열, 장염, 설사, 요로감염, 임질, 항균, 치질, 괴혈병에 효능이 있으며 잎은 화상, 독사에 물린 상처, 벌레 물린 상처에 짓이겨 바른다. 항균, 구충제로서의 효능이 높다.

주의
소량 섭취를 원칙으로 한다. 신장결석, 위산과다, 관절염이 있는 환자는 옥살산 성분이 현재의 증세를 악화시키므로 식용을 피한다.

99

구기자나무

강장제, 간과 신장을 다스리는 약초

학명 *Lycium chinense*
과 가지과의 낙엽 관목
서식장소 마을 근처의 둑이나 냇가
개화기 6~9월
분포 한국(진도, 충남), 일본, 중국 북동부,
　　　타이완
크기 높이 약 4m
꽃말 희생

형태 및 생태
줄기는 비스듬하게 자라고 끝이 아래로 늘어진다. 잎은 어긋나고 여러 개가 뭉쳐나는데 넓은 달걀 모양 또는 달걀 모양 피침형이다. 꽃은 6~9월에 잎겨드랑이에서 자주색으로 피고 열매는 장과로 달걀 모양 또는 타원형으로 8~9월에 붉게 익는다. 과육과 액즙이 많고 속에 씨가 들어 있다.

이용
어린잎은 나물로 쓰고 잎과 열매는 차로 끓여 먹거나 술을 담그기도 한다. 한방에서는 가을에 열매와 뿌리를 채취하여 햇볕에 말려 쓰는데 열매 말린 것을 구기자라 하고 뿌리껍질 말린 것을 지골피(地骨皮)라 한다.

복용법
과실을 강장약으로서 달여 마신다.

약성
맛은 달고 성질은 차다.

생약명
구기자(枸杞子), 지골자(地骨子)

효능
지골피는 강장, 해열제, 폐결핵, 당뇨병에 효능이 있으며 구기자로는 술을 담가 강장제로 쓰는데 잎은 나물로 먹거나 달여 먹어도 같은 효과가 있다. 지골피는 요통에 효능을 보인다. 동의보감에 따르면 자양, 강장, 어지럼증, 보혈, 지갈, 보정, 두통 등에 효과가 있으며 간과 신장을 보호하고 시력 및 허약한 몸에서 생기는 병을 다스린다.

원기를 강하게 하는 강심제로 이로운 약초

학명 *Pedicularis verticillata*
과 현삼과의 여러해살이풀
서식장소 높은 산
개화기 6~7월
분포 한국(강원도 속초, 경남 합천군) 및
　　　북반구의 한대
크기 높이 5~15cm

형태 및 생태
원줄기에 부드러운 털이 있으며 밑에서 가지가 갈라진다. 뿌리에서 난 잎은 뭉쳐나고 잎자루와 더불어 꽃이 필 때도 남아 있다. 꽃은 6~7월에 붉은 자주색으로 피는데 꼭대기에 총상꽃차례로 달리고 꽃차례에 부드러운 털이 있다. 수술은 4개이다. 열매는 삭과로 10월에 황갈색으로 익으며 종자는 겉에 타원형 그물눈이 있다.

이용
어린순을 먹는다. 전초를 채취하여 햇볕에 잘 말려서 쓴다.

복용법
말린 약재 2~3g을 달여서 복용한다.

약성
맛이 달고 쓰고 따뜻하다.

한약명
윤엽마선호(輪葉馬先蒿)

다른 이름
올송이풀

유사종
한라송이풀 줄기에 털이 많다.

효능
강심과 원기를 강하게 하는 강심제로서 정신을 편안하게 하는 효능이 있다. 폐결핵, 폐렴, 출혈증, 혈압이 낮을 때 효능을 보인다.

구릿대

신경통, 치통, 두통을 다스리는 나무

학명 *Angelica dahurica*
과 미나리과의 두해살이
서식장소 산골짜기 냇가
개화기 6~8월
분포 한국, 일본, 중국 북동부, 동부 시베리아
크기 높이 1~2m
꽃말 친애, 깨끗한 사랑, 행운

형태 및 생태

풀 전체에 털이 없고 뿌리줄기는 아주 굵으며 수염뿌리가 많이 내린다. 줄기는 곧게 서고 잎은 깃꼴겹잎으로 많이 갈라지고 고르지 못한 톱니가 있다. 꽃은 6~8월에 산형꽃차례가 모여 겹산형꽃차례를 이루며 20~40여 개의 꽃이 핀다. 열매는 골돌과로서 타원형이고 날개가 있으며 10월에 익는다.

이용

어린잎은 식용한다. 매운맛이 있어 찬물로 우려 조리한다. 늦가을에 잎이 마르면 채취해서 햇볕 또는 불에 말린다. 쓰기에 앞서 잘게 썬다.

복용법

말린 약재를 1회에 1~3g씩 200cc의 물로 달이거나 가루로 빻아 복용한다. 치루나 악성종기에는 가루로 빻은 것을 기름에 개어 환부에 바른다.

생약명

백지(白芷), 백초, 두약(杜若), 향백지(香白芷)

다른 이름

백지(白芷), 대활(大活), 흥안백지, 구리대, 굼배지

효능

발한, 진정, 진통, 정혈, 신경통, 대장염, 감기, 두통, 치통을 다스리며 냉을 없애준다.

구상나무

고혈압과 자궁출혈, 생리불순에 이로운 나무

학명 *Abies koreana*
과 소나뭇과의 상록침엽 교목
서식장소 산지의 서늘한 숲속
개화기 5~6월
분포 한국
크기 높이 20m
꽃말 기개

형태 및 생태

크리스마스트리로 사용되는 나무로 우리나라에만 나는 한국 특산 식물이다. 줄기는 잿빛을 띤 흰빛인데 노목은 표면이 거칠고 잎은 줄기나 가지에 바퀴처럼 돌려나고 줄모양의 피침형이다. 5~6월에 잎 끝에 솔방울 같은 암수한그루 꽃이 핀다. 분홍색, 자주색, 노란색, 검은색 등 갖가지 색을 나타내며 열매는 가을에 익는데 역시 여러 가지 색이다. 토양에 습도가 높아야 되고 거름기가 많은 비옥한 땅에서 잘 자란다.

이용

한방에서는 전초를 채취하여 약재로 쓴다.

복용법

한번에 2g에서 3g을 달여 먹거나 뚜껑을 덮고 태워서 가루 내어 먹기도 한다. 외용제로 사용할 때는 말리지 않은 잎을 짓찧어서 붙이거나 진하게 달인 물을 바르기도 한다.

약성

맛은 맵고 성질은 따뜻하다.

생약명

구상과(具常果)

효능

고혈압과 두통, 어지럼증, 여성의 생리불순, 자궁출혈에 효과가 있으며 아토피와 여드름에도 탁월한 효능이 있다. 구상나무 정유가 항생제 내성세균의 생장을 억제하면서 염증질환 개선 효과가 탁월하다.

그렇군요!

한겨울에도 시들지 않는 늘 푸른 바늘잎 나무이다. 나무 모양이 독특하고 멋지면서 크리스마스트리로 많이 사용된다.

구족도리풀

진통, 이뇨, 만성기관지염, 감기에 이로운 약초

학명 *Asarum europaeum*
과 쥐방울덩굴과의 여러해살이풀
서식장소 양지바른 풀밭
개화기 3~4월
분포 시베리아 서부 및 유럽
크기 잎 길이 3~8cm
꽃말 모녀의 정

■ 형태 및 생태
뿌리줄기는 옆으로 길게 뻗으며 잎은 둥근 심장 모양으로 잎자루가 길다. 꽃은 3~4월에 짧은 꽃대에서 검붉은색 꽃이 한 개씩 핀다. 열매는 끝에 꽃받침 조각이 달려 있다. 꽃받침 밑 부분이 갈라지면서 꽃이 한 개씩 핀다. 열매는 밑부분이 갈라지면서 씨가 나온다.

■ 이용
한방에서는 뿌리와 잎을 약재로 사용한다.

■ 복용법
말린 약재 3~5g을 달여 복용한다. 구내염에 분말로 만들어 뿌려주면 곧 치유된다.

■ 효능
진통, 이뇨, 수면에 효능이 있다. 감기, 거풍, 관절염, 류머티즘, 정신분열증 등에도 효과가 있다. 만성기관지염이나 기관지확장으로 인해 많은 가래를 배출하면서 기침을 심하게 할 때에 진해작용도 한다.

■ 그렇군요!
족두리풀과 형태는 비슷하나 꽃에 통처럼 생긴 부분이 없는 것이 다르며 또 꽃 색깔은 검은색이다.

109

구지뽕나무

암세포의 성장을 억제해
항암효과가 뛰어난 약초

학명 *Cudrania tricuspidata*(Carriere)
　　　Bureau
과 뽕나무과 낙엽활엽 소교목
서식장소 산기슭, 들판
개화기 5~6월
분포 한국 중남부, 일본, 중국
크기 높이 8m
꽃말 지혜

■ 형태 및 생태
나무껍질은 회색이며 줄기에는 가지가 변한 긴 가시가 있다. 잎은 어긋나며 달걀형으로 가장자리가 밋밋하다. 꽃은 단성화로 5~6월에 암수딴그루에 피며 암꽃은 화피가 4장, 수꽃은 화피가 3~5장이고 열매는 상과((桑果)로 9월에 적색으로 익는다. 종자는 검은색이다.

■ 이용
한방에서는 약초로 쓴다.

■ 복용법
줄기를 달인 물로 눈을 씻으면 눈이 밝아진다. 가는 줄기와 잎을 30~60g, 조릿대 10~15g, 오리나무껍질 30~50g에 물 한 되를 붓고 물이 반으로 줄어들 때까지 달여서 수시로 마신다.

■ 생약명
자목(柘木)

■ 다른 이름
꾸찌뽕나무, 활뽕나무

■ 효능
부인병에 효과가 있으며 혈당 조절과 노화억제에 효능이 있다. 잎은 피부염 억제에 효과가 있는 것으로 확인되었다. 암세포의 성장을 억제하는 후라보노이드계 성분이 다량 함유되어 위암, 식도암, 직장암, 자궁암, 간암, 폐암 등에 좋다. 만성간염과 양기부족이나 정력이 약할 때, 식용증진, 신경안정, 심장병에도 좋다.

■ 그렇군요!
『물명고(物名攷)』에는 "궁간(弓幹)으로 구지뽕나무를 쓰고 이것으로 만든 활을 오호(烏號)라고 했다."라고 전한다.

111

귀룽나무

간질환과 신경통에 이로운 나무

학명 *Prunus padus*
과 장미과의 낙엽 교목
서식장소 깊은 산골짜기
개화기 5월
분포 한국, 일본, 중국, 몽골, 유럽
크기 높이 10~15m
꽃말 사색, 상념

형태 및 생태
가지가 길고 무성하게 뻗어 아래로 처지며 가지를 꺾으면 톡 쏘는 냄새가 난다. 잎은 어긋나고 긴 타원형으로 아래는 둥글고 가장자리에 잔 톱니가 불규칙하게 있다. 꽃은 5월에 새 가지 끝에서 흰색으로 총상꽃차례로 핀다. 열매는 핵과로 둥글고 6~7월에 검게 익는다. 조금 떫은맛이 난다.

이용
어린잎은 식용하고 열매는 날것으로 먹는다. 물에 담가 쓴맛을 우려내고 나물로 먹거나 튀김, 찜을 해먹는다. 잔가지를 말려 약용한다. 수시로 채취하여 바람이 잘 통하는 그늘에 말려서 쓴다.

복용법
줄기껍질, 가지 말린 것 5g을 물 700㎖에 넣고 달여서 중풍, 장염, 기침가래, 간 질환에 복용한다. 잔가지나 껍질, 잔뿌리를 하루에 40g씩 달여 먹거나 술에 담가 6개월 정도 두었다가 조금씩 마시면 간질환, 신경통, 관절염 등에 좋다.

약성
약간 매콤하면서 특이한 향이 있다.

생약명
구룡목(九龍木)

다른 이름
귀중목, 구름나무, 귀룽나무

효능
간염, 지방간, 간경화증, 신경통, 근육통, 관절염에 뛰어난 효과가 있다.

113

극락조화

가려움증을 완화하고 편도선 부종을 치료하는 약초

학명 *Strelitzia reginae*

과 파초과의 여러해살이풀

서식장소 재배

개화기 5~6월

분포 남아프리카 희망봉

크기 높이 1m

꽃말 영구불멸, 신비

■ 형태 및 생태

땅속줄기는 짧아 땅 위로 나타나지 못한다. 잎은 모두 뿌리에서 나와 바깥쪽으로 굽는 것이 많다. 꽃줄기는 잎과 비슷한 높이로 자라고 포 안에서 꽃이 5~6월에 선상꽃차례로 핀다. 꽃잎은 짙은 하늘색으로서 여러 개의 꽃이 핀 모양은 마치 새가 날개를 편 모양 같다.

■ 이용

한방에서는 전초를 말려서 쓴다.

■ 복용법

잎보다 씨앗의 독성이 강해 말린 잎을 0.2g 정도 달여서 차로 마시거나 가글링을 한다.

■ 생약명

지란(地蘭), 면조아(綿棗兒)

■ 효능

가려움증을 완화하고 편도선 부종을 치료한다.

■ 주의

개나 고양이가 먹으면 간독성을 일으킨다.

학명 *Cephalanthera falcata*
과 난초과의 여러해살이풀
서식장소 산지의 나무그늘
개화기 4~6월
분포 한국 남부, 일본, 중국
크기 높이 40~70cm
꽃말 주의, 경고

■ 형태 및 생태
금빛이 난다고 해서 금난초라고 한 이 식물의 줄기는 곧게 서며 잎은 어긋나고 긴 타원형 피침형이다. 꽃은 4~6월에 노란색으로 피고 줄기 끝에 수상꽃차례로 3~12송이가 달린다. 꽃 밑에 얇은 종이처럼 반투명한 막질이 있으며 삼각형이다. 꽃잎은 꽃받침보다 짧거나 거의 비슷하다. 열매는 수과를 맺으며 먼지 같은 작은 종자가 많이 들어 있다.

■ 이용
어린순은 나물로 먹는다. 여름부터 가을에 전초를 채취하여 깨끗이 씻어서 햇볕에 말린다.

■ 복용법
하루 10~15g에 물 1리터를 붓고 달여 2~3회에 나누어 복용한다.

■ 생약명
백혈초, 백후초

■ 다른 이름
금란, 금란초

■ 효능
열을 내려주고 이뇨의 효능이 있으며 입이 마르는 증상, 소변불통 등의 치료에 좋다. 감기, 고혈압, 두창 등의 약으로 쓰기도 한다.

■ 발효 꽃차 만드는 법
꽃봉오리와 활짝 핀 꽃을 함께 채취하여 깨끗이 씻은 후 꿀이나 백설탕에 꽃을 겹겹이 재운 뒤 햇볕이 들지 않은 곳에 1개월 정도 두면 음용이 가능한 좋은 꽃 발효액차가 된다.

117

금낭화

피의 순환을 돕고 풍을 예방하는 약초

학명 *Dicentra spectabilis*
과 현호색과의 여러해살이풀
서식장소 산지의 돌무덤, 계곡
개화기 5~6월
분포 한국(설악산), 중국
크기 높이 40~50cm
꽃말 당신을 따르겠습니다.

형태 및 생태

전체가 흰빛이 도는 녹색이다. 줄기는 연약하며 곧게 서고 가지를 친다. 잎은 어긋나며 잎자루가 길고 3개씩 2회 깃꼴로 갈라지며 가장자리에는 깊게 패어든 모양의 톱니가 있다. 꽃은 5~6월에 담홍색으로 피는데 총상꽃차례로 줄기 끝에 주렁주렁 달린다. 화관은 주머니 모양이다. 꽃잎은 4개가 모여 편평한 심장형으로 되고 열매는 긴 타원형의 삭과로 6~7월경에 익으며 검고 광채가 나는 종자가 들어 있다.

이용

봄에 어린잎을 채취하여 삶아서 나물로 먹는다. 한방에서는 전초를 채취하여 말려 쓴다. 이를 금낭이라고 부른다.

복용법

하루 6~12g을 사용하는데 물 1리터를 붓고 달여 하루 2~3회에 나누어 복용하거나 뿌리줄기를 짓찧어서 즙을 내 술에 타서 복용한다. 외용에는 짓찧어 환부에 붙이거나 즙을 내어 바른다.

약성

따뜻하고 맛은 맵다.

생약명

금낭근(錦囊根), 토당귀(土當歸)

다른 이름

등모란, 며느리주머니

효능

프로토핀 성분이 있어 피의 순환을 돕고 종기를 낫게 한다. 풍을 치료하는 거풍, 해독의 효능이 있으며 피부가 부으면서 부스럼이 생기는 증상 종창을 치료한다.

119

금목서

근육통, 관절통, 중풍을 다스리는 약초

학명 *Osmanthus fragrans* var. *aurantiacus*
과 물푸레나뭇과의 상록 소교목
서식장소 배수가 잘되는 비옥한 땅
개화기 9~10월
분포 한국, 중국
크기 높이 3~4m
꽃말 첫사랑

생태
나무껍질은 연한 회갈색이고 가지에 털이 없다. 잎은 마주나고 긴 타원형의 넓은 피침 모양이고 빽빽하게 붙는다. 잎 가장자리에는 잔 톱니가 있거나 밋밋하다. 잎 표면은 짙은 녹색이고 뒷면은 연한 녹색이다. 꽃은 9~10월에 잎겨드랑이에 주황색의 잔꽃이 많이 모여 핀다. 꽃이 질 무렵 녹색의 콩과 같은 열매를 맺는다. 가지에 붙은 열매는 겨울을 나고 이듬해 가을을 지나 서리가 내리고 꽃이 필 때쯤 익는다.

이용
잎은 차대용으로 끓여 마실 수 있고 꽃으로 술을 담가 마신다.

복용법
꽃 30g에 물 1,200리터를 넣고 달인 액을 반으로 나누어 아침저녁으로 복용한다. 담음천해(痰飮喘咳, 체내에 과잉된 진액이 여러 원인으로 한군데 몰려서 숨이 차고 기침이 나오는 증상)에 쓴다.

생약명
단계(丹桂)

유사종
박달목서, 은목서, 홍목서

효능
근육통이나 관절통, 잦은 치통에 효능이 있다. 대변출혈과 기침이나 천식으로 가래를 없애주며 입 냄새가 나는 사람에게 효능이 있다.

금방망이

이뇨, 해열, 해독에 이로운 약초

학명 *Senecio nemorensis*
과 국화과의 여러해살이풀
서식장소 산지
개화기 7~8월
분포 한국, 일본, 동아시아, 시베리아, 유럽
크기 높이 45~100cm
꽃말 항상 빛남

형태 및 생태
줄기는 곧게 서며 전체에 털이 없고 줄기는 뭉쳐나며 능선이 있다. 잎은 어긋나고 피침형 또는 긴 타원상 피침형으로 톱니가 있으며 잎자루는 짧다. 꽃은 7~8월에 상방상으로 황색으로 달린다. 열매는 수과로 원뿔 모양이며 양끝이 좁다.

이용
어린잎을 식용한다. 생초를 짓찧어서 종기의 환부에 붙인다.

약성
맛은 쓰고 달고 차다.

생약명
황원

다른 이름
임음천리광, 황원

효능
이뇨, 해열, 해독, 소종(消腫) 등의 효능을 가지고 있다. 감기로 인한 열, 기침, 기관지염, 인후염, 신장염, 수종, 종기 등을 치료한다.

금불초

만성기관지염과 천식을 다스리는 약초

학명 *Inula britannica* var. *japonica*
과 국화과의 여러해살이풀
서식장소 습지
개화기 7~9월
분포 한국, 일본, 중국
크기 높이 30~60cm
꽃말 상큼함

■ 형태 및 생태
꽃이 노랗다고 하여 금불초라 하는데 전체에 털이 나며 줄기는 곧게 선다. 잎은 어긋나고 잎자루는 없으며 긴 타원형 또는 피침형으로 잔톱니가 있다. 꽃은 7~9월에 황색으로 피며 원줄기와 가지 끝에 전체가 산방상(繖房狀)으로 달린다. 열매는 수과로 10개의 능선과 털이 있다.

■ 이용
어린순은 나물 또는 국거리로 먹는다. 꽃을 말려 약재로 쓴다. 전초와 뿌리도 금불초, 금불초근이라 하여 약용한다.

■ 복용법
다른 약과 배합하여 끓여서 먹는다. 외용으로는 가루를 사용한다.

■ 생약명
선복화(旋覆花)

■ 다른 이름
하국(夏菊)

■ 효능
거담, 진해, 건위, 진토(鎭吐), 진정 등의 효능이 있다. 위로 올라온 기운을 아래로 내려 주고, 담(痰)이 흉복부에 있어서 협통과 기침이 심하고, 명치 밑을 눌러 보면 단단한 덩어리가 집히는 증상을 없애 준다. 약한 이뇨작용과 살균력이 있다.

125

금어초

염증을 줄이고 치질과 통증을 치료하는 약초

학명 *Antirrhinum majus*
과 현삼과의 여러해살이풀
서식장소 화단
개화기 4~7월
원산지 남유럽, 북아프리카
크기 높이 20~80cm
꽃말 수다쟁이, 욕망, 오만

◼ 형태 및 생태
잎은 어긋나거나 때로는 마주나고 잎자루가 짧으며 피침형이고 양끝이 좁다. 꽃은 가을에 파종한 것은 이듬해 4~5월에, 봄에 파종한 것은 5~7월에 피며 품종에 따라 색깔이 여러 가지이다. 총상꽃차례에 원줄기 끝에 달리고 열매는 삭과로 아랫부분이 꽃받침으로 싸여 그 끝에 암술대가 남아 있고 윗부분에서 구멍이 뚫어져 종자가 나온다.

◼ 이용
관상용. 씨앗이나 꽃을 약재로 쓴다.

◼ 복용법
말린 잎이나 꽃을 기준으로 2g에서 4g을 달여 복용하고 피부염 같은 질환에는 말리지 않은 신선한 것을 짓찧어서 바르거나 붙인다.

◼ 효능
염증을 줄이는 효과가 있어서 유럽에서는 오랫동안 소염제와 이뇨제로 사용해 왔고 동양에서는 피부염과 화상, 종양이나 궤양, 치질에 사용해 왔으며 통증을 줄이는 효과도 있다.

◼ 그렇군요!
꽃부리는 기부가 두툼한 입술모양이고 그 모양이 헤엄치는 금붕어 같아 금어초라고 한다.

금잔화

위염, 위궤양, 십이지장궤양에 이로운 약초

학명 *Calendula officinalis*
과 국화과 한해살이풀
서식장소 양지바른 모래흙
개화기 6~9월
원산지 남유럽, 지중해
크기 20~70cm
꽃말 비탄, 비애, 실망

■ 형태 및 생태

전체에 짧은 털이 나고 줄기는 갈라지며 뭉쳐 난다. 잎은 주걱모양이며 털이 있고 부드럽다. 잎의 가장자리는 톱니가 있으며 어긋난다. 꽃은 6~9월에 줄기나 가지 끝에 머리모양꽃차례가 한 개씩 달린다. 주황색으로 향기가 독특하며 약간 악취가 난다. 열매는 8~10월에 익으며 겉에 가시 모양의 돌기가 난다.

■ 이용

한방에서는 전초를 약재로 쓴다.

■ 복용법

따뜻한 물 300㎖에 말린 꽃 2~3g(2~3송이)을 넣고 우린 첫물은 버리고 두 번째 우린 물부터 복용하면 된다. 향도 좋고 눈에도 좋은 차가 된다.

■ 생약명

금잔초(金盞草)

■ 효능

위염, 위궤양, 십이지장궤양에 효과가 있으며 담즙의 분비를 촉진해 소화기관에 좋다. 꽃을 달인 액은 외상, 화상, 동상에 습포제나 도포제로 쓰며 피부를 젊게 하는 효과도 있어 목욕제로도 사용한다.

129

기린초

이뇨, 지혈, 혈액순환을 도우는 이로운 약초

130

학명 *Sedum kamtschaticum*
과 돌나물과의 여러해살이풀
서식장소 산지의 바위 옆
개화기 6~7월
분포 한국(경기, 함남) 일본, 캄차카, 아무르
크기 높이 5~30cm
꽃말 기다림

■ 형태 및 생태

뿌리줄기는 매우 굵고 한군데서 줄기가 뭉쳐나며 원기둥 모양이다. 잎은 어긋나고 거꾸로 선 달걀 모양 또는 긴 타원 모양으로 톱니가 있으며 잎자루는 거의 없고 육질이다. 꽃은 6~7월에 취산꽃차례로 꼭대기에 많이 핀다. 꽃잎은 피침형이며 끝이 뾰족하다. 열매는 9~10월경에 익으며 작은 종자가 먼지처럼 들어 있다.

■ 이용

연한 잎을 나물로 이용한다. 줄기, 뿌리, 잎을 한약재로 쓴다. 4월경에 새순을 채취하고 전초는 꽃이 필 때 채취하여 햇볕에 말린다.

■ 복용법

하루 6~12g을 사용하는데 물 1리터를 붓고 달여서 2~3회로 나누어 복용한다. 생즙을 내어 먹거나 짓찧어서 환부에 붙이기도 한다.

■ 약성

성질은 평하고 맛은 시다.

■ 생약명

비채(費菜), 백삼칠(白三七), 양심초(養心草)

■ 다른 이름

넓은잎기린초, 각시기린초

■ 효능

이뇨, 지혈, 진정, 소종 등의 효능이 있으며 혈액 순환을 돕는다. 피를 토하고 코피, 혈변, 월경이 멈추지 않는 증세를 치료하는데 쓰인다.

131

깽깽이풀

소화불량, 식욕부진, 해독작용의 이로운 약초

학명 *Jeffersonia dubia*
과 매자나무과의 여러해살이풀
서식장소 산중턱 아래의 골짜기
개화기 4~5월
분포 한국(경기, 강원, 평북, 함남북), 중국
크기 높이 약 25cm
꽃말 안심하세요

형태 및 생태

원줄기가 없고 뿌리줄기는 짧고 옆으로 자라며 잔뿌리가 달린다. 잎은 둥근 홑잎이고 가장자리가 물결 모양이다. 꽃은 4~5월에 밑동에서 잎보다 먼저 꽃줄기가 나오고 그 끝에 자줏빛을 띤 붉은 꽃이 한 송이씩 핀다. 열매는 골돌과이고 8월에 익는다. 종자는 타원형이고 검은 빛이며 광택이 난다.

이용

가을이나 봄에 뿌리줄기를 캐서 잔뿌리를 다듬어 버리고 물에 씻어 햇볕에 말린다. 땅속뿌리를 모황련이라 하여 약용한다. 황련 대용으로도 이용한다.

복용법

하루 2~6g을 탕제, 환제, 산제 형태로 만들어 먹는다. 외용약으로 쓸 때는 달인 물로 환부를 씻는다.

약성

맛은 쓰고 성질은 차다.

생약명

모황련(毛黃蓮), 선황련(鮮黃蓮)

효능

소화불량, 식욕부진, 오심(惡心), 설사, 장염, 구내염, 안질, 위를 튼튼하게 하는 건위, 지사, 해열 등에 효능이 있다.

주의

성질이 차고 쓴 약재이므로 비위가 허하고 찬 사람은 의사와 상의해야 한다.

133

꽃다지

심장질환, 기침감기, 변비에 이로운 약초

학명 *Draba nemorosa* L. for. *nemorosa*
과 십자화과의 두해살이풀
서식장소 양지바른 들, 밭
개화기 4월~6월
분포 한국
크기 높이 약 20cm
꽃말 무관심

■ 형태 및 생태
줄기 잎은 어긋나고 가장자리에 톱니가 있다. 잎은 이르면 3월 초순에 방석 모양으로 올라오는데 잔털이 있다. 꽃은 4~5월에 긴 꽃대가 올라오면서 총상꽃차례로 피며 황색이다. 열매는 장타원형이고 털이 있으며 6월경 성숙한다. 열매 안에는 깨알보다 작은 씨앗들이 잔뜩 들어 있다.

■ 이용
어린 순은 살짝 데쳐서 물에 헹구어 떫은맛을 제거한 뒤 무침으로 해먹는다. 6~8월에 열매를 채취하고 잘 말린 뒤 씨앗만 추출해 약용한다.

■ 복용법
씨앗을 5g정도 달여서 복용한다.

■ 약성
상큼하고 약간의 겨자 맛이 난다.

■ 생약명
정역자, 정역, 대실(大室)

■ 효능
심장질환으로 인한 호흡곤란, 설사를 나게 하는 성질이 있어 변비를 없애고 각종 부기를 가라앉힌다. 풍부한 섬유질이 살을 빠지게 한다. 기침과 가래를 가시게 하고 오줌도 잘 나오게 한다.

꽃치자나무

위장이나 간 기능을 개선시키는 이로운 나무

학명 *Gardenia jasminoides*
과 꼭두서니과의 상록 관목
서식장소 비옥한 사질양토
개화기 7~8월
분포 한국(남부지방)
크기 높이 60cm
꽃말 청결, 순결, 행복

■ 형태 및 생태
가지가 많으며 밑 부분이 옆으로 자라면서 뿌리가 내린다. 잎은 마주나고 거꿀피침모양이며 가장자리가 밋밋하다. 꽃은 7~8월에 백색으로 피며 가지 끝에서 꽃자루가 자란다. 향은 재스민과 비슷하고 매우 강력하다. 열매는 긴 타원형이며 9월에 황홍색으로 익는다.

■ 이용
10월경 익은 열매를 따서 과병을 제거하고 햇볕에 말리거나 불에 쬐어서 말린다.

■ 복용법
10~30g을 달여 마시거나 환제나 산제로 하여 복용한다.

■ 생약명
치자(梔子)

■ 다른 이름
지자(芝子), 선자(鮮子)

■ 유사종
치자나무

■ 효능
청열과 황달, 임병, 결막염, 해독의 효능이 있다. 위장이나 간 기능을 개선시키는 효과가 있다.

꽈리

열을 내리고 담을 삭이는 이로운 약초

138

학명 *Physalis alkekengi* var. *franchetii*
과 가지과의 여러해살이풀
서식장소 마을 부근의 길가나 빈터
개화기 6~7월
분포 한국, 일본, 중국
크기 높이 40~90cm
꽃말 수줍음, 조용한 미, 약함

■ 형태 및 생태

땅속줄기가 길게 뻗어 번식하며 줄기는 곧게 서고 가지가 갈라진다. 잎은 어긋나며 가장자리에 깊게 패인 톱니가 있다. 꽃은 7~8월에 노란색으로 피는데 잎겨드랑이에서 나온 꽃자루 끝에 한 송이씩 달린다. 열매가 익을 때 열매를 감싼다. 열매는 장과로 7~8월에 녹색으로 익으며 둥글다.

■ 이용

뿌리와 열매를 약으로 이용한다. 가을에 붉게 익은 꽈리의 전초나 열매를 따서 햇볕이나 그늘에 매달아서 말린다.

■ 복용법

1회 3~10g씩 달여서 하루 3회에 나누어 복용하고 오십견에는 생열매를 찧어서 헝겊에 발라 어깨 등 환부에 붙인다.

■ 생약명

산장(酸漿)

■ 약성

맛은 쓰고 시며 성질은 차갑다.

■ 이명

홍고랑, 등롱초, 왕모주

■ 효능

열을 내리게 하고 담을 삭인다. 항균과 해열작용을 하며 이뇨작용, 인후두염, 담열로 기침하는 증상, 황달, 습진 치료에 효능이 있다.

■ 주의

허열이 있어 가슴이 답답하거나 비가 허하여 설사할 때는 쓰지 않는다.

139

학명 *Thalictrum aquilegifolium*
과 미나리아재비과의 여러해살이풀
서식장소 산기슭의 풀밭
개화기 7~8월
분포 아시아, 유럽의 온대에서 아한대
크기 높이 50~100cm
꽃말 평안

형태 및 생태
전체에 털이 없으며 줄기는 속이 비었고 곧게
서며 흰빛을 띤다. 잎은 어긋나고 꽃은 7~8월
에 흰색 또는 보라색으로 피고 줄기 끝에서 산
방꽃차례를 이루며 달린다. 열매는 수과이고
8~10월에 익는다. 달걀을 거꾸로 세운 모양이
거나 타원형이며 가는 자루에 붙어 5~10개가
모여 밑을 향해 달린다.

이용
어린잎과 줄기를 식용한다. 전초와 뿌리를 약
재로 사용하고 있다.

복용법
1회에 1g에서 2g을 달여 먹거나 가루 내어 먹
는다. 피부질환에는 진하게 달여서 씻거나 생
것을 짓찧어서 환부에 붙인다.

효능
열을 내리고 해독작용을 한다. 기침이나 인후
염, 해수, 감기, 두드러기, 설사, 장염, 이질, B형
간염, 결막염, 종기 등에 효능이 있으며 뿌리는
부스럼이나 자궁출혈에 사용한다.

주의
성질이 차서 몸이 찬 사람이나 맥이 약한 사람
은 많이 먹지 않는 것이 좋다.

끈끈이주걱

거담, 가래가 끓는 증세, 천식에 이로운 약초

학명 *Drosera rotundifolia*
과 끈끈이귀개과의 여러해살이풀
서식장소 들판의 양지쪽 산성 습지
개화기 7월
분포 북반구의 온대에서 난대
크기 높이 6~30cm
꽃말 발을 조심하세요

형태 및 생태
잎은 뿌리에서 뭉쳐나고 앞면과 가장자리에 붉은 색의 긴 선모가 있으며 주걱 모양이다. 잎에 길게 달린 선모는 작은 벌레를 잡았을 때 소화하는데 이용된다. 꽃은 7월에 흰색으로 피고 총상꽃차례를 이루며 꽃줄기 끝에 10송이 정도가 한쪽으로 치우쳐서 달린다. 열매는 삭과로 9월경에 달리고 익으면 3개로 갈라지며 종자는 양끝에 고리 같은 돌기가 있다.

이용
잎, 줄기, 꽃, 뿌리 등 모든 부분을 약재로 이용한다. 여름철에 채취하여 햇볕에 말려서 그대로 쓴다.

복용법
말린 약재를 1회에 0.5~1g씩 물에 달여서 복용한다.

생약명
모전초(毛氈草)

효능
거담 효능을 가지고 있으며 가래가 끓는 증세, 기관지경련, 천식을 치료한다. 옛날에는 폐병의 치료에 쓰였다.

143

ㄴ

나팔꽃

대소변을 통하게 하고 신장염에 의해 부종이 올 때 이로운 약초

학명 *Pharbitis nil*
과 메꽃과의 한해살이 덩굴식물
서식장소 길가나 빈터
개화기 7~8월
분포 아시아
크기 길이 약 3m
꽃말 결속, 허무한 사랑

형태 및 생태
줄기는 아래쪽을 향한 털들이 빽빽하게 나며 다른 식물이나 물체를 감아 올라간다. 잎은 어긋나고 긴 잎자루를 가지며 둥근 심장 모양이고 꽃은 7~8월에 여러 가지 빛깔로 피며 잎겨드랑이에서 나온 꽃대에 달린다. 열매는 꽃받침 안에 있으며 3칸으로 나누어진 둥근 삭과이다. 3칸에 각각 2개의 종자가 들어 있다.

이용
약재로 많이 이용한다. 나팔꽃뿌리를 말려 놓았다가 동상에 이것을 삶아 환부에 찜질을 하면 효과가 있다고도 한다.

복용법
전초를 달여서 복용하면 류머티즘에 유효하다.

생약명
견우자 : 말린 나팔꽃 종자 흑축 : 푸르거나 붉은 나팔꽃의 종자 백축 : 흰 나팔꽃의 종자

효능
대소변을 통하게 하고 신장염에 의해 부종이 올 때, 오랜 체증으로 인해 뱃속에 덩어리가 생기는 적취, 요통에 효과가 있다. 진해, 거담제로도 사용되어진다.

학명 *Tribulus terrestris*
과 납가새과 한해살이풀
서식장소 바닷가 모래밭
개화기 7월
분포 제주도, 전남
크기 길이 1m

형태 및 생태
줄기는 밑에서 가지를 치며 갈라진다. 옆으로 자라며 잎엔 짧은 자루가 있고 잎 뒤에 백색 눈털이 있으며 가장자리는 밋밋하다. 꽃은 7월에 황색으로 피며 잎겨드랑이에서 한 개씩 난다. 열매는 다섯 개로 갈라지고 각 조각에는 두 개의 뾰족한 돌기가 있으며 표피는 각질이다.

이용
가을에 익은 열매를 따서 그늘에 말린 다음 가시를 떼어내고 약으로 쓴다. 소금물에 볶아서 쓰면 약성이 더 높아진다.

복용법
열매를 달여 먹거나 가루 내어 먹는다. 결명자, 꿀풀, 들국화 등을 섞어 달여 복용하면 효과가 더욱 빠르고 약효가 오랫동안 지속된다. 열매를 하루 40g씩 달여 복용한다.

약성
맛은 쓰고 매우며 성질은 따뜻하다.

한약명
질려자(蒺藜子)

효능
동맥경화로 인한 고혈압으로 머리가 어지럽고 두통이 심하며 우울할 때, 혈압을 내려주는 혈당강하 작용을 한다. 혈액순환을 좋게 하고 풍을 없애며 간기를 잘 통하게 하고 눈을 밝게 하는 효능이 있다. 신경성 피부염으로 피부가 가렵고 반점이 나타날 때, 관상동맥부전증으로 말미암은 협심통에도 효능이 있다. 간을 보호하고 성욕을 증강시키며 심혈관, 뇌혈관 계통에 작용을 한다.

남천

감기로 인한 해수, 급성위장염을 치료하는 약초

학명 *Nandina domestica*
과 매자나무과의 상록관목
서식장소 석회암 지역
개화기 6~7월
분포 한국, 일본, 중국, 인도
크기 높이 3m
꽃말 전화위복

형태 및 생태
줄기가 밑에서 여러 가지로 갈라진다. 잎은 어긋나고 딱딱하고 톱니가 없으며 겨울철에 홍색으로 변한다. 꽃은 6~7월에 흰색의 양성화가 가지 끝에 원추꽃차례로 달린다. 열매는 장과로 둥글고 10월에 빨갛게 익는다.

이용
가을에 열매를 채취하여 햇볕에 말려 충해를 입지 않게 잘 보관한다. 외용할 때에는 짓찧어서 붙이거나 분말로 도포한다.

복용법
뿌리와 줄기 10~30g을 물로 달여서 복용한다. 열매는 하루 10g을 달여서 복용한다.

약성
뿌리와 줄기의 맛은 쓰고 차며 열매는 쓰고 평하며 독성이 조금 있다.

생약명
남천실(南天實), 남천엽(南天葉)

다른 이름
남천촉(南天燭), 남천죽(南天竹)

효능
감기로 인한 해수, 천식, 백일해, 간 기능 장애, 급성위장염에 효과가 있으며 소변출혈, 피부염과 시력을 향상시킨다.

주의
몸의 열기를 식혀주는 효과가 있어 몸이 차거나 맥이 약한 사람은 많이 먹지 말아야 한다. 식물체 전체에 독성이 있으므로 임신부는 복용을 금한다.

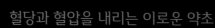

납매

혈당과 혈압을 내리는 이로운 약초

학명 *Chimonanthus praecox*
과 납매과의 낙엽교목
서식장소 길가, 산지
개화기 12~3월
원산지 중국
크기 높이 2~4m
꽃말 자애

■ 형태 및 생태
12월에 피는 매화라고도 불린다. 나무껍질은 연한 회갈색을 띠며 껍질눈이 있다. 줄기는 뭉쳐나며 잎은 달걀 모양으로 마주나고 잎자루가 짧다. 꽃은 1~2월에 잎이 나오기 전 옆을 향하여 피는데 좋은 향기가 난다. 열매는 긴 달걀 모양이고 겉이 울퉁불퉁하며 어두운 갈색으로 9월에 익는다. 열매에는 콩알만한 종자가 5~20개 정도 들어 있다.

■ 이용
꽃을 채취하여 햇볕에 말리거나 불에 말려 이용한다. 납매화의 뿌리와 줄기를 철쾌자(鐵筷子), 철석풍(鐵石風)이라 부르며 모두 약용한다.

■ 복용법
2~3g을 달여서 복용한다. 술에 담그거나 산제에 넣는다. 외용할 때는 가루 내어 환부에 붙인다.

■ 약성
맛은 달고 조금 쓰며 성질은 따뜻하고 독이 없다.

■ 생약명
납매화(蠟梅花)

■ 이명
당매(唐梅)

■ 효능
더위 먹은데, 해수, 관절염, 타박상에 효능이 있다. 혈당을 내리고 위통과 복통, 허리가 시리고 등이 아플 때, 혈압을 낮추는 효능이 있다.

153

냉이

간에 쌓인 독을 풀어주고 간 기능을 정상으로 회복시키는 이로운 약초

학명 *Capsella bursa-pastoris*(L.) Medik.
과 십자화과 해넘이 한해살이
서식장소 들녘, 밭두렁, 논두렁, 농촌 길가
개화기 3~6월
분포 전국
크기 높이 10~50cm
꽃말 봄색시

형태 및 생태

줄기는 지난해 생긴 로제트 잎 가운데 부분에서 솟아난다. 줄기에서 난 잎은 어긋나며 뭉쳐나고 깃 모양으로 갈라진다. 거친 결각이 없고 줄기를 감싸며 별모양 털이 섞여난다. 꽃은 3~6월에 십자화로 피며 산방꽃차례(고른 꽃차례)로 핀다. 열매는 편평한 삼각형으로 털이 없으며 열매자루를 흔들면 소리가 난다.

이용

이른 봄에 채취하여 무침, 국, 전 등 다양한 요리에 사용된다. 『동의보감』에서는 냉이를 '국을 끓여 먹으면 피를 간에 운반해 주고, 눈을 맑게 해 준다'고 기록하고 있다. 꽃이 필 때 채취하여 햇볕에 말리거나 생풀로 쓴다.

복용법

80~100g을 물로 달여서 마시거나 약성이 남게 검게 태워서 먹는다.

생약명

제채(薺菜), 계심채(鷄心菜), 청명초(淸明草), 향선채(香善菜)

효능

단백질과 비타민이 풍부한 알칼리성 작물로 특히 비타민 A, B1, C가 풍부해 원기를 돋우고, 피로 회복과 춘곤증에 좋다. 칼슘, 칼륨, 인, 철 등 무기질 성분도 다양하여 지혈과 산후출혈 등에 처방하는 약재로도 사용된다. 간에 쌓인 독을 풀어주고 간 기능을 정상으로 회복하게 하며 지방간을 치료하는데 매우 좋다. 위, 간, 장의 기능이 모두 좋아진다.

155

노루귀

두통과 장질환, 소종에 이로운 약초

학명 *Hepatica asiatica*
과 미나리아재비과의 여러해살이풀
서식장소 산과 들의 양지바른 곳
개화기 4~5월
분포 한국, 중국, 헤이룽강 등지
크기 9~14cm
꽃말 인내

형태 및 생태
뿌리줄기가 비스듬히 자라고 마디가 많다. 짤막한 뿌리줄기를 가지고 있으며 검은색의 잔뿌리가 사방으로 퍼져나간다. 잎은 뿌리에서 뭉쳐나고 긴 잎자루가 있으며 3개로 갈라진다. 열매는 수과로 6월에 달리며 꽃이 피고나면 잎이 나오기 시작하는데 그 모습이 마치 노루의 귀를 닮았다고 해서 붙여진 이름이다.

이용
봄에 어린잎을 나물로 먹는다. 뿌리에는 독성이 있는 사포닌이 함유되어 있어 뿌리 부분을 제거하여 나물로 먹어야 안전하다. 또한 약간 쓴맛이 있으므로 살짝 데쳐서 우려낸 후 간을 맞추는 것을 잊지 말아야 한다. 여름에 전초를 채취하여 햇볕에 말린다. 뿌리를 포함한 모든 부분을 약재로 쓴다.

복용법
1회에 2~6g씩 200cc의 물로 달여서 복용한다.

약성
성질은 평하고 맛은 달고 쓰다.

생약명
장이세신(樟耳細辛)

효능
두통과 장 질환, 진해, 소종에 효능이 있으며 치통 복통, 폐의 호흡기능 실조에서 흔하게 나타나는 증상, 가래를 동반하는 심한 기침병인 해수와 설사 등을 다스린다.

노루오줌

풍을 없애고 열을 다스리며 기침을 멎게 하는 약초

학명 *Astilbe rubra* Hook. f.
과 범의귀과 여러해살이풀
서식장소 산지의 숲 아래 습기 많은 곳
개화기 5~7월
분포 한국
크기 60cm
꽃말 쑥스러움

■ 형태 및 생태

줄기는 곧추서며 줄기 잎은 어긋난다. 잎은 넓은 타원형으로 끝이 길게 뾰족하며 잎 가장자리가 깊게 패어 들고 톱니가 있으며 꽃은 줄기 끝에 많은 꽃이 뭉쳐 원뿌리 모양을 이루며 분홍색의 꽃이 핀다. 열매는 삭과로 9~10월에 달리며 갈색으로 변한 열매 안은 미세한 종자들이 많이 들어 있다.

■ 이용

어린순은 식용하며 전초는 약용한다. 뿌리는 별도로 적승마(赤升麻)라는 이름으로 사용한다. 전초를 여름부터 가을 사이 채취하여 햇볕에 말려 두었다가 잘게 썬다. 뿌리는 가을에 캐어 깨끗이 씻은 다음 햇볕에 말린다.

■ 복용법

1회에 5~10g을 300cc의 물에 달여서 복용한다. 적승마는 1회에 4~8g을 역시 300cc의 물로 달여서 마신다.

■ 약성

성질은 시원하고 맛은 쓰고 맵다.

■ 생약명

소승마(小升麻). 일명 구활(求活) 또는 마미삼(馬尾蔘)이라고도 한다.

■ 효능

풍을 없애고 열을 다스리며 기침을 멎게 하는 진해의 효능이 있어 감기로 인한 발열과 두통, 전신통증, 해수 등을 다스린다. 또한 근육과 뼈가 아픈 근골산통, 타박상, 관절통, 심한 통증, 독사에게 물린 상처를 치료한다.

159

녹나무

암세포를 제거하는 항암효과가 뛰어난 나무

학명 *Cinnamomum camphora*
과 녹나뭇과의 상록활엽 교목
서식장소 깊고 기름진 토양이나 그늘진 곳
개화기 5월
분포 한국(제주), 일본, 타이완, 중국,
　　　인도네시아 수마트라
크기 높이 약 20m
꽃말 신선

■ 형태 및 생태
나무껍질은 어두운 갈색이며 새 가지는 윤이 난다. 잎은 어긋나고 달걀 모양 타원형 또는 달걀 모양으로 끝은 뾰족하며 밑은 뭉툭하고 가장자리에 물결 모양의 톱니가 있다. 꽃은 양성화로 5월에 피는데 흰색에서 노란색이 되고 원추꽃차례에 달린다. 열매는 장과로 공 모양이고 10월에 검은빛을 띤 자주색으로 익는다.

■ 이용
생잎을 차로도 끓여 마시며, 목욕물에 잎을 띄어 이용하기도 한다. 목재, 뿌리(根), 수피, 수엽(樹葉), 추출한 결정, 과실 등을 약용한다. 2~4월에 채취하여 깨끗이 씻어 햇볕에 말린다.

■ 생약명
장목(樟木)

■ 다른 이름
향장목(香樟木), 장뇌목(樟腦木), 장수(樟樹)

■ 유사종
생달나무

■ 효능
암세포를 제거하는 항암작용을 하며 강심제, 감기, 불면증, 염증소득에 효능이 있다.

학명 *Vigna radiata*
과 콩과의 한해살이풀
서식장소 따뜻한 기후의 양토
개화기 8월
분포 한국, 중국, 인도
크기 높이 30~80cm
꽃말 강인, 단단함

형태 및 생태
줄기는 가늘고 세로로 난 맥이 있고 10여 개의 마디가 있으며 가지를 친다. 잎은 한 쌍의 갓 생겨난 잎이 나온 뒤 3개의 작은 잎으로 된 겹잎이 나온다. 꽃은 8월에 노란색으로 피며 잎겨드랑이에 몇 개씩 모여나지만 서너 쌍만이 열매를 맺는다. 열매는 협과로 녹색이다가 익으면서 검어지고 길고 거친 털로 덮인다.

이용
청포(녹두묵), 빈대떡, 떡고물, 녹두차, 녹두죽, 숙주나물 등으로 먹는다. 민간에서는 피부병을 치료하는 데 쓰며 해열, 해독작용을 한다.

생약명
녹두(綠荳)

다른 이름
안두(安荳), 길두(吉荳)

효능
라이신, 발린 등과 같은 필수아미노산의 함량이 풍부하여 어린이 성장발육에 좋다. 몸을 차갑게 하는 성질이 있어 열이 많은 사람에 좋고 혈압을 낮춰주는 역할을 한다. 더위를 먹거나 변비가 심한 경우에 좋고, 당뇨와 고혈압에는 녹두를 삶은 물이 효과가 있다. 항산화 및 혈전용해 효능도 있다. 칼륨이 풍부하여 체내의 나트륨 배출을 돕는다.

주의
차가운 성질이 있어 소화기가 약하여 설사를 자주 하는 사람들은 섭취 시 복통이나 설사를 유발할 수 있다.

163

누리장나무

항암작용, 폐암, 비인강암의 치료에 이로운 나무

학명 *Clerodendrum trichotomum*
과 마편초과의 낙엽활엽 관목
서식장소 산기슭이나 골짜기의 기름진 땅
개화기 8~9월
분포 한국(황해, 강원이남), 일본, 중국, 타이완
크기 높이 2m
꽃말 깨끗한 사랑

■ 형태 및 생태
나무껍질은 잿빛이며 잎은 마주나고 달걀 모양
이며 끝이 뾰족하다. 밑은 둥글고 가장자리에
톱니가 없으며 양면에 털이 난다. 꽃은 양성화
로 8~9월에 엷은 붉은색으로 핀다. 취산꽃차례
로 새 가지 끝에 달리며 강한 냄새가 난다. 열
매는 핵과로 둥글며 10월에 짙은 파란색으로
익는다. 다 익으면 꽃받침 잎이 벌어져 검푸른
씨앗이 나온다. 겨울에도 가지에 매달려 있다.

■ 이용
어린잎은 나물로 먹는다. 잔가지는 초여름에,
꽃과 열매는 여름~가을에, 뿌리는 수시로 채취
하여 햇볕에 말려서 쓴다.

■ 복용법
중풍으로 마비가 온 데, 혈압 높은 데 말린 것
10g을 물 1리터를 넣고 달여서 마신다. 아토피,
습진에 달인 물을 바른다.

■ 생약명
취오동(臭梧桐)

■ 유사종
털누리장나무, 거문누리장나무

■ 효능
기침, 매독, 중풍 마비, 고혈압, 아토피, 습진, 종
자는 항암작용, 폐암, 비인강암의 치료에 효능
이 있다.

눈개승마

뇌경색, 성인병을 예방하고
콜레스테롤을 낮추는 이로운 약초

학명 *Aruncus dioicus* var. *Kamtschaticus*
과 장미과의 여러해살이풀
서식장소 고산지대
개화기 6~8월
분포 한국
크기 30~100cm
꽃말 산양의 수염

형태 및 생태
줄기는 곧추서며 잎은 윤택이 나고 긴 잎자루를 가지고 있으며 가장자리에 결각과 톱니가 있다. 꽃은 2가화로 6~8월에 흰색으로 피며 부채꽃 모양으로 펼쳐지고 아래서부터 피어 위로 올라간다. 열매는 골돌과로 갈색이고 타원형이며 7~8월에 익는다.

이용
어린순은 말려서 나물과 묵으로 만들어서 먹을 수 있다. 소고기를 넣고 푹 끓여서 육개장처럼 먹어도 좋다. 한방에서는 뿌리줄기를 약용으로 쓴다.

복용법
말린 약재 3~5g을 달여서 복용하거나 가루로 빻아 복용한다. 외용할 때는 가루를 빻은 것을 기름에 개어 환부에 발라준다.

생약명
승마, 주승마, 주마, 녹승마

다른 이름
눈산승마, 삼나물

효능
수렴과, 보신, 해열작용이 있으며 타박상과 피로하여 뼈마디가 아픈데 효험이 있다. 사포닌 성분이 풍부하여 콜레스테롤을 낮춰주며 피를 맑게 하고 혈액순환에 좋아 뇌경색, 심근경색 예방에 도움을 주며 성인병을 예방한다.

그렇군요!
눈개승마는 인삼 맛, 두릅 맛, 익히면 쇠고기 맛이 난다고 하여 삼나물이라고도 불린다.

167

학명 *Campsis grandiflora*
과 능소화과의 낙엽성 덩굴식물
서식장소 절, 민가주변
개화기 8~9월
분포 전국
크기 길이 10m
꽃말 여성, 명예, 명성

형태 및 생태

가지에 흡착 근이 있어 다른 물체를 잡고 올라가고 길이가 10m에 달한다. 잎은 마주나고 가장자리에는 톱니와 더불어 털이 있다. 꽃은 8~9월경에 피고 가지 끝에 원추꽃차례를 이루며 열매는 삭과로 네모지며 10월에 익는다.

이용

꽃을 약용으로 이용한다. 꽃이 피는 대로 채취하여 햇볕에 말려서 그대로 쓴다.

복용법

잎과 줄기는 피부소염증에 사용하고 말린 뿌리는 통풍을 치료한다. 말린 것 3~5g을 달여 복용하거나 가루 내어 먹고 타박상에는 가루를 개어서 바른다.

생약명

능소화, 여위, 자위화, 타태화

다른 이름

금등화(金藤花)

효능

어혈을 풀어주고 피를 식혀주며 그래서 생리불순이나 아랫배에 덩어리가 만져질 때, 술독으로 인한 딸기코, 자궁출혈, 변비, 염증성 질염, 타박상, 기관지염 등에 사용한다. 이뇨의 효과가 있으며 통경작용을 한다. 항균작용과 항종양, 자궁평활근에 대한 작용을 한다.

169

ㄷ

다정큼나무/달맞이꽃/닭의장풀/대극/대추나무/도깨비바늘/도꼬마리/도라지
독말풀/돈나무/돌나물/돌배나무/돌소리쟁이/동백나무/동아/두릅나무
두메부추/두충나무/둥굴레/들메나무/들쭉나무/등갈퀴나물/등골나물/딱지꽃
땅두릅/때죽나무/뚱딴지/띠

다정큼나무

학명 *Raphiolepis indica*
과 장미과의 상록활엽 관목
서식장소 해안
개화기 4~6월
분포 한국 남부지방, 일본, 대만
크기 높이 2~4m
꽃말 친밀

형태 및 생태
줄기는 곧게 서며 가지는 돌려난다. 줄기 아래에 많은 가지가 나와 반구형을 이룬다. 잎은 어긋나지만 가지 끝에서 모여난 것처럼 보이고 가장자리는 둔한 톱니가 있다. 꽃은 양성화로 4~6월에 흰색으로 피고 가지 끝에 원추꽃차례를 이루며 달린다. 열매는 이과로 둥글고 가을에 검게 익는다. 1과에 1~2개의 종자가 들어있다.

이용
잎과 가지 또는 뿌리를 한약재로 이용한다.

복용법
말린 약재를 달여서 타박상이나 관절의 염좌에 복용한다. 말린 뿌리는 한 번에 2~3g을 달여서 복용하고 잎은 짓찧어서 붙이며 담금주로 했다가 3개월 정도 지나 한 잔씩 마신다.

약성
성질이 차면서 맛이 쓰고 떫다.

생약명
칠리향, 춘화목

다른 이름
쪽나무, 둥근잎다정큼나무

효능
열매에는 혈관을 손상으로부터 보호하는 플라보노이드가 들어 있어 항산화 작용을 한다. 혈관을 확장시키고 혈류를 개선하는 효능이 있어서 불규칙한 심장박동이나 고혈압, 흉통과 같은 심장질환에 효능이 있다.

173

달맞이꽃

당뇨, 골다공증, 류머티즘성 관절염을
예방하는 이로운 약초

학명 *Oenothera biennis*
과 바늘꽃과의 두해살이풀
서식장소 물가, 길가, 빈터
개화기 7월
분포 전국 각지
크기 높이 50~90cm
꽃말 기다림

■ 형태 및 생태

줄기는 굵고 곧은 뿌리에서 나와 곧게 서며 전체에 잔털이 빽빽하게 난다. 잎은 어긋나고 넓은 선형이며 가장자리에 얕은 톱니가 있다. 꽃은 7월에 노란 색으로 피고 잎겨드랑이에 한 개씩 달리며 저녁에 피었다가 아침에 시든다. 열매는 삭과로 긴 타원형이고 4개로 갈라지면서 종자가 나온다.

■ 이용

이른 봄에 어린 싹을 캐어 나물로 먹는다. 한방에서 뿌리를 월견초(月見草)라는 약재로 쓴다. 뿌리는 가을에 굴취하여 햇볕에 말리고 쓰기에 앞서서 잘게 썬다. 잎은 필요에 따라 그때그때 채취하여 생것을 쓴다.

■ 복용법

달여서 복용하면 감기로 열이 높고 인후염이 있을 때 좋다. 종자를 월견자(月見子)라고 하여 고지혈증에 사용한다. 1회에 4~6g씩 300cc의 물로 달여서 복용한다. 피부염에는 생잎을 짓찧어서 환부에 붙이거나 말린 약재를 가루로 빻아 기름에 개어서 바른다.

■ 생약명

월하향(月下香)

■ 효능

종자의 기름은 당뇨에 효능이 있다. 꽃잎을 생으로 찧어 바르면 피부염에 효과가 있으며 꽃차로 마시면 생리불순과 생리통에 좋다. 감기로 인한 열, 인후염, 기관지염 등에 효능이 있다. 항염증 아토피성 피부염을 완화하며 골다공증, 류머티즘성 관절염을 예방한다.

■ 주의

과다 복용 시 설사나 복통을 일으킬 수 있다.

175

닭의장풀

항암이나 암 치료에 이로운 약초

학명 *Commelina communis*
과 닭의장풀과의 한해살이풀
서식장소 길가나 냇가의 습지
개화기 7~8월
분포 한국, 일본, 중국, 우수리 강 유역,
　　　사할린, 북아메리카
크기 15~50cm
꽃말 순간의 즐거움

■ 형태 및 생태

줄기 아래 부분은 옆으로 비스듬하게 자라고 땅을 기고 마디에서 뿌리를 내리며 많은 가지가 갈라진다. 잎은 어긋나고 달걀 모양의 피침형이며 꽃은 7~8월에 하늘색으로 피고 잎겨드랑이에서 나온 꽃줄기 끝의 포에 싸여 취산꽃차례로 달린다. 열매는 삭과로 타원 모양이고 마르면 3개로 갈라진다.

■ 이용

봄에 어린잎을 먹는다. 한방에서는 잎을 압척초(鴨跖草)라는 약재로 쓴다.

■ 복용법

차를 끓여 마실 때는 잘게 잘라서 그늘에 말린 전초를 5g 정도에 물 1리터를 넣고 끓기 시작하면 약한 불에 40~50분 정도 더 달여 하루 2~3번 복용한다. 치질에는 생초 꽃을 따서 비비면 끈적끈적한 액체가 나오는데 그 액체가 나오는 것을 치질 환부에 바르면 통증과 염증 치료에 도움이 된다,

■ 약성

성질이 차가우며 맛은 밋밋하고 쌉쌀하다.

■ 생약명

압척초(鴨跖草), 압각초(鴨脚草) 죽엽채(竹葉菜), 벽죽초(碧竹草), 벽선화(碧蟬花)

■ 다른 이름

달개비, 닭개비, 닭의발씻개

■ 효능

이뇨 작용을 하며 당뇨병에도 효능이 있다. 열을 내리고 신경통을 치료하며 당뇨와 콩팥염, 요도염, 순염증에도 효과가 있다. 항암이나 암 치료에 좋다.

대극

복수가 심하거나 흉부에 물이 찬 것을 제거하는 이로운 약초

학명 *Euphorbia pekinensis*
과 대극과의 여러해살이풀
서식장소 산, 들
개화기 6월
분포 한국, 일본, 중국
크기 높이 약 80cm
꽃말 고난의 깊이를 간직하다

■■ 형태 및 생태
줄기는 곧게 서며 자르면 하얀 유액이 나온다.
잎은 어긋나고 잎자루는 없으며 가장자리에 톱
니가 있다. 꽃은 6월경에 황록색으로 5개의 가
지가 우산모양으로 갈라진다. 열매는 삭과로
겉에 돌기가 있으며 종자는 약간 둥글다.

■■ 이용
어린잎을 먹는다. 한방에서는 뿌리 말린 것을
생약으로 쓴다. 말린 것을 잘게 썰어서 쓰고 잘
게 썬 것을 식초에 적셔 볶아서 쓴다.

■■ 복용법
말린 약재 2~4g을 300cc 정도 물에 달여 3회로
나누어 복용한다.

■■ 생약명
대극(大戟), 택경(澤莖), 공거(功鉅)

■■ 효능
치습(治濕), 류머티즘, 담으로 생긴 병을 치료한
다. 이뇨작용이 강하여 복수가 심하거나 흉부
에 물이 찬 것을 제거한다.

■■ 주의
독이 있으므로 허약한 사람이나 임신부는 사용
하지 않는다.

179

학명 *Zizyphus jujuba* var. *inermis*
과 갈매나무과의 낙엽활엽 교목
서식장소 마을 부근
개화기 6월
분포 한국, 중국, 아시아, 유럽
크기 높이 10~15m
꽃말 처음 만남

형태 및 생태
나무에 가시가 있고 마디 위에 작은 가시가 다발로 난다. 잎은 어긋나고 달걀 모양 또는 긴 달걀 모양이며 잎맥이 뚜렷이 보인다. 꽃은 6월에 연한 황록색 꽃이 피며 잎겨드랑이에서 짧은 취산꽃차례를 이룬다. 열매는 핵과(씨가 단단한 핵으로 둘러싸여 있는 열매)로 타원형이고 9월에 빨갛게 익는다.

이용
날로 먹거나 떡, 약식 등의 요리에 이용하며 한방에서는 햇볕에 말려서 쓴다.

복용법
1회에 4~8g씩 300cc의 물을 넣고 달여서 복용한다. 말린 열매를 가루로 빻아 복용하기도 한다.

약성
맛은 달고 성질은 따뜻하다.

생약명
대조(大棗)

효능
자양, 강장, 진해, 진통, 해독 등의 효능이 있으며 기력부족, 불면증, 근육경련, 약물중독, 안정 효과가 뛰어나다.

간염과 황달, 신장염에 이로운 약초

학명 *Bidens bipinnata* L.
과 국화과의 한해살이풀
서식장소 산과 들의 양지바른 곳
개화기 8~9월
분포 유럽, 아시아, 북아메리카,
　　　오스트레일리아
크기 높이 30~100cm
꽃말 흥분

■ 형태 및 생태
줄기는 네모지고 털이 조금 있다. 잎은 줄기에 마주나며 잎자루는 위로 갈수록 짧아진다. 꽃은 8~9월에 황색으로 가지 끝에 한 송이씩 피고 열매는 수과이며 긴 바늘모양으로 9~10월에 익는다. 열매 끝에는 2~4개의 까락이 달려 있다.

■ 이용
어린잎과 줄기를 나물로 먹는다. 쓴맛이 강해 데쳐서 쓴맛을 우려낸 다음 조리한다. 꽃을 포함한 뿌리와 씨는 약용한다.

■ 복용법
1회에 5~10g씩 300cc의 물로 달이거나 생즙을 내어 복용한다.

■ 약성
성질은 평하며 맛은 쓰지만 독이 없다.

■ 생약명
귀침초(鬼針草), 귀황화(鬼黃花), 귀골침(鬼骨針), 고금황(苦芩黃)

■ 효능
간염과 황달, 신장염, 맹장염, 당뇨, 인후염, 기관지염, 해열, 이뇨, 해독, 소종 등에 효능이 있으며 멍든 피를 풀어준다.

학명 *Xanthium strumarium*
과 국화과의 한해살이풀
서식장소 길가
개화기 8~9월
분포 전국 각지
크기 1m
꽃말 고집, 애교

형태 및 생태
줄기는 곧게 서서 가지를 치며 잎은 서로 어긋
난다. 잎 가장자리에는 거친 톱니가 있으며 긴
잎자루를 가지고 있다. 꽃은 8~9월에 노랗게 암
수 꽃이 따로 피며 수꽃은 둥글고 줄기와 가지
끝에 뭉쳐 핀다. 암꽃은 잎겨드랑이에 뭉쳐 핀
다. 열매는 두 개의 씨가 들어 있다.

이용
씨를 약재로 사용한다. 씨가 완전히 익은 뒤 채
취하여 햇볕에 잘 말린다.

복용법
1회에 2~4g을 300cc의 물에 넣어 절반쯤 될 때
까지 달여서 복용한다.

생약명
창이자(蒼耳子), 이당, 저이(猪耳)

효능
축농증과 비염에 좋으며 풍으로 인해 머리가
아프고 풍습으로 인한 저림 증상에 좋은 효능
을 보인다. 진통, 산풍(散風), 거습(祛濕), 소종(消
腫) 등의 효능을 가지고 있다.

주의
독이 소량 있기 때문에 다량 섭취하는 경우 중
독 증상을 발생시킬 수 있으며 또한 구토, 두통,
목마름 등의 부작용이 나타날 수 있다. 따라서
임산부나 몸이 약한 사람은 피하는 것이 좋고
전문의와 상담 후 복용하는 것이 좋다.

185

도라지

호흡기관 질환과 면역력 향상에 이로운 약초

186

학명 *Platycodon grandiflorum*
과 초롱꽃과의 여러해살이풀
서식장소 산, 들
개화기 7~8월
분포 한국, 일본, 중국
크기 높이 40~100cm
꽃말 영원한 사랑

▪ 형태 및 생태
뿌리는 굵고 줄기는 곧게 자라며 자르면 하얀 즙액이 나온다. 잎은 어긋나고 긴 달걀 모양 또는 넓은 피침형으로 가장자리에 톱니가 있으며 잎자루는 없다. 꽃은 7~8월에 흰색 또는 보라색으로 위를 향하여 핀다. 열매는 삭과로 달걀 모양이고 꽃받침 조각이 달린 채로 노랗게 익는다. 종자로 번식한다.

▪ 이용
봄, 가을에 뿌리를 채취하여 사용한다.

▪ 복용법
날것으로 먹거나 나물로 먹는다.

▪ 생약명
길경(桔梗), 이여(利如), 백약(白藥), 경초(梗草), 고경(苦梗)

▪ 다른 이름
길경, 길경채, 백약, 도랏, 질경, 산도라지

▪ 효능
사포닌 성분이 가래를 삭이고 혈당을 떨어뜨린다. 폐와 기관지 질환에 효능이 있고 찬 기운을 덜어줘서 설사, 주독, 심장쇠약, 호흡기관 질환과 면역력 향상에 도움을 준다. 편도선염, 기관지염, 인후염, 비염 등의 호흡기 질환을 예방하는데 좋다.

187

독말풀

천식과 류머티즘, 통증을 다스리는 약초

학명 *Datura stramonium* var. *chalybaea*
과 가지과의 한해살이풀
서식장소 민가부근
개화기 8~9월
분포 한국, 열대 아메리카
크기 높이 1~2m
꽃말 거짓, 애교

■ 형태 및 생태
줄기는 곧추서며 굵은 가지로 자라고 자줏빛이
다. 잎은 달걀모양으로 어긋나고 잎자루는 길
며 가장자리에 톱니가 있다. 꽃은 8~9월에 줄
기 끝이나 잎겨드랑이에 연한 자주색으로 달린
다. 열매는 달걀 모양으로 가시돌기가 많이 난
삭과로 10월에 익는다. 익으면 4조각으로 갈라
져 검은 종자가 나온다.

■ 이용
한방에서는 잎, 꽃, 씨를 약재로 사용한다. 7~8
월에 채취하여 햇볕에 말리거나 불에 쬐어서
건조시킨다. 씨와 잎에 마취성의 독소가 들어
있어 진통제, 수면제 따위의 재료로 쓰인다.

■ 복용법
말린 약재 0.5~1g에 물 700cc를 넣고 반 정도
의 양이 되게 달여 세 번에 나누어 복용한다.

■ 생약명
잎 : 만다라엽(曼陀羅葉) 꽃 : 양금화(洋金花), 산
가화(山茄花) 씨 : 만다라자(曼陀羅子), 천가자(天
茄子)

■ 효능
꽃과 잎은 천식과 기침, 류머티즘, 통증에 효능
이 있고 종자는 진통, 경련이나 천식을 다스리
는 효능이 있다. 외과수술의 마취제로도 쓴다.

■ 주의
잎과 씨에 독이 많아 복용할 때는 꼭 전문의와
상의를 해야 한다.

돈나무

당뇨와 고혈압 등의 성인병에 이로운 나무

학명 *Pittosporum tobira*
과 돈나무과의 상록활엽 관목
서식장소 바닷가 산기슭
개화기 5~6월
분포 한국 남부지방, 일본, 중국, 타이완
크기 높이 2~3m
꽃말 꿈속의 사랑, 편애

형태 및 생태

가지에 털이 없으며 나무껍질은 검은 갈색이다. 잎은 어긋나지만 가지 끝에 모여 달리며 두껍다. 잎의 가장자리는 밋밋하고 뒤로 말리며 뒷면은 흰색을 띤다. 꽃은 양성으로 5~6월에 총상꽃차례로 새가지 끝에 달린다. 열매는 삭과로서 둥글거나 타원형이고 10월에 익으면서 3개로 갈라져 붉은 종자가 나온다.

이용

가지와 잎을 껍질과 함께 약재로 쓴다. 가을부터 겨울 사이에 채취하여 햇볕에 말리고 쓰기 전에 잘게 썬다.

복용법

1회 2~6g씩 300cc의 물로 달여서 복용한다. 습진과 종기 등 외용할 때는 생잎을 찧어서 환부에 붙이거나 달인 물로 환부를 닦아준다.

생약명

칠리향(七里香). 해동(海桐)

효능

관절통을 완화시켜주는 효과가 있으며 당뇨와 고혈압인 성인병에도 효과가 있다. 피부의 염증과 궤양을 치료하는 효과가 있다. 고혈압, 동맥경화, 혈액의 순환을 돕는다.

191

돌나물

고혈압, 심근경색, 혈액순환을 도우는 이로운 약초

학명 *Sedum sarmentosum*
과 돌나물과의 여러해살이풀
서식장소 산
개화기 5~6월
분포 전국 각지
크기 높이 15cm
꽃말 근면

형태 및 생태
줄기는 옆으로 뻗으며 각 마디에서 뿌리가 나온다. 잎은 보통 3개씩 돌려나고 잎자루가 없으며 가장자리는 밋밋하다. 꽃은 5~6월에 황색으로 피며 취산꽃차례로 줄기 끝에 달린다. 열매는 골돌과로 5개의 심피가 있다.

이용
어린 줄기와 잎은 김치를 담가 먹는다. 연한 순은 나물로 한다.

복용법
타박상이나 볼거리에는 돌나물 생잎을 그대로 6g정도 찧어 붙이면 곪는 것을 막을 수 있으며 이미 곪았을 때에도 사용 가능하다.

생약명
불갑초(佛甲草)

다른 이름
수근초

효능
청열(淸熱), 소종(消腫), 해독(解毒)의 효능이 있다. 편도선과 황달에도 좋다. 콜레스테롤을 낮춰주며 폐경 이후 여성호르몬 감소로 인한 고지혈증, 피부탄력감소, 골다공증 증상 개선에 도움을 준다. 간을 건강하게 하여 피로회복을 시켜주고 간염과 간경변증에 효과가 있다. 고혈압, 심근경색 혈액순환을 도와준다.

학명 *Pyrus pyrifolia*
과 장미과의 낙엽활엽 교목
서식장소 산
개화기 4~5월
분포 한국, 일본, 중국
크기 높이 5~20m
꽃말 참고 견딤

■ 형태 및 생태
나무껍질은 검은 색을 띤 회색이며 잎은 어긋나며 달걀모양이고 끝은 뾰족하며 가장자리에 침같은 톱니가 있다. 꽃은 4~5월에 암수한몸 양성화 백색으로 피고 작은 가지 끝에 산방꽃차례로 달린다. 열매는 이과로 10월에 누렇게 익는다.

■ 이용
열매를 가을에 수확하여 사용하며 잘게 썰어 햇볕에 말려 쓰거나 먹는다. 뿌리와 줄기도 약용이 가능하며 이른 봄에 채취하여 햇볕에 잘 말려 사용한다.

■ 약성
맛은 달고 약간 신맛이 있으며 성질은 약간 차가운 편이다.

■ 생약명
이수근(梨樹根)

■ 유사종
문배나무, 참배, 털산돌배

■ 효능
변비, 갈증해소, 구토증세, 가래, 심한 기침, 폐결핵, 천식, 어혈 등에 효능이 있으며 심장을 맑게 하고 화를 가라앉히며 술독을 풀어주고 특히 당뇨와 중풍에 좋다.

195

돌소리쟁이

변비, 장염, 황달, 간염 등에 이로운 약초

학명 *Rumex obtusifolius*
과 마디풀과의 여러해살이풀
서식장소 들, 길가
개화기 6~8월
분포 한국, 일본, 중국, 유라시아, 북아메리카,
　　남아메리카
크기 높이 60~120cm
꽃말 친근한 정

■ 형태 및 생태
줄기는 곧게 서며 중간부터 갈라져 있다. 잎은 어긋나고 가장자리에 주름이 있다. 뿌리 잎과 줄기 아래쪽 잎은 잎자루가 길고 가장자리에 잔톱니가 있다. 꽃은 6~8월에 줄기와 가지 끝에 연한 녹색으로 피며 원추꽃차례로 층층이 돌려가면서 피어 전체적으로는 총상꽃차례를 이룬다. 열매는 수과로 종자가 한 개씩 들어 있다.

■ 이용
어린잎은 식용하며 뿌리는 약용한다.

■ 복용법
외용할 때는 생뿌리를 짓찧어서 환부에 붙인다.

■ 약성
맛은 쓰고 약성은 차다.

■ 생약명
양제, 야대황, 독채, 우설근

■ 효능
변비, 소화불량, 장염, 황달, 간염, 자궁출혈, 토혈 등에 효능이 있으며 종기와 옴, 류머티즘 등의 치료에도 효험이 있다.

■ 그렇군요!
잎이 주름져있어 바람이 불면 소리가 난다하여 붙여진 이름이다.

ㄱㄴㄷㄹㅁㅂㅅㅇㅈㅊㅋㅌㅍㅎ

197

동백나무

멍든 피를 풀어주며 지혈, 소종, 토혈,
장염에 이로운 나무

학명 *Camellia japonica*
과 차나뭇과의 상록교목
서식장소 산의 계곡, 숲속의 냇가
개화기 3~4월
분포 한국 남부지방, 일본, 중국
크기 높이 약 7m
꽃말 진실한 사랑, 겸손한 마음

형태 및 생태
나무껍질은 회백색이며 크게 자라도 밋밋하다. 겹눈은 선상 긴 타원형이다. 줄기는 기부에서 갈라져 관목상으로 되는 것이 많다. 잎은 어긋나고 잎 가장자리에 물결 모양의 잔 톱니가 있고 광택이 난다. 꽃은 이른 봄 가지 끝에 한 개씩 달리고 적색이다. 열매는 삭과로 늦가을에 붉게 익는다. 둥글고 3실이며 검은 갈색의 종자가 들어 있다.

이용
씨에서 짜낸 기름을 식용으로 한다. 꽃을 약재로 쓴다. 꽃이 피기 직전에 채취하여 햇볕에 말리거나 불에 말린다.

복용법
1회에 3~4g을 300cc의 물로 달이거나 가루로 빻아 복용한다. 약재를 가루로 빻아 기름에 개어서 화상이나 타박상의 환부에 바른다.

생약명
산다화(山茶花)

유사종
흰 동백나무, 애기동백나무

효능
멍든 피를 풀어주며 지혈, 소종, 토혈, 장염으로 인한 하혈, 월경과다 등에 효능이 있다. 동백기름은 가려움증을 완화시켜 주며 피부 보습과 진정을 도와준다. 또한 수분 손실을 막아주어 피부 염증을 예방하고 콜라겐 합성을 촉진시켜 피부의 탄력을 높여준다.

간을 보호하고 직장암, 결장암에 이로운 항암효과의 약초

학명 *Benicasa hispida*
과 박과의 한해살이 덩굴식물
서식장소 재배
개화기 여름
분포 아시아 열대와 중국
크기 4~6m

형태 및 생태
줄기에 갈색 털이 있으며 굵고 단면이 사각이다. 잎은 어긋나고 심장상 원형이며 잔 톱니가 있다. 꽃은 여름에 1가화(一家花)로 황색으로 피며 화관은 5개로 갈라진다. 열매는 원형에서 타원형이고 익으면 흰 가루가 앉고 무게가 무려 7~10kg에 달한다.

이용
다양한 식재료로 이용된다. 속을 긁어내고 적당히 썰어 믹서에 갈아 짜낸다.

복용법
생즙을 내어 식전에 한 컵씩 마신다. 사과즙이나 당근 즙을 절반씩 혼합하여 마시면 좋다.

약성
약간 차며 독이 없고 달다.

생약명
동과(冬瓜)

효능
간을 보호하고 직장암, 결장암에 항암효과가 있으며 해독 및 피부건강, 칼로리가 낮아 다이어트에 좋고 이뇨작용이 있어 몸이 자주 붓는 사람에게 효과적이다. 나트륨 함량이 낮아서 소변이 나오지 않을 때, 급만성 신장염으로 인한 부종을 치료하는 데 효과적이다.

학명 *Aralia elata*
과 두릅나뭇과의 낙엽활엽 관목
서식장소 산기슭의 양지, 골짜기
개화기 8~9월
분포 전국
크기 높이 3~4m
꽃말 애절, 희생

▪ 형태 및 생태
줄기에 억센 가시가 많다. 잎은 어긋나고 잎자루와 작은 잎에 가시가 있다. 꽃은 8~9월에 가지 끝에 산형꽃차례를 이루고 백색 꽃이 핀다. 꽃은 양성이거나 수꽃이 섞여 있으며 열매는 핵과로 둥글고 10월에 검게 익는다.

▪ 이용
어린잎은 식용하고 나무껍질과 뿌리는 약용한다. 봄에 채취하는데 껍질은 가시를 제거하여 햇볕에 말린다. 쓰기에 앞서서 잘게 썬다.

▪ 복용법
말린 약재를 1회 5~10g씩 300cc의 물로 달여 복용한다. 약효는 줄기와 뿌리에 많아 말려서 달여 먹는 것이 좋다.

▪ 생약명
총목피

▪ 유사종
애기두릅나무, 둥근잎두릅나무

▪ 효능
위암, 당뇨병, 해수, 신장병, 소화제에 효능이 있으며 숙변을 제거한다. 특히 당뇨에 탁월하다. 뿌리와 껍질은 혈당치를 낮추고 인슐린분비를 촉진시킨다. 관절염과 신경통에 좋고 사포닌 성분이 다량 함유되어 있어 면역력 강화에 도움이 되고 암을 유발시키는 나이트로사민을 억제하여 암 예방 및 치료에 좋다.

203

두메부추

당뇨, 고혈압에 탁월한 효능의 약초

학명 *Allium senescens* L.
과 백합과 여러해살이풀
서식장소 숲속
개화기 8~9월
분포 한국 북부, 만주, 몽골, 시베리아,
　　　중앙아시아, 유럽
크기 높이 20~30cm
꽃말 좋은 추억

형태 및 생태

긴 타원형의 비늘줄기가 있으며 잎은 선형이며 뿌리에서 나고 긴 피침 모양으로 살진 부추의 잎과 같다. 꽃은 8~9월에 꽃대 끝에서 홍자색으로 핀다. 꽃줄기 양끝에는 좁은 날개가 있고 소화경은 회청색으로 세로로 날개가 있다. 열매는 삭과로 10월에 검은색으로 익는다.

이용

어린잎은 식용을 하며 비늘줄기로는 약용을 한다.

복용법

부추 100g을 5컵의 물을 넣고 푹 끓여서 1컵의 진액으로 만든다. 이 진액을 소주나 정종과 섞어 마신다.

생약명

산구(山韭)

효능

당뇨, 고혈압에 효능이 있으며 항균, 항염, 기관지염, 천식 등에 도움을 주고 위장활동을 활발히 해주어 소화촉진, 변비예방에 좋다. 『동의보감』과 『본초강목』에 의하면 두메부추는 몸이 찬 사람에게 이로워, 몸을 덥게 하고 보온 효과가 있으며 생식하면 감기 및 성인병 예방에도 좋다.

두충나무

뼈를 강화하여 골다공증에 이로운 나무

학명 *Eucommia ulmoides* Oliver.
과 두충과 여러해살이 낙엽교목
서식장소 산과 들
분포 한국, 중국
크기 높이 10m

■ 형태 및 생태
잎은 마주나며 타원형이고 끝이 갑자기 좁아져서 뾰족해진다. 가장자리에 예리한 톱니가 있고 잎자루에 잔털이 있다. 꽃은 2가화로서 화피가 없으며 열매는 편평한 긴 타원형이고 날개가 있으며 열매를 자르면 고무같은 점질의 실이 나온다.

■ 이용
껍질을 건조시킨 것은 약재로 쓰인다.

■ 복용법
말린 껍질을 얇게 썰어서 볶은 후 물에 끓여서 차로 복용한다. 잎을 달여 신경통, 고혈압에 복용한다.

■ 약성
온화하고 맛은 달고 약간 맵다.

■ 생약명
두충(杜沖)

■ 효능
신장의 기능허약에서 오는 요통에 효과가 있으며 콜레스테롤성 동맥경화증에도 효과가 있다. 혈압을 떨어뜨리는 효과가 있으며 하체의 무력감, 생식기능 감퇴, 소변을 자주 보고 어지러운 증상에 널리 활용된다. 골다공증 같은 뼈질환이 있거나 신경통과 같은 통증을 완화시켜 준다.

둥굴레

혈압, 혈당을 낮추는 이로운 약초

학명 *Polygonatum odoratum*
과 백합과의 여러해살이풀
서식장소 산과 들
개화기 6~7월
분포 한국, 일본, 중국
크기 높이 30~60cm
꽃말 고귀한 봉사

형태 및 생태
뿌리줄기는 육질이며 옆으로 뻗고 끝이 비스듬하게 처진다. 잎은 어긋나고 한쪽으로 치우쳐서 퍼진다. 대나무 잎과 흡사하다. 꽃은 6~7월에 흰색으로 피며 잎겨드랑이에 달린다. 열매는 장과로 둥글고 9~10월에 검게 익는다.

이용
봄철에 어린잎과 뿌리줄기를 먹는다. 땅속줄기는 한방에서 약재로 쓴다.

복용법
둥글레 20g을 물 600㎖에 넣어 은근한 불에서 20분가량 달여 차로 마신다. 보리차나 물 대신 마시는 경우 더 연하게 끓여서 냉장보관 하여 수시로 마셔주면 좋다.

생약명
옥죽(玉竹), 위유

다른 이름
맥도둥굴레, 애기둥굴레, 좀둥굴레, 제주둥굴레

효능
번갈, 당뇨병, 심장쇠약 등을 치료한다. 한방에서는 둥글레 뿌리줄기 말린 것을 위유라고 하는데, 위유는 강장강정, 치한, 해열 등에 효과가 있을 뿐만 아니라 혈압, 혈당을 낮춰주는데 효과가 있어서 장기간 복용하면 안색과 혈색을 좋게 만드는 효과가 있다.

주의
성질이 차가워 몸과 팔다리가 차고 찬 음식을 먹으면 설사를 하는 사람은 피하는 것이 좋다.

209

학명 *Fraxinus mandshurica*
과 물푸레나뭇과의 낙엽활엽교목
서식장소 깊은 산골짜기
개화기 5월
분포 한국, 일본, 중국, 사할린 등지
크기 높이 30m정도

■▪ 형태 및 생태

가지는 녹갈색이며 한쪽으로 편평해진다. 나무 껍질은 밋밋하지만 세로로 약간 골이 졌다. 잎은 마주나고 홀수 1회 깃꼴겹잎이다. 꽃은 단성화로 5월에 피며 지난해 가지의 잎겨드랑이에서 나와 복총상꽃차례로 많이 달린다. 열매는 시과(翅果)로 9월에 익는데 끝이 조금 움푹패어 있다.

■▪ 이용

봄에 부드러운 새순을 채취하여 삶아 나물로 무쳐먹는다. 껍질은 염료, 타닌을 채취할 수 있으며, 꽃에는 꿀을 생산할 수 있는 밀원이 풍부하다. 뿌리껍질을 수곡유피라 하여 약용에 쓰인다.

■▪ 생약명

수곡유피(水曲柳皮)

■▪ 유사종

물들메나무

■▪ 효능

해열, 지혈, 이뇨, 진통의 효능이 있다. 여름철 장기에 열이 쌓여서 일어나는 이질에 효과가 있고 창독(瘡毒)을 제거시킨다.

211

들쭉나무

중풍과 치매를 예방하는 이로운 나무

학명 *Vaccinium uliginosum*
과 진달래과의 낙엽소관목
서식장소 높은 산
개화기 5~6월
분포 한국, 북반구 한대지방
크기 높이 약 1m
꽃말 반항심

형태 및 생태

가지는 갈색이며 잎은 어긋나고 달걀을 거꾸로 세운 듯한 모양이다. 잎의 뒷면은 희고 끝이 둔하다. 가장자리는 밋밋하다. 꽃은 5~6월에 항아리 모양으로 녹백색으로 핀다. 열매는 장과로 공 모양이거나 타원형이고 8~9월에 검은 자줏빛으로 익으며 흰 가루로 덮여 있다.

이용

한방에서는 잎과 열매를 채취하여 약용으로 쓴다.

복용법

열매를 술로 숙성시켜 복용하거나 과즙으로 섭취한다. 말린 것을 1회에 2g에서 8g을 달여 복용한다. 요도염이나 방광염에 특히 좋다.

생약명

전과(甸果)

효능

중풍과 치매를 예방하고 항산화 기능과 암을 예방한다. 당뇨병과 시력회복, 관절의 부종, 지혈제로도 탁월한 효과가 있다. 고혈압과 위염 등에 좋고 요도염, 방광염, 류머티즘에도 사용한다.

주의

성질이 따뜻해서 몸에 열이 많은 사람은 많이 먹지 않는 것이 좋다. 특히 『신강중초약수책』에서는 약간의 독성이 있다고 기록하고 있는 만큼 들쭉술은 한꺼번에 많이 마시지 않는 것이 좋다.

213

등갈퀴나물

자궁경부암이나 이하선염 치료에 탁월한 약초

학명 *Vicia cracca*

과 콩과의 여러해살이 덩굴식물

서식장소 산, 들의 풀밭

개화기 6월

분포 한국(전남, 경남, 평북, 함북), 일본,
      중국, 시베리아의 온대

크기 길이 80~150cm

꽃말 용사의 모자

형태 및 생태

주위의 나무 등을 타고 올라가며 자란다. 뿌리가 길게 뻗으면서 번식하며 줄기에는 능선과 더불어 잔털이 있다. 잎은 어긋나고 여러 갈래의 덩굴손이 있다. 꽃은 6월에 나비 모양의 엷은 자주색 꽃이 이삭 모양으로 피고 잎겨드랑이에서 총상꽃차례를 이룬다. 열매는 협과로 다소 부풀고 5개 내외의 종자가 들어있다.

이용

어린순은 나물로 먹는다. 종자는 볶아 먹는다. 7~9월 사이에 줄기와 잎을 채취하여 말려서 밀봉 보관하고 필요할 때 약재로 사용한다.

복용법

말린 약재 6~15g, 말리지 않은 것은 30~80g을 달여 복용한다.

생약명

산야완두(山野豌豆)

효능

거풍습(祛風濕), 활혈(活血), 지통(止痛)의 효능이 있다. 류머티즘통과 음낭습진을 치료한다. 각종 암의 약재로 사용하며 특히 자궁경부암이나 이하선염 치료에 탁월하다. 근육마비가 오고 중이염, 관절염, 혈뇨, 감기에 효능이 있다.

등골나물

황달, 중풍, 고혈압, 당뇨를 다스리는 이로운 약초

학명 *Eupatorium japonicum*
과 국화과의 여러해살이풀
서식장소 산, 들
개화기 7~8월
분포 한국, 일본, 중국, 필리핀 등지
크기 높이 70cm
꽃말 주저

형태 및 생태

전체에 가는 털이 있고 원줄기에 자줏빛이 돌며 곧게 선다. 밑동에서 나온 잎은 작고 꽃이 필 때쯤이면 없어진다. 중앙부에 커다란 잎이 마주나고 짧은 잎자루가 있으며 꽃은 7~8월에 흰 자줏빛으로 피고 두상꽃차례를 이룬다. 열매는 수과로 11월에 익는다.

이용

어린순은 나물로 식용한다. 맛이 아주 쓰고 매워 데친 다음 꼭 우려서 조리하도록 해야 한다. 잎과 열매는 차로 달여 먹을 수 있다. 뿌리를 포함한 모든 부분을 채취하여 햇볕에 말려 약재로 쓴다.

복용법

전초를 말려 적당한 양을 물에 끓여 그 물을 마시면 당뇨병에 특히 좋다. 하루 12~20g을 물 1리터를 붓고 달여서 2~3회에 나누어 복용하거나 가루를 내어 산제로 복용한다. 외용할 때는 짓찧어서 환부에 바른다.

약성

성질은 차고 맛은 맵고 쓰다.

생약명

산택란, 칭간초, 천금화

효능

황달, 중풍, 고혈압, 당뇨, 폐렴, 산후복통, 토혈에 효능이 있다. 간 기능이 허약하거나 지방간, 간염 등과 같은 질환으로 늘 피곤하고 성욕이 감퇴되었을 때 효능이 뛰어나다.

딱지꽃

대장염, 자궁출혈, 해독에 이로운 약초

학명 *Potentilla chinensis*
과 장미과의 여러해살이풀
서식장소 들, 강가, 바닷가
개화기 6~7월
분포 한국, 일본, 중국, 아무르, 타이완
크기 높이 30~60cm
꽃말 언제나 사랑해

형태 및 생태
한 자리에서 여러 대 자라난 줄기는 비스듬히 기울어져 거칠게 생겼다. 뿌리는 굵고 줄기는 보랏빛으로 몇 개가 뭉쳐나며 줄기 잎에는 털이 많다. 잎은 어긋나며 깃꼴겹잎이다. 꽃은 6~7월에 노란색 꽃이 가지 끝에 피며 산방상 취산꽃차례를 이룬다. 열매는 수과로 넓은 달걀모양이며 세로로 주름이 있고 뒷면에 능선이 있다.

이용
봄에 어린잎을 따서 나물로 먹거나 뿌리를 날것으로 식용한다. 줄기와 잎을 봄, 가을에 채취하여 햇볕에 말려 달이거나 산제로 하여 사용한다. 쓰기에 앞서 잘게 썬다. 병에 따라서는 생풀을 쓰기도 한다.

복용법
말린 약재를 1회에 7~13g씩 500cc의 물로 달이거나 가루로 빻아 복용한다. 마른버짐이나 종기의 치료를 위해서는 생풀을 짓찧어서 환부에 붙이거나 말린 약재를 가루로 빻아 기름에 개어서 바른다.

생약명
위릉채(萎陵菜), 용아초(龍牙草), 번백채(飜白菜)

약성
맛은 쓰고 성질은 차다.

다른 이름
위릉채(萎陵菜), 동녹풀

효능
해열과 이뇨, 토혈, 혈변, 장출혈, 간 결핵, 자궁내막염, 이질, 창종 등에 효능이 있다.

219

땅두릅

암을 예방하고 억제하는 이로운 약초

학명 *Aralia cordata*
과 두릅나뭇과 여러해살이풀
서식장소 산이나 계곡의 양지바른 곳
개화기 7~8월
분포 한국
크기 높이 1.5m
꽃말 애절, 희생

형태 및 생태
전체에 짧은 털이 드문드문 있다. 나무에서 채취하는 것이 아니라 땅에서 캐낸다. 잎은 어긋나고 꽃은 7~8월에 가지와 원줄기 끝 또는 원추화서(원뿔모양의 꽃차례)가 자란다. 1가화(一家花 : 암수의 꽃이 하나의 가지에 핌)로서 연한 녹색이다. 열매는 9~10월에 익는다.

이용
어린순은 나물로 먹으며 뿌리는 약재로 쓰인다.

복용법
뿌리를 10g에 물 2리터를 넣고 달여 그 물을 하루 3회 정도 마신다. 뿌리를 술로 담가 1년이상 두었다가 복용하기도 한다.

약성
온화하고 맛은 쓰고 맵다.

생약명
독활(獨活)

다른 이름
독활, 땃두릅

효능
근육통이나 마비, 목 주위의 근육이나 허리, 척추, 무릎관절의 통증, 하반신에 마비를 일으키는 증상에 효능이 있으며 두통과 어지럼증, 혀에 백태가 끼는 감기증상에 효과가 크다. 사포닌과 비타민C가 함유되어 있어 암을 예방하고 억제하는데 도움을 준다.

그렇군요!
바람이 불어도 잘 흔들리지 않는다 해서 독활(獨活)이란 이름이 붙여졌다.

때죽나무

인후통, 치통, 류머티즘 관절염에 이로운 나무

학명 *Styrax japonicus*
과 때죽나무과의 낙엽소교목
서식장소 산과 들의 낮은 지대
개화기 5~6월
분포 한국 중부이남, 일본, 중국, 필리핀 등지
크기 높이 약 10m
꽃말 겸손

■ 형태 및 생태

가지에 성모(星毛)가 있으나 없어지고 껍질이 벗겨지면서 다갈색으로 된다. 잎은 어긋나고 가장자리는 밋밋하거나 톱니가 약간 있다. 꽃은 단성화이고 종 모양으로 생겼으며 5~6월에 잎겨드랑이에서 총상꽃차례로 아래를 향해 달린다. 열매는 핵과로 9월에 달걀형의 공 모양으로 익고 껍질이 터져 종자가 나온다.

■ 이용

가을에 열매가 익는 대로 채취하여 햇볕에 말려 쓰거나 종자를 채집한다.

■ 복용법

하루 10g을 물 1리터에 넣고 달여서 2~3회에 나누어 복용한다.

■ 약성

성질은 시원하고 맛은 맵고 쓰다.

■ 생약명

매마등, 제돈과

■ 다른 이름

노가나무, 족나무, 왕때죽나무, 때쭉나무

■ 효능

심, 폐, 비 경락에 작용을 하며 인후통, 치통, 류머티즘 관절염을 치료한다. 열을 식히는 청열, 풍사를 없애는 거풍 등의 효능이 있다.

223

뚱딴지

당뇨병에 탁월한 효능과 암 예방을 돕는 약초

학명 *Helianthus tuberosus*
과 국화과의 여러해살이풀
서식장소 마을 주변
개화기 8~10월
원산지 북아메리카
크기 높이 1.5~3m
꽃말 미덕, 음덕

▪ 형태 및 생태

땅속줄기는 감자 모양으로 끝이 굵어져서 덩이줄기가 발달한다. 줄기는 곧게 서고 가지가 갈라지며 센 털이 있다. 잎은 마주나고 가장자리에 톱니가 있다. 꽃은 8~10월에 피고 줄기와 가지 끝에 두상화를 이루며 달린다. 열매는 수과로 껍질이 아주 얇아 건조한 공기에 노출하면 금방 주름이 지고 속살이 파삭해진다.

▪ 이용

전초를 깨끗이 씻어 햇볕에 바짝 말려놓는다.

▪ 복용법

뜨거운 물에 우려서 보리차 대용으로 마신다. 생것으로 먹을 때 효과가 더 크다.

▪ 한약명

국우(菊芋)

▪ 다른 이름

돼지감자

▪ 효능

천연 인슐린이라 불릴 만큼 췌장을 강화시키고 특히 당뇨병에 탁월하다. 장운동을 도와 변비에 좋고 돼지감자의 이눌린은 체지방을 분해하고 혈당을 관리한다. 관절을 튼튼하게 하며 뼈 건강에 좋고 항산화에 좋은 비타민C와 폴리페놀이 풍부하게 함유되어 활성산소를 제거해 주기 때문에 꾸준히 섭취하면 암을 예방하는데 도움이 된다.

띠

학명 *Imperata cylindrica* var. *Koenigii*
과 벼과의 여러해살이풀
서식장소 초지, 제방, 해안사구,
　　　　 농촌 들녘 길가
개화기 5~6월
분포 전국 각지
크기 30~80cm
꽃말 순수

형태 및 생태
줄기는 마디에 흰색의 긴 털이 있으며 잎은 가장자리가 거칠고 잎혀는 막질이다. 꽃은 5~6월에 은백색 비단 털로 덮여 있는 원추형꽃차례이며 화수(禾穗)는 5월에 잎보다 먼저 나온다. 열매는 영과(穎果)이다.

이용
뿌리줄기(백모근)를 봄, 가을에 캐어서 비늘을 다듬고 물로 깨끗이 씻어 햇볕에 말려서 쓴다.

복용법
말린 약재 6~12g을 진하게 달여 복용한다. 즙을 내어 먹거나 말린 것을 가루 내어 먹기도 한다.

생약명
백모근(白茅根), 여근(茹根), 모근(茅根), 지근근(地筋根), 백모화(白茅花)

효능
번갈, 토혈, 비출혈, 폐열로 심한 천식, 소변불리 등에 효능이 있다. 신장염, 방광염, 자궁출혈, 월경불순, 간염, 황달, 기침에 효과적이다.

주의
성질이 차서 몸이 차거나 맥이 약한 사람이 복용하면 어지럼이나 구역질, 설사를 할 수 있다. 소화력이 약한 사람이 많이 복용하면 복통이나 식욕부진이 발생할 수 있다.

ㄱㄴㄷㄹㅁㅂㅅㅇㅈㅊㅋㅌㅍㅎ

227

마/마가목/마디풀/마름/만병초/만삼/말냉이/말오줌때
매발톱꽃/맨드라미/머위/멍석딸기/명아주/모란
무/물망초/물매화/물억새/물푸레나무/미역취

학명 *Dioscorea batatas*
과 마과의 덩굴성 여러해살이풀
서식장소 산지
개화기 6~7월
분포 한국, 일본, 중국, 타이완
꽃말 운명

■ 형태 및 생태
뿌리는 육질이며 땅속 깊이 들어간다. 잎은 삼각형 비슷하고 심장밑 모양이며 잎겨드랑이에 주아(主芽)가 생긴다. 꽃은 단성화로 6~7월에 피고 잎겨드랑이에서 1~3개씩 수상꽃차례(穗狀花序)를 이룬다. 열매는 삭과로 10월에 익으며 둥근 날개가 달린 종자가 들어있다.

■ 이용
덩이뿌리를 한방에서는 산약(山藥)이라고 하며, 덩이뿌리는 식용, 약용(강장, 강정, 지사제)으로 이용한다.

■ 복용법
미끈거리는 점액질인 '뮤신' 성분이 풍부해 위를 보호하는 효과가 탁월한 마는 '산에서 나는 장어'라는 별명이 있을 정도로 자양강장에 좋다. 가열하면 영양소가 파괴되므로 생으로 먹거나, 우유와 꿀을 넣어 갈아 마시면 좋다.

■ 생약명
마자인

■ 다른 이름
산우(山芋), 서여(薯蕷)

■ 효능
뮤신이라는 점액질이 풍부해 위벽을 보호하고 소화성 위궤양 예방에 탁월하다. 또한 소화를 촉진하는 아밀라아제 효소가 풍부하며 인슐린 분비를 촉진해 당뇨병 예방에도 효능이 있다.

■ 그렇군요!
마는 위와 장을 보호하고 자양강장의 효과가 탁월하여 '산에서 나는 장어'라는 별명을 갖고 있다. 주로 한방 약재로 활용돼 산약(山藥)이라고도 불린다.

231

마가목

원기회복과 신경통을 낫게 하는 이로운 나무

학명 *Sorbus commixta* Hedl.
과 장미과
서식장소 숲속
개화기 5~6월
분포 한국, 일본, 사할린
크기 6~8m
꽃말 함께 있으면 안심

■ 형태 및 생태

가지는 회색이며 무성하게 비스듬히 뻗어 위쪽이 둥그스름해지고 털은 없다. 잎은 우상복엽(깃모양겹잎)으로 버들잎 모양 또는 긴 타원형이며 끝은 날카롭게 뾰족하고 가장자리는 톱니모양이거나 겹톱니모양이다. 가을에 노랗다가 붉게 물든다. 꽃은 5~6월에 양성화로 피며 꽃잎은 5개이다. 열매는 작은 사과모양이며 10월에 붉은색으로 익는다.

■ 이용

어린순을 데쳐서 나물로 먹는다. 줄기 속껍질은 가을과 봄에, 열매는 가을에 채취하여 햇볕에 말려서 쓴다.

■ 복용법

말린 열매와 가지 15g을 물 700㎖에 넣고 달여서 마신다.

■ 생약명

정공피(丁公皮)

■ 효능

기관지염, 위장병, 허약체질, 흰머리, 염증 억제와 근육통, 관절염 완화, 위장과 신장건강, 호흡기질환에 효과적이다. 기침을 멎게 하고 가래를 없애주며 비장을 튼튼하게 한다. 『동의보감』에는 풍증과 어혈을 낮게 하고 원기회복 효능이 있고, 성기능을 높이고 허리 심과 다리의 맥을 세게 하며 흰머리를 검게 한다고 적혀 있다.

■ 주의

성질이 차서 몸이 찬 여성이 과다 섭취하는 것은 삼가야 한다.

233

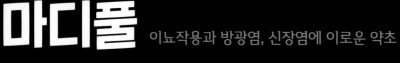

마디풀

이뇨작용과 방광염, 신장염에 이로운 약초

학명 *Polygonum aviculare* L.
과 마디풀과 한해살이풀
서식장소 길가, 빈터, 밭 언저리
개화기 5~9월
분포 한국, 일본, 중국, 타이완
크기 높이 30~40cm

■ 형태 및 생태
줄기 전체가 백록색을 띠고 잎은 어긋나며 마디 길이보다 길다. 잎자루는 아주 짧으며 가장자리에 굵은 털이 있다. 꽃은 5~9월에 백록색으로 피며 꽃잎 가장자리는 홍색을 띠기도 한다. 잎겨드랑이에 한 개에서 여러 개가 핀다. 열매는 수과로 주름이 약간 있으며 광택이 없다.

■ 이용
어린순을 나물로 먹는다. 6월 중순경 채취해 그늘에서 말린 뒤 약재로 사용한다. 전초를 건조시킨 것을 '편축(篇蓄)'이라 하여 약용으로 널리 활용된다.

■ 복용법
말린 약재를 하루 6~15g을 달여 물로 마신다.

■ 약성
맛은 쓰고 성질은 약간 차다.

■ 한약명
편축(篇蓄)

■ 다른 이름
은매듭, 옥매듭풀, 매듭나물

■ 효능
이뇨작용이 뛰어나며 요도염, 방광염, 신장염, 요로결석, 임질 등에 효과가 있으며 황달이나 세균성이질, 볼거리 염에도 효능이 있다.

마름

자양 강장과 해독, 위암을 치료하는 이로운 약초

학명 *Trapa japonica*
과 마름과의 한해살이풀
서식장소 연못, 소택지
개화기 7~8월
분포 전국 각지
크기 길이 1~5cm

형태 및 생태
줄기는 길게 자라 물 위에 뜨고 뿌리를 진흙 속에 박는다. 잎은 뭉쳐난 것처럼 보이며 잎몸은 마름모꼴 비슷한 삼각형이며 잔 톱니가 있다. 꽃은 7~8월에 흰빛 또는 붉은빛이 감돌며 잎겨드랑이에서 핀다. 열매는 딱딱하고 역삼각형이며 양 끝에 꽃받침조각이 변한 가시가 있고 가운데가 두드러진다. 종자는 한 개씩 들어 있다.

이용
껍질을 벗겨서 날 것을 먹거나 삶아 먹는다. 씨를 쪄서 가루로 빻아 떡이나 죽으로 해서 먹는다.

복용법
말린 씨를 1회에 3~5g씩 달여서 복용한다.

생약명
능실(菱實), 기실, 수율(水栗), 능각(菱角)

효능
열매에는 해독제와 위암에 효능이 있으며 과피는 이질, 설사, 탈항, 치질을 낫게 하고 줄기는 위궤양을 치료할 때 좋다. 자양, 강장의 효능이 있어 몸이 허약한 사람에게 좋은 영양제가 된다.

그렇군요!
마름이란 한글명칭은 말과 음(엄)의 합성어에서 유래한다. 말은 크고 억세다는 의미를 가지는 접두사이거나 물속에 사는 식물을 가리키는 통칭 말(藻)을 의미하고, 음(엄)은 열매(밤)를 의미하는 옛말 음이나 엄, 암이나 왐이다. 마름은 '먹음직스런 큰 열매가 있는 물풀' 또는 '물속에 사는 열매가 훌륭한 물풀'이란 뜻을 가지고 있다.

237

만병초

중풍, 고혈압, 관절염, 신경통에 효험이 있는 약초

238

학명 *Rhododendron brachycarpum*
과 진달래과의 상록관목
서식장소 고산지대
개화기 6~7월
분포 한국, 일본
크기 높이 1~4m
꽃말 위엄, 존엄

◾ 형태 및 생태
나무껍질은 잿빛이 섞인 흰색이다. 잎은 어긋나며 가장자리는 밋밋하고 뒤로 말린다. 꽃은 6~7월에 피고 10~20개씩 가지 끝에 총상꽃차례로 달린다. 열매는 삭과로서 타원형이며 9월에 갈색으로 익는다.

◾ 복용법
잎 5~10개를 물에 넣고 달인 뒤 식후에 소주잔으로 한 잔씩 마신다.

◾ 생약명
만병초(萬病草)

◾ 다른 이름
천상초(天上草), 뚝갈나무, 만년초, 풍엽, 석암엽

◾ 효능
고혈압, 저혈압, 당뇨병, 신경통, 양기부족 등에 좋으며 말기 암 환자들의 통증을 크게 덜어주며 무좀, 습진 같은 피부병 치료에도 효능이 있다.

◾ 주의
'안드로메도톡신'이라는 독성분이 있어서 한꺼번에 많이 먹으면 절대로 안 된다.

◾ 그렇군요!
고무나무와 닮았으며 꽃은 철쭉과 비슷하다. 꽃에서 좋은 향기가 나 중국에선 예로부터 칠리향(七里香) 또는 향수(香樹)라는 이름으로 불러왔다.

만삼

신장염, 단백뇨, 부종 치료에 이로운 약초

240

학명 *Codonopsis pilosula*
과 초롱꽃과의 덩굴성 여러해살이풀
서식장소 깊은 산속
개화기 7~8월
분포 한국 강원 이북, 중국, 우수리 강 등지
꽃말 행운을 부른다.

형태 및 생태
줄기는 다른 물체를 감아 오르며 전체에 털이 있다. 뿌리는 도라지 모양이며 자르면 즙이 나온다. 잎은 어긋나고 달걀모양이며 양면에 잔털이 나고 뒷면은 흰색이다. 꽃은 7~8월에 피고 곁가지 끝에 한 개씩 달리며 바로 밑 잎겨드랑이에도 핀다. 열매는 삭과로서 10월에 익는데 3쪽으로 터져 종자를 쏟아낸다.

이용
뿌리를 식용하며 약재로도 쓰인다. 채취하여 햇볕이 들어오는 응달에서 말려둔다.

복용법
말린 것을 쇠비름과 같은 비율로 물에 넣고 끓여 마신다. 말리지 않은 만삼은 잘게 썬 다음 꿀에 재어 3개월 정도 지난 뒤 미지근한 물에 타서 마신다.

약성
맛은 달고 성질은 평하다.

생약명
만삼(蔓蔘)

효능
뿌리는 강장, 면역기능 항진효과가 있다. 위산 과다로 인한 소화성위궤양, 혈압 강하, 심장, 뇌, 하지와 내장의 혈류량을 높인다. 신장염, 단백뇨, 부종 치료에 도움이 된다.

주의
만삼은 혈압을 떨어뜨리는 작용이 있으므로 저혈압인 사람은 쓰지 않는 것이 좋고 기가 뭉치거나 분노의 화기가 치솟아 울화증이 있을 때도 쓸 수 없다.

241

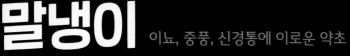

말냉이

이뇨, 중풍, 신경통에 이로운 약초

학명 *Thlaspi arvense*
과 겨자과(십자화과)의 두해살이풀
서식장소 낮은 지대의 밭, 들
개화기 4~5월
분포 한국, 아시아, 유럽, 북아메리카 등지
크기 높이 20~60cm
꽃말 당신께 모든 걸 맡깁니다.

형태 및 생태

줄기에는 능선이 있으며 뿌리에 달린 잎은 모여 나와 옆으로 퍼지고 잎자루가 있다. 가장자리에 톱니가 있다. 꽃은 4~5월에 피고 흰색이며 총상꽃차례에 달린다. 열매는 각과로서 납작하고 달걀을 거꾸로 세워놓은 듯한 둥근 모양이며 7~8월에 익는다.

이용

어린순을 나물로 한다. 끓는 물에 삶아서 서너 시간 찬물에 우려낸다. 전초(全草)는 석명, 종자는 석명자라 하며 약용한다. 과실이 익었을 때 채취하여 햇볕에 말린다.

복용법

말린 약재 15~20g을 달여서 복용한다.

약성

성질은 약간 따뜻하며 맵다.

생약명

제채(薺菜)

다른 이름

석명(菥蓂)

효능

신염(腎炎), 자궁내막염을 치료하고 열과 독을 없앤다. 눈이 충혈 되고 아픈 것을 치료하는 효능을 가지고 있으며 산후혈 복통과 설사를 멎게 한다. 이뇨, 중풍, 늑막염, 현기증, 신경통에도 효능이 있다.

말오줌때

이뇨, 이질, 설사, 생리불순에 이로운 약초

학명 *Euscaphis japonica*
과 고추나뭇과의 낙엽관목
서식장소 산기슭이나 바닷가
개화기 5월
분포 한국, 일본, 중국, 타이완
크기 높이 약 5~6m
꽃말 열심

형태 및 생태
가지는 굵으며 껍질은 녹갈색이다. 가지를 꺾으면 악취가 난다. 잎은 마주나고 깃꼴겹잎이며 가장자리에 톱니가 있다. 꽃은 5월에 노란색으로 피고 원추꽃차례에 달린다. 열매는 골돌과로서 8~9월에 붉은 빛이 돌고 안쪽은 연한 붉은색으로 익는다. 종자는 검고 윤기가 있으며 둥글다.

이용
봄에 어린순을 나물로 먹는다. 익은 과실과 종자를 따서 햇볕에 말린다.

복용법
말린 약재 15~30g을 달여 복용한다. 생뿌리를 찧어서 통증부위에 붙여도 좋다.

생약명
야아춘자(野鴉椿子)

한약명
야아춘자(野鴉椿子), 야아춘근(野鴉椿根)

다른 이름
칠선주나무, 나도딱총나무

효능
열매와 종자는 이뇨효과가 있으며 뿌리는 이질, 설사에 효과가 있다. 탈항, 고환의 부종이나 통증, 생리불순, 생리통, 아랫배가 당기는 증상에 효능이 있다.

주의
몸에 열이 많은 사람은 복용을 금한다.

학명 *Aquilegia buergeriana* var.
　　　　oxysepala
과 미나리아재비과의 여러해살이풀
서식장소 산기슭, 초원 양지바른 곳
개화기 6~7월
분포 한국, 중국, 시베리아 동부
크기 60~120cm
꽃말 승리의 맹세, 어리석음

▪️ 형태 및 생태
줄기는 윗부분이 조금 갈라지며 뿌리에 달린 잎은 잎자루가 길고 작은 잎이 나온다. 줄기에 달린 잎은 위로 올라갈수록 잎자루가 짧아진다. 꽃은 양성화로 6~7월에 자줏빛을 띤 갈색으로 피는데 가지 끝에서 아래를 향하여 달린다. 열매는 골돌과로서 5개이고 8~9월에 익으며 털이 난다.

▪️ 이용
어린순은 나물로도 먹으며 한방에서는 약재로 쓴다. 꽃송이를 따서 그늘에 말려 말린꽃을 살짝 덖어 냉장 보관하였다가 찻잔에 뜨거운 물을 붓고 꽃차로 마신다.

▪️ 복용법
식물 전체를 누두채라 하고 그것으로 술을 담은 것을 백화주라 하며 복용한다.

▪️ 약성
성질은 평이하고 맛은 쓰다.

▪️ 생약명
소벽(小蘗)

▪️ 다른 이름
매발톱, 노랑매발톱꽃, 첨악루두채

▪️ 효능
해열과 눈병 등에 효험이 있으며 혈액순환을 촉진시켜 월경불순이나 생리와 관련된 질환을 치료한다. 황달, 폐렴, 위장염 치료에 효능이 있다.

항균, 간질환, 혈압, 백내장에 이로운 약초

학명 *Celosia argentea* var. *cristata*
과 비름과의 한해살이풀
서식장소 열대
개화기 7~8월
원산지 인도
크기 높이 90cm
꽃말 열정, 시들지 않는 사랑

형태 및 생태

줄기는 곧게 서며 잎은 어긋나고 달걀모양 또는 달걀모양의 피침형이며 잎자루가 있다. 가장자리가 밋밋하다. 꽃은 7~8월에 피고 편평한 꽃줄기에 잔꽃이 밀생한다. 열매는 달걀모양이며 꽃받침으로 싸여 있고 옆으로 갈라져서 뚜껑처럼 열리며 3~5개씩의 검은 종자가 나온다.

이용

어린잎은 나물로 먹는데 시금치 같은 향미가 있다. 꽃을 약용한다. 피부염이나 종기에도 외용제로 사용된다.

복용법

잘게 만든 꽃을 찜솥에서 한번 쪄주어 말린 뒤 뜨거운 물에 우려 차로 마신다.

생약명

계관화(鷄冠花)

다른 이름

계관(鷄冠), 계두(鷄頭)

효능

항균, 간질환, 혈압, 혈변, 자궁 출혈에 효능이 있으며 종자는 혈압을 내리고 백내장에 효능이 있다. 안토시안과 각종 비타민 성분이 있어 피부미용 노화방지 갱년기증상에 좋다.

주의

몸이 찬사람, 아랫배가 찬사람, 맥이 약한 사람은 많이 먹지 말아야 하고 임산부도 많이 먹지 말아야 한다.

학명 *Petasites japonicus*
과 국화과의 여러해살이풀
서식장소 논둑, 밭둑, 습지
수확기 4~5월
분포 한국, 일본
크기 높이 5~45cm
꽃말 공평

형태 및 생태

땅속에서 줄기가 뻗어 오르면서 꽃을 피운다. 굵은 땅속줄기가 옆으로 뻗으면서 끝에서 잎이 나온다. 잎자루가 길고 신장 모양이며 가장자리에 치아상의 톱니가 있고 전체적으로 꼬부라진 털이 있다. 꽃은 2가화이며 흰색으로 관모가 있다. 열매는 수과로 원통형이며 털은 없으나 관모는 백색이다.

이용

잎자루와 꽃이삭은 나물로 먹는다. 잎은 쌈으로 먹고 장아찌를 담가 먹기도 한다. 기침을 멎게 하는 진해제 약재로 사용된다. 한의학에서는 지혈 용도로 활용되기도 한다.

복용법

말린 약재 10-15g을 달이든가 또는 짓찧어 낸 즙을 복용한다. 외용에는 짓찧어서 바른다. 또는 짓찧어 낸 즙으로 양치질한다.

생약명

봉두근(蜂斗根), 사두초(蛇頭草), 야남과(野南瓜)

한약명

봉두채(蜂斗菜)

유사종

개머위

효능

기침을 멎게 하고 해독작용이 뛰어나다. 칼슘이 풍부하여 뼈 건강에 좋고 식이섬유가 많아 변비 예방에도 좋다. 『동의학사전』에는 기침에 특효가 있고 암을 치료하는데도 쓰고 폐경에 작용을 하며 폐를 보호하고 담을 삭인다고 적혀 있다. 기관지염, 천식, 기관지 확장증, 폐농양, 후두염 등에도 효능이 있다.

251

멍석딸기

당뇨, 천식, 간질환에 이로운 약초

ㄱ
ㄴ
ㄷ
ㄹ
ㅁ
ㅂ
ㅅ
ㅇ
ㅈ
ㅊ
ㅋ
ㅌ
ㅍ
ㅎ

학명 *Rubus parvifolius*
과 장미과의 덩굴성 낙엽관목
서식장소 산기슭, 밭둑
개화기 5월
분포 한국, 일본, 중국, 타이완
크기 길이 1.5~2m
꽃말 존중

■ 형태 및 생태
짧은 가시가 있으며 잎은 어긋나고 가장자리에 톱니가 있다. 꽃은 5월에 적색으로 피고 산방꽃차례, 원추꽃차례, 총상꽃차례에 달리고 위를 향해 핀다. 열매는 모인 열매이며 둥글고 7~8월에 적색으로 익는다.

■ 이용
열매는 식용, 약용으로 쓰인다. 뿌리, 줄기를 여름에 채취하여 햇볕에 말려서 쓴다.

■ 복용법
말린 것 6g을 물 700㎖에 넣고 달여서 마신다. 치질 통증에 말린 것 달인 물로 씻어낸다.

■ 생약명
산매, 홍매소(紅梅消)

■ 한약명
산매, 호전표(薅田藨), 호전표근

■ 다른 이름
백사파(白蛇波), 홍매소(紅梅消)

■ 효능
당뇨, 천식, 간질환, 자양 강장제, 기생충을 없애고 어혈을 제거하며 통증을 멈추고 해독하는 효능이 있다. 타박상, 간염, 감기, 이뇨, 진통, 치질을 치료한다.

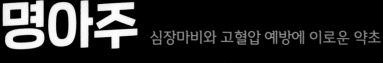

명아주

심장마비와 고혈압 예방에 이로운 약초

학명 *Chenopodium album*
과 명아주과의 한해살이풀
서식장소 산, 들
개화기 6월
분포 한국, 일본, 중국 북동부
크기 높이 2m
꽃말 거짓, 속임수

▪ 형태 및 생태

줄기에 녹색 줄이 있다. 잎은 어긋나고 세모꼴의 달걀 모양이며 가장자리에 물결 모양의 톱니가 있다. 꽃은 양성이고 황록색으로 피며 수상꽃차례에 밀착하여 전체적으로는 원추꽃차례가 된다. 열매는 포과로 꽃받침으로 싸였으며 검은 종자가 들어 있다.

▪ 이용

연한 잎과 줄기를 뜯어서 쌈으로 먹거나 나물로 먹으며 한방에서는 약재로 쓴다.

▪ 복용법

말린 약재 2~4g을 달여서 하루 두 번 복용한다.

▪ 생약명

낙려(落藜)

▪ 다른 이름

는장

▪ 효능

심장마비와 고혈압 예방에 효과가 있으며 건위, 강장, 해열, 살균, 해독 등에 효능이 있다. 대장염이나 설사, 이질 등에 효과가 있다.

▪ 주의

사람에 따라서 피부염과 같은 부작용이 생길 수 있으므로 과다하게 복용하지 않는 것이 좋다.

모란
암세포의 증식을 억제하는 이로운 약초

학명 *Paeonia suffruticosa*
과 작약과의 낙엽활엽관목
서식장소 민가 주변
개화기 5월
분포 한국, 중국
크기 높이 2m
꽃말 부귀

■ 형태 및 생태
가지는 여러 개로 굵고 털이 없다. 잎은 3겹으로 되어 있고 작은 잎은 달걀모양이며 2~5개로 갈라진다. 꽃은 5월에 양성으로 피며 가장자리에 불규칙하게 깊이 패어 있는 모양이다. 열매는 골돌과로 9월에 익으며 익으면 터져서 종자가 나온다.

■ 이용
뿌리껍질을 약재로 쓴다. 봄, 가을에 채취하여 속 부분을 제거한 다음 햇볕에 말려 쓴다. 쓰기에 앞서 잘게 썬다. 썬 것을 볶아서 쓰기도 한다.

■ 복용법
약재 말린 것을 1회 2~5g씩 300cc의 물을 넣어 약한 불로 달이거나 가루로 빻아 복용한다.

■ 약성
맛은 조금 쓰고 매우며 성질은 차다.

■ 생약명
목단피(牧丹皮), 단피(丹皮)

■ 다른 이름
목단(牧丹)

■ 효능
소염, 두통, 건위, 지혈 등의 효능이 있으며 어혈을 풀어주기도 한다. 충수염, 생리통, 부스럼 등에 효과적이다. 껍질의 성분 중 '메틸 갈레이트'는 면역세포의 한 종류인 조절 T세포의 이동을 효과적으로 차단하여 암세포의 증식을 억제한다.

무
면역력, 항암, 해독작용, 성인병을 예방

학명 *Raphanus sativus*
과 십자화과 한해살이풀
서식장소 밭
제철 10~12월
원산지 지중해 연안
크기 20~100cm
꽃말 계절이 주는 풍요

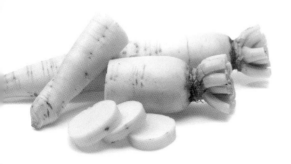

형태 및 생태
뿌리는 원형, 원통형, 세장형 등 여러 종류가 있으며 뿌리의 빛깔도 다양하다. 잎은 깃 모양으로 뿌리에서 뭉쳐난다.

이용
김치, 깍두기, 무말랭이, 단무지 등 그 이용이 다양하다. 뿌리는 잎과 함께 식용하며 비타민, 단백질의 함유량이 많아 약용하기도 한다.

복용법
날 것으로 먹어도 좋으며 무즙에 꿀을 타서 먹으면 천식, 가래, 기침 등 기관지에 좋다.

생약명
나복蘿葍

효능
무즙에는 디아스타아제라는 효소가 있어 소화를 촉진시키며 면역력, 항암, 해독작용을 한다. 비타민C가 풍부하여 감기에 면역력을 높여주는 필수 영양분이 들어 있고 성인병 예방에 효과적이고 베타인 성분이 들어 있어 간을 보호해 주고 숙취 해소에도 좋다. 노화를 방지한다.

주의
천식이 있거나 위궤양이 있는 경우, 맥이 약하거나 수족냉증이 있으면 많이 먹지 말아야 한다.

물망초

호흡기 질환, 가슴의 통증을 치유하는 이로운 약초

학명 *Myosotis scorpioides*
과 지치과의 여러해살이풀
서식장소 화단
개화기 5~6월
원산지 유럽
크기 20~50cm
꽃말 날 잊지마세요

▪ 형태 및 생태

전체에 털이 많고 뿌리에서 모여 나온 잎은 거꾸로 세운 피침형이며 잎자루가 있다. 꽃은 5~6월에 연보라색으로 피는데 총상꽃차례로 화관은 5개로 갈라지고 5개의 비늘조각이 있다. 열매는 골돌과로 달걀형이며 짙은 갈색이다.

▪ 이용

꽃, 잎, 줄기를 약재로 쓴다.

▪ 복용법

말린 약재를 1회 0.5~1g을 달여서 먹거나 뜨거운 물에 우려서 복용한다.

▪ 생약명

부지채(附地菜)

▪ 효능

감기, 코피가 날 때, 호흡기질환, 가슴의 통증을 치료한다.

물매화

급성간염에 이로운 약초

학명 *Parnassia palustris*
과 범의귀과의 여러해살이풀
서식장소 산지의 볕이 잘 드는 습지
개화기 7~9월
분포 북반구의 온대, 아한대
크기 높이 10~40cm
꽃말 고결, 결백, 정조

■ 형태 및 생태
줄기는 서너 개가 뭉쳐나고 곧게 서며 뿌리에서 나온 잎은 뭉쳐나고 가장자리가 밋밋하고 잎자루가 길다. 꽃은 7~9월에 흰색으로 피고 줄기 끝에 한 개씩 위를 향해 달린다. 열매는 삭과(튀는 열매)이고 넓은 달걀 모양이며 안에는 작은 종자가 많이 들어 있다.

■ 이용
여름에 전초를 채취하여 햇볕에 말린다.

■ 복용법
하루 10~15g을 물 1리터를 붓고 달여서 아침저녁 두 차례로 나누어 복용한다.

■ 약성
성질은 차고 맛은 쓰다.

■ 생약명
매화초(梅花草)

■ 다른 이름
풀매화, 물매화풀, 매화초

■ 효능
급성간염, 맥관염, 종기에 효과가 있다.

■ 주의
성질이 차서 속이 냉한 사람은 신중하게 사용해야 한다.

물억새

열을 내리고 빈혈을 다스리는 이로운 약초

학명 *Miscanthus sacchariflorus*
과 벼과의 여러해살이풀
서식장소 물가의 습지
개화기 9~10월
분포 한국, 일본, 중국 북부, 아무르,
　　　시베리아 동부 등지
크기 높이 1~2.5m
꽃말 원망

형태 및 생태
뿌리줄기가 굵고 옆으로 뻗으면서 군데군데 줄기가 나온다. 잎은 줄 모양이고 윗부분 가장자리에 잔 톱니가 있다. 흰색을 띠고 밑 부분은 잎집 모양으로 줄기를 감싼다. 꽃은 9~10월에 피고 원추꽃차례를 이루며 달리는데 이것이 여러 개 모여 산방꽃차례 모양을 이룬다. 열매는 영과로 바람을 타고 퍼진다.

이용
한방에서는 뿌리줄기를 파모근(巴茅根)이라는 약재로 쓴다. 뿌리를 채취하여 깨끗이 씻어 햇볕에 말려 쓴다.

복용법
말린 약재 3~5g을 달여서 복용한다.

생약명
파모근(巴茅根)

유사종
넓은잎물억새, 가는잎물억새

효능
열을 내리고 혈을 행하게 하는 효능이 있으며 빈혈이 심한 증상, 생리출혈로 어지럽고 갈증이 있을 때, 치통을 치료하기도 한다.

물푸레나무

기관지염, 장염, 이질 등에 이로운 나무

학명 *Fraxinus rhynchophylla*
과 물푸레나뭇과의 낙엽교목
서식장소 산기슭이나 골짜기 물가
개화기 5월
분포 한국, 중국
크기 높이 10m
꽃말 겸손, 열심

■ 형태 및 생태
나무껍질은 회색을 띤 갈색이며 불규칙한 무늬가 있다. 잎은 마주나고 가장자리에 물결 모양의 톱니가 있으며 꽃은 5월에 암수딴그루지만 양성화가 섞여 피며 잎겨드랑이에 원추꽃차례를 이루며 달린다. 꽃이 핀 뒤 가늘고 길쭉한 날개가 달린 씨를 맺는다. 열매는 시과이고 9월에 익으며 열매의 날개는 피침형이다.

■ 이용
나무껍질을 이용한다. 생나무에서 껍질을 벗겨내 햇볕에 말린 뒤 쓰기에 앞서서 잘게 썬다.

■ 복용법
나무껍질 30~40g 정도를 물 2리터에 넣고 약한 불에서 30~40분 정도 달인 뒤 물 컵으로 하루 두세 잔 정도 복용한다. 때론 말린 약재를 곱게 빻아 복용하기도 한다.

■ 생약명
진피(秦皮), 잠피(岑皮), 진백피(秦白皮)

■ 다른 이름
목진피

■ 효능
해열, 진통, 청간, 소염의 효능이 있다 하여 류머티즘질환, 통풍, 요산증, 기관지염, 장염, 이질 등에 치료제로 쓰인다.

학명 *Solidago virgaurea* subsp. *asiatica*
과 국화과의 여러해살이풀
서식장소 산과 들의 양지바른 풀밭
개화기 7~10월
분포 한국, 일본
크기 높이 30~85cm
꽃말 섬색시, 예방, 경계

▪ 형태 및 생태
줄기는 곧게 서고 윗부분에서 가지가 갈라진다. 줄기에서 나온 잎은 어긋나고 날개를 가진 잎자루가 있으며 가장자리에 톱니가 있다. 꽃은 7~10월에 노란색으로 피고 3~5개의 두상화가 산방꽃차례를 이루며 달린다. 열매는 수과로 깃털이 있어 바람에 날려 흩어져 번식한다.

▪ 이용
어린순을 나물로 먹는다. 전초를 약재로 쓰는데 민간에서 건위제, 이뇨제 등으로 쓴다.

▪ 복용법
말린 전초를 1회 3~5g을 달여 복용하거나 외용할 때에는 달인 물을 환부에 바른다.

▪ 약성
맛이 쓰고 성질이 서늘하다.

▪ 생약명
야황국(野黃菊), 만산황(滿山黃), 일지황화(一枝黃花), 토택란(土澤蘭)

▪ 다른 이름
돼지나물

▪ 효능
감기로 인한 두통과 인후염, 편도선염에 효과가 있고, 황달과 타박상에도 쓴다. 항균작용을 하며 이뇨작용, 열을 내리고 부기를 가라앉히며 염증을 풀어준다.

ㅂ

학명 *Anemone narcissiflora*
과 미나리아재비과의 여러해살이풀
서식장소 높은 지대
개화기 7~8월
분포 한국, 일본, 중국, 시베리아, 유럽,
　　　북아메리카
크기 높이 15~30cm
꽃말 사랑의 괴로움

형태 및 생태
줄기는 굵은 뿌리줄기에서 자라고 긴 흰색 털이 있다. 줄기 끝에 3개의 잎이 달리고 몇 개의 꽃이 산형으로 자란다. 꽃은 7~8월에 매화 비슷한 흰 꽃이 피고 열매는 수과로서 넓은 타원형이고 가장자리에 두꺼운 날개가 있으며 10월경에 익는다.

이용
여름에 뿌리를 채취하여 햇볕에 말린다.

복용법
하루 1.5~3g에 물 1리터를 붓고 달여 2~3회로 나누어 복용하거나 분말 또는 환으로 복용하기도 하며 분말을 환부에 살포하거나 고제로 하여 붙인다.

약성
맛은 맵고 달며 성질은 뜨겁다. 독이 있다.

효능
풍을 없애며 종기를 삭이는 효능이 있고 뼈마디가 쑤시고 아픈 증상, 기혈의 순환이 나빠 피부나 근육에 국부적으로 생기는 종기 등을 치료한다.

주의
독성이 있는 약재이므로 일반인의 사용을 금한다.

바위구절초

고혈압, 동맥경화, 갱년기
부인병질환에 이로운 약초

학명 *Dendranthema sichotense*
과 국화과의 여러해살이풀
서식장소 깊은 산 중턱
개화기 8~9월
분포 한국
크기 높이 15~30cm

■ 형태 및 생태

전체에 털이 빽빽하게 나고 땅속줄기가 뻗으면서 퍼진다. 줄기는 곧게 서고 잎은 깃꼴로 깊게 갈라지거나 모두 갈라진다. 꽃은 8~9월에 피는데 두화는 줄기 끝에 한 개가 피고 꽃자루가 짧다. 열매는 수과로 장타원형이고 털이 없으며 10월에 익는다.

■ 이용

어린순은 나물로 먹는다. 전초를 부인병이나 보온에 약용한다. 전초를 햇볕에 말려서 쓴다.

■ 복용법

말린 약재 5~10g에 물 1리터를 넣고 끓인 후 끓으면 약한 불로 20여분 더 끓인 후 하루 3회에 걸쳐 복용한다. 말린 구절초에 술을 붓고 담금주로 하여 약 6개월이 지나면 조금씩 마신다.

■ 다른 이름

선모초(仙母草), 고산시베리아국, 구일초(九日草), 고봉(苦蓬)

■ 효능

피를 맑게 해주는 효능이 있어 혈액속의 콜레스테롤을 줄여 혈관 벽에 쌓인 노폐물을 제거하여 고혈압이나 동맥경화와 같은 혈관계질환에 좋으며 갱년기 부인병질환을 예방하고 설사를 치료한다.

275

바위돌꽃

면역력 증강과 활성산소 방어에 이로운 신비의 약초

학명 *Rhodiola rosea*
과 돌나물과의 여러해살이풀
서식장소 고산지대의 바위틈
개화기 7~8월
분포 북반구
크기 높이 7~30cm

■ 형태 및 생태
줄기는 전체에 분백색이 돌고 뭉쳐나며 밑 부분은 인편(鱗片)으로 덮여 있으며 잎은 어긋나고 육질이며 윗가장자리에 둔한 톱니가 있다. 꽃은 단성화로 7~8월에 연한 노란색으로 피고 때로는 자줏빛이 돌며 취산꽃차례를 이룬다. 열매는 골돌과로서 4~5개이며 9월에 익는다.

■ 이용
약재로 쓰인다. 이 뿌리가 그 유명한 홍경천이다.

■ 복용법
말린 약초 홍경천을 술에 담가 3개월 정도 지나고 나서 하루에 한잔 정도 마신다.

■ 생약명
홍경천

■ 유사종
고산돌꽃, 돌꽃

■ 효능
온도변화로 인한 피부스트레스로부터 저항력을 증가시켜 피부노화를 막아주며 항산화 관리가 탁월하다. 면역력 증강에 도움을 주며 활성산소에 대한 방어를 한다. 백두산에서 자생하는 신비의 약초로 불린다. 강장, 강정 효과면에서 탁월한 효능이 있다. 신장기능 강화, 이뇨에 효능이 있고 우울증, 수면장애, 만성피로, 식욕부진, 고혈압, 두통, 심장병, 각종 암을 치료한다.

바위떡풀

신장을 보호하고 이뇨를 돕는 이로운 약초

학명 *Saxifraga fortunei* var. *incisolobata*
과 범의귀과의 여러해살이풀
서식장소 습한 바위
개화기 8~9월
분포 한국, 일본, 중국 동북부와 우수리 강,
크기 높이 약 30cm
꽃말 절실한 사랑

■ 형태 및 생태
뿌리에서 나온 잎은 약간 다육질로 되어 있으며 잎자루가 길고 둥근 신장 모양으로 가장자리가 얕게 갈라지고 톱니가 있다. 꽃은 8~9월에 흰색이나 흰빛을 띤 붉은색으로 피며 원추상 취산꽃차례를 이룬다. 열매는 삭과로 달걀 모양이고 끝에는 2개의 돌기가 있다. 종자는 긴 방추형이고 10월에 익는다.

■ 이용
어린잎은 식용한다. 살짝 데쳐 나물로 무쳐 먹거나 국거리로 이용한다. 뿌리를 포함한 전초는 약용으로 쓰인다. 꽃이 필 무렵에 전초를 채취하여 햇볕에 말린다.

■ 복용법
말린 약재 15~25g을 물 1리터에 넣고 달여서 하루 2~3회에 나누어 복용한다. 외용할 때에는 환부에 바르거나 달인 물로 환부를 씻어준다.

■ 약성
성질은 차고 맛은 맵고 약간 쓰다. 약간의 독성이 있다.

■ 생약명
대문자초(大文字草)

■ 한약명
화중호이초(華中虎耳草)

■ 다른 이름
광엽복특호이초(光葉福特虎耳草)

■ 효능
신장을 보호하고 소염, 이뇨에 효능이 있다.

바위손

혈액순환을 활발하게 해주는 이로운 약초

학명 *Selaginella involvens*
과 부처손과의 여러해살이풀
서식장소 바위 위
분포 한국, 일본, 중국
크기 땅속줄기 15~40cm
꽃말 비련, 슬픈 사랑

■ 형태 및 생태
땅속줄기가 땅속이나 선태식물 사이로 뻗으면서 끝이 곧게 자란다. 깃꼴로 갈라져 달걀 모양 또는 긴 달걀 모양의 잎처럼 되며 밑 부분은 잎자루 모양이 된다. 잎은 비늘 같고 가장자리에 잔 톱니가 있다.

■ 이용
잎, 줄기, 뿌리 전체를 약재로 쓴다. 가을 또는 봄에 채취하여 햇볕에 말린다.

■ 복용법
말린 약재를 1~4g을 물에 달인 뒤 복용한다. 또는 가루로 곱게 빻아 복용한다.

■ 생약명
권백(卷柏), 회양초(回陽草), 불사초(不死草), 표족(豹足), 석련화(石蓮花), 교시(交時)

■ 효능
혈액순환을 활발하게 하고 피를 멈추게 하며 천식을 다스린다. 그리고 이뇨효과도 있다. 월경불순과 월경통, 복통을 치료하기도 한다.

■ 그렇군요!
생김새 때문에 여러 가지 이름으로 불린다. 바위산 절벽 부근에서 발견이 되는 귀한 야생약초로 습해지면 활짝 펴지고 건조해지면 오그라들면서 주먹처럼 쥐어지는 형태를 띠어 주먹을 닮았다고 권백이라 부르기도 한다. 약성이 뛰어나 중국 고서에는 아주 신비한 약초로 불리기도 한다.

바위솔

해열, 치질, 습진 등에 이로운 약초

학명 *Orostachys japonica*
과 돌나물과의 여러해살이풀
서식장소 산지의 바위 옆
개화기 9월
분포 한국, 일본
크기 높이 30cm
꽃말 가사, 근면

형태 및 생태

뿌리에서 나온 잎은 넓게 퍼지고 끝이 굳어져 가시같이 된다. 원줄기에 달린 잎과 뿌리에서 나온 잎은 끝이 굳어지지 않으며 잎자루가 없고 피침형으로 자주색 또는 흰색이다. 다닥다닥 어긋나서 기와를 포갠 것처럼 보인다. 꽃은 9월에 흰색으로 피고 수상꽃차례에 빽빽하게 난다. 열매는 10월에 익는다. 꽃이 피고 열매를 맺으면 죽는다.

이용

잎을 습진에 사용한다. 전초를 약재로 쓴다. 여름부터 가을 사이 채취하여 뿌리를 잘라버리고 햇볕에 말린다. 쓰기에 앞서서 잘게 썬다.

복용법

약재 말린 것을 1회 5~10g씩 200mℓ의 물로 달여서 복용한다. 때로는 생즙을 내서 복용하기도 한다. 외용할 때는 생잎을 찧어서 환부에 붙인다.

생약명

와송(瓦松), 암송(岩松), 옥송(屋松), 탑송(塔松), 와상(瓦霜), 석탑화(石塔花)

유사종

둥근바위솔, 애기바위솔, 바위연꽃

효능

해열, 지혈, 소종, 이습 등의 효능이 있으며 학질과 감염, 습진, 이질설사, 악성종기, 화상 등의 치료에 좋다.

박하

호흡기 질환, 진통제, 소화불량에 이로운 약초

학명 *Mentha piperascens*
과 꿀풀과의 여러해살이풀
서식장소 습기가 있는 들
개화기 7~9월
분포 전 세계
크기 높이 60~100cm
꽃말 온정, 미덕

형태 및 생태
줄기는 단면이 사각형이고 표면에 털이 있다. 잎은 자루가 있는 홑잎으로 마주나고 가장자리는 톱니모양이다. 꽃은 7~9월에 줄기의 위쪽 잎 겨드랑이에 엷은 보라색의 작은 꽃이 이삭 모양으로 달린다. 열매는 골돌과(갈라져 여러 개의 씨방으로 된 열매)로 타원형이며 종자는 달걀 모양의 연한 갈색으로 가볍고 작다.

이용
한방에서는 잎 말린 것을 약재로 쓴다. 차를 마시고 싶을 때 박하 잎을 뜨거운 물에 넣고 우려내어 마시면 된다.

복용법
말린 약재 2~4g을 달여 복용한다.

생약명
박하(薄荷), 영생(英生), 번하채(蕃荷菜)

다른 이름
야식향(夜息香), 번하채, 인단초(仁丹草), 구박하(歐薄荷)

유사종
서양박하, 녹양박하

효능
진통제, 흥분제, 건위제, 구충제로 효과가 있으며 호흡기질환, 소화불량 개선, 두통, 치통을 치료한다. 발산작용이 강하여 외감성으로 인한 감기로 열이 나고 눈의 충혈을 제거하며 인후염, 편도선염에도 효능이 있다.

방가지똥

항암작용과 간암, 간경화증에 이로운 약초

학명 *Sonchus oleraceus*
과 국화과의 한해살이 또는 두해살이풀
서식장소 길가, 들
개화기 5~10월
분포 한국, 일본, 중국 등지
크기 높이 30~100cm
꽃말 정

■ 형태 및 생태
줄기는 곧게 서고 속이 비어 있으며 자르면 하얀 즙이 나온다. 뿌리에 달린 잎은 작으며 줄기에 달린 잎은 어긋나고 잎자루가 없으며 원줄기를 거의 둘러싸고 깃처럼 갈라진다. 꽃은 5~10월에 노란색이나 흰색으로 피고 혀꽃으로만 이루어져 있다. 열매는 수과로서 갈색이고 가로로 주름이 진다. 10월에 익는다.

■ 이용
어린잎을 나물로 먹거나 쌈으로 먹는다. 전초와 뿌리 말린 것을 약용한다.

■ 복용법
뿌리 말린 것을 물로 달여서 먹거나 가루 또는 녹즙으로 먹거나 바르고 외용할 때는 달인 물로 씻어준다.

■ 약성
성질은 차며 맛은 쓰다.

■ 생약명
고거채, 고거, 청채(靑菜), 자고채(紫苦菜)

■ 다른 이름
방가지풀

■ 효능
항암작용이 있어 녹즙으로 달여 먹으면 유방암에 좋다. 간암, 간경화증에 효능이 있으며 간과 위에 작용하고 열을 내리고 피를 맑게 해주며 해독작용도 있다. 기관지염, 유종에 효능이 있다.

방아풀 복통과 소화불량을 다스리는 이로운 약초

학명 *Isodon japonicus*
과 꿀풀과의 여러해살이풀
서식장소 산, 들
개화기 8~9월
분포 한국, 일본
크기 높이 50~100cm
꽃말 향수, 인내

형태 및 생태

줄기는 곧게 서고 네모진 능선에 아래로 향한 털이 빽빽이 나며 가지를 많이 낸다. 잎은 마주 나고 넓은 달걀모양이며 가장자리에 톱니가 있고 기부는 자루로 이어진다. 꽃은 8~9월에 자줏 빛으로 피고 원추꽃차례에 달린다. 열매는 수 과로서 납작한 타원형이며 윗부분에 선점(腺點) 이 있고 10월에 익는다.

이용

어린순은 나물로 하고 다 자란 것은 포기 전체 를 약재로 이용한다. 꽃이 피고 있을 때에 채 취하여 햇볕에 말린다. 쓰기에 앞서서 잘게 썬 다. 땅 위의 부분을 연명초(延命草)라 하며 쓴 맛 의 건위제로서 한방에서 복통, 설사에 쓰인다.

복용법

말린 약재 1회에 5~10g을 물 300㎖의 물에 약 한 불로 달이거나 가루로 빻아서 복용한다. 생 즙을 내어 마셔도 된다. 입 냄새가 심한 사람은 말린 것 9g을 끓여 식혀두었다가 그 물로 양치 질을 하면 입냄새를 없앨 수 있다.

생약명

연명초(延命草)

다른 이름

회채화, 향다채, 도근야초, 산소자, 야소자

효능

암을 이기는 항암 성분이 들어 있으며 그 외에 도 살균, 병으로 인한 쇠약한 심장, 경련을 가라 앉히고 염증과 열 내림에도 효과가 있다. 복통, 소화불량을 다스리며 건위, 진통, 해독, 소종 등 의 효능을 가지고 있다.

289

배롱나무

간, 신장, 방광에 이로운 약초

학명 *Lagerstroemia indica*
과 부처꽃과
서식장소 정원, 공원
개화기 7~9월
분포 한국 경기도이남 지역, 중국
크기 5~6m
꽃말 부귀

■ 형태 및 생태
나무껍질은 옅은 갈색으로 매끄러우며 얇게 벗겨지고 흰색의 무늬가 생긴다. 잎은 타원형으로 마주나고 가장자리는 밋밋하며 잎자루는 거의 없다. 꽃은 7~9월에 가지 끝에 달리는 원추꽃차례로 홍자색으로 피며 늦가을까지 꽃이 달려 있다. 열매는 삭과로 10월에 익는다. 둥근 열매를 맺고 익으면 여섯 갈래로 갈라진다.

■ 이용
꽃을 약재로 쓴다. 꽃이 피면 따서 햇볕에 말려 쓴다.

■ 복용법
말린 약재 3~5g을 물 200㎖의 물로 달여서 복용한다. 외상출혈을 막을 때에는 말린 약재를 빻아 가루 내어 상처에 뿌리거나 생꽃을 찧어서 붙인다.

■ 생약명
자미화(紫薇花), 백일홍(百日紅), 만당홍(滿堂紅)

■ 다른 이름
홍미화, 오리향, 백일홍

■ 효능
대하증, 설사, 장염, 월경과다, 산후에 출혈이 멎지 않을 때, 지혈과 소종의 효능을 가지고 있으며 혈액순환을 활발하게 해준다.

■ 그렇군요!
배롱나무도 백일홍이라 부르는 것은 백일동안 꽃을 피워 같은 이름이 붙은 것이지 백일홍과는 전혀 다른 식물이다. 백일홍은 피운 꽃을 오래 유지하는 것과 달리 배롱나무는 가지에서 새로운 꽃을 반복해서 피워낸다. 꽃이 다 떨어졌나 했다가도 어느새 활짝 피운다.

291

배암차즈기

기관지염, 폐렴, 고혈압을 다스리는 이로운 약초

학명 *Salvia plebeia*
과 꿀풀과의 두해살이풀
서식장소 습기가 약간 있는 도랑 부근
개화기 5~6월
분포 한국, 일본, 중국, 인도, 호주,
　　　말레이시아
크기 높이 30~70cm
꽃말 교만

형태 및 생태
줄기의 단면은 사각이고 속은 비어 있다. 줄기에 달린 잎은 마주나고 주름이 많으며 가장자리에 둔한 톱니와 잔털이 난다. 뿌리에 달린 잎은 방석처럼 퍼져 겨울을 보내고 꽃이 필 때쯤 스러진다. 꽃은 5~6월에 연한 자주색으로 피고 줄기 윗부분의 잎겨드랑이에 총상꽃차례(모인꽃차례)에 달린다. 열매는 분열과(分裂果 쪽꼬투리열매)이며 넓은 타원형이다.

이용
어린잎을 나물로 먹으며 민간에서 포기 전체를 약으로 쓴다. 전초는 3~5월경에 채취하여 햇볕에 말리고 뿌리는 4~6월경에 채취하여 햇볕에 말린다.

복용법
말린 것 10~25g을 물 1리터에 붓고 달여 2~3회에 나누어 복용한다. 환이나 가루로 만들어 복용해도 된다. 외용할 때는 짓찧어서 환부에 바른다.

생약명
여지초

다른 이름
뱀배추, 뱀차조기, 곰보배추

효능
풀 전체를 약용하며 양혈, 이수, 해독, 살충의 효능이 있어 해혈, 토혈, 인후종통, 작은 종기 따위에 사용한다. 기관지염, 폐렴, 고혈압, 자양강장, 정력증진, 폐기보호 등에 효능이 있다. 최근 연구에서 강한 항산화 물질이 있는 것으로 밝혀져 주목을 받고 있다.

배초향

지방간, 동맥경화 예방에 도움을 주는 이로운 약초

학명 *Senecio cineraria* DC.
과 국화과의 여러해살이풀
서식장소 해안가 절벽, 암석 해안
개화기 6~9월
분포 세계 각지
크기 높이 40~80cm
꽃말 온화함, 행복의 확인

형태 및 생태
줄기 기부로부터 갈라져 뭉쳐난다. 잎은 우상으로 갈라져 있으며 줄기와 잎은 전면에 회백색이 나며 비단 같은 털로 덮여 있다. 꽃은 6~9월에 노란색으로 피며 두상꽃차례의 작은 꽃들이 자잘하게 모여 달린다. 열매는 가늘고 길며 관모가 있으나 우리나라의 경우 개화기에 비가 많이 와 결실하지 않는다.

이용
약재로 사용한다.

복용법
백내장에는 잎을 짓이겨 만든 수액을 한 방울씩 하루 4~5회 투여한다. 생리불순에는 말린 잎을 기준으로 한번에 1g에서 2g을 달여서 복용한다.

효능
백내장, 결막염 치료에 효능이 있다. 두통이나 어지러움, 생리불순에도 사용한다.

주의
독성이 있으므로 꽃과 잎을 식용할 수 없으며 전문가와 상의하여야 한다.

그렇군요!
백묘국이라 부르는 것은 잎이 하얀색으로 덮인 모습 때문이며 하얀 눈이 내린 모습처럼 보여 설국이라 부르기도 한다.

백선

아토피나 피부염에 이로운 약초

학명 *Dictamnus dasycarpus* Turcz.
과 운향과의 여러해살이풀
서식장소 산기슭 양지바른 풀밭
개화기 5~6월
분포 한국, 중국
크기 높이 50~80cm
꽃말 방어

■ 형태 및 생태
줄기의 상반부에는 잔털이 나 있으며 곧게 서고 굵은 뿌리를 가지고 있다. 잎은 깃털 꼴로 어긋나며 잎 가장자리에는 작은 톱니가 규칙적으로 배열되어 있다. 줄기 끝에서 자라난 긴 꽃대에 10여 송이의 꽃이 이삭 모양으로 뭉쳐 핀다.

■ 이용
뿌리껍질을 약재로 쓴다. 이른 봄이나 가을에 뿌리를 채취하여 속의 딱딱한 부분을 제거한 다음 햇볕에 말린다. 쓸 때에는 외피를 제거하고 잘게 썬다.

■ 복용법
말린 껍질을 1회 3~5g을 물에 달여 복용한다. 외용할 때는 생뿌리를 찧어 환부에 붙이거나 달인 물로 환부를 씻어낸다.

■ 생약명
백선피(白鮮皮), 백전, 백양피(白羊皮)

■ 효능
뿌리껍질에는 항균, 항염, 지혈, 세포면역 및 체액성 면역억제 등의 작용이 있으며 한의학에서 백선피는 청열조습(淸熱燥濕), 거풍지양(祛風止癢), 해독 등에 처방한다. 니코틴 해독과 중금속 배출에도 아토피나 피부염에도 효능이 있다.

백일홍

청열작용과 소변불통에 이로운 약초

학명 *Zinnia elegans*
과 국화과의 한해살이풀
서식장소 햇볕이 잘 드는 곳
개화기 6~10월
분포 중남미
크기 높이 60~90cm
꽃말 순결

형태 및 생태

잎은 마주나고 달걀 모양이며 잎자루가 없고 가장자리는 밋밋하며 털이 나서 거칠다. 꽃은 6~10월에 여러 가지 색으로 피고 두화는 긴 꽃줄기 끝에 한 개씩 달린다. 열매는 수과로서 9월에 익는데 씨를 심어 번식한다. 배롱나무의 꽃을 백일홍이라고 하는데 이것은 다른 식물이다.

이용

전초를 말려 약재에 이용한다.

복용법

말린 약재를 1회 3~5g을 달여 복용한다.

생약명

백일홍

다른 이름

백일초

효능

청열작용이 있어서 소변을 잘 못보고 미열이 있으면서 통증을 일으키는 증상에 쓰인다. 이질에도 효력을 나타내며 유방염에 짓찧어 환부에 붙인다.

백화등

고혈압, 중풍 예방을 하는 이로운 약초

학명 *Trachelospermum asiaticum*
과 협죽도과의 상록활엽 덩굴식물
서식장소 산지 고목이나 바위
개화기 5~6월
분포 한국 남부지역, 일본
크기 길이 5m정도
꽃말 매혹, 속삭임

형태 및 생태
줄기에서 뿌리가 나와 다른 물체에 잘 붙는다. 적갈색이며 털이 있다. 잎은 마주나며 둥글고 짙은 녹색이며 광택이 있다. 가장자리가 밋밋하다. 꽃은 5~6월에 새 가지 끝에 취산꽃차례로 달린다. 열매는 삭과로 9월에 익으며 종자는 위에 흰색의 긴 털이 있다.

이용
줄기와 잎은 약용으로 쓰인다. 가을에 종자를 그늘에서 말렸다가 쓴다.

복용법
말린 잎 2~4g을 달여 복용하고 관절염이나 근육통인 사람은 담금주로 하여 한잔씩 마시며 피부질환에는 생것을 짓찧어서 환부에 붙인다.

생약명
낙석(絡石)

효능
해열, 강장, 진통과 어혈을 풀어주고 지혈하는 효능이 있다. 고혈압과 중풍 예방, 종기나 피부염, 관절염이나 근육통에 효과가 있다.

주의
성질이 서늘해 설사를 자주 하는 사람이나 몸이 찬 사람은 먹지 말아야 한다.

그렇군요!
정원수로 활용하면 좋은 품종이다. 줄기에서 나오는 뿌리가 많이 나오기 때문에 다른 식물을 감고 올라간다. 집에서 분재 형식으로 키우는 것도 좋다.

버드나무

통증을 잡아주는 이로운 나무

학명 *Salix koreensis* ANDERSS.
과 버드나무과의 낙엽교목
서식장소 냇가
개화기 4월
분포 한국, 중국 만주, 일본
크기 높이 15~20m
꽃말 솔직, 자유

■ 형태 및 생태
나무껍질은 검은 갈색이고 가지는 황록색이며 잎은 어긋나고 피침형 또는 이와 비슷하고 양 끝이 좁아지며 가장자리 안으로 굽은 톱니가 있다. 꽃은 암수딴그루로 4월에 피고 열매는 삭과로 5월에 익으며 '버들개지'라고 한다. 털이 달린 종자가 들어 있다.

■ 이용
나무껍질을 약재로 쓴다. 잘게 잘라서 잘 말린다.

■ 복용법
잘 말린 약재를 달여 먹을 때는 대추와 감초를 넣고 달인다. 그 물을 수시로 마신다.

■ 생약명
유지(柳枝)

■ 효능
해열, 수렴제, 이뇨제로 효과가 있으며 통증을 잡아준다. 관절염과 류머티즘에 좋고 폐를 좋게 하며 감기와 충치를 예방한다.

■ 주의
과다 섭취할 경우 이명, 오심, 구토 등의 부작용이 일어날 수 있고 위장출혈과 지혈을 방해하는 부작용도 일어날 수 있다.

벌노랑이

감기, 인후염, 대장염 등에 이로운 약초

학명 *Lotus corniculatus* var. *japonica*
과 콩과의 여러해살이풀
서식장소 산, 들
개화기 6~8월
분포 한국, 일본, 중국, 타이완, 히말라야산맥
크기 높이 약 30cm
꽃말 다시 만날 때까지

형태 및 생태

아랫부분에서 가지가 많이 갈라져 비스듬히 자라거나 퍼진다. 잎은 어긋나며 3개의 작은 잎으로 된 겹잎이다. 가장자리는 밋밋하다. 꽃은 6~8월에 노란색으로 피고 꽃줄기 끝에 산형꽃차례로 달린다. 열매는 협과로서 8~9월경에 익으며 줄 모양이고 종자는 검은빛이다.

이용

한방에서는 뿌리를 강장제나 해열제로 쓴다.

복용법

말린 약재 15~30g에 물 1리터를 붓고 달여서 2~3회에 나누어 복용한다. 술에 담가 복용하거나 산제로 만들어 복용한다.

약성

성질은 평하고 맛은 달다.

생약명

백맥근(百脈根)

다른 이름

노랑돌콩

효능

열을 식히고 출혈을 멎게 한다. 갈증을 가시게 하고 열과 허로를 제거하고 감기, 인후염, 대장염 등을 치료하고 대변에 피가 묻어나오는 증상과 이질을 다스린다.

학명 *Bistorta manshuriensis*
과 마디풀과의 여러해살이풀
서식장소 산골짜기 양지
개화기 6~7월
분포 한국, 중국 동북부, 헤이룽 강, 우수리 강
크기 높이 30~80cm
꽃말 젊은 날의 초상

형태 및 생태

줄기는 가늘게 홀로 서서 자란다. 뿌리줄기는 짧고 굵으며 잔뿌리가 많다. 뿌리에 달린 잎은 어긋나고 잎자루가 길며 잎 가장자리는 밋밋하다. 꽃은 6~7월에 흰색으로 피고 수상꽃차례에 달린다. 열매는 수과로서 9~10월에 익는다. 꽃차례의 모양이 호랑이 꼬리를 닮았다고 해서 이름이 붙여졌다.

이용

어린잎과 줄기는 식용하고 뿌리줄기는 약재로 쓴다. 봄이나 가을에 잔뿌리를 따낸 다음 햇볕에 말린다.

복용법

말린 약재 3~4g을 달여 복용하고 가루로 빻아 복용한다. 피부질환에는 생뿌리를 찧어 환부에 붙이거나 달인 물로 씻어낸다.

생약명

권삼(拳蔘), 자삼(紫蔘), 회두삼(回頭蔘)

다른 이름

만주범의꼬리

효능

열을 내리거나 경기를 다스리며 종기의 염증을 없앤다. 또한 파상풍이나 장염, 이질을 다스리는데 사용되고 임파선종이나 악성종기 등의 피부질환을 치료한다.

학명 *Stellaria media* (L.) Vill.
과 석죽과의 두해살이풀
서식장소 밭, 길가
개화기 3~4월
분포 전 세계
크기 길이 10~20cm
꽃말 추억

형태 및 생태
줄기는 밑에서 가지가 많이 갈라지며 밑 부분이 눕는다. 잎은 마주나며 달걀모양이고 꽃은 3~4월에 가지 끝 취산꽃차례에 흰색으로 피며 꽃이 진 후 아래로 굽었다가 열매가 익으면 다시 일어선다. 열매는 삭과로 6갈래로 갈라진다.

이용
어린순을 식용한다. 잎과 줄기를 약재로 쓴다. 3월~6월경 채취하였다가 햇볕에 말린다. 쓰기에 앞서 잘게 썬다. 생초로도 이용이 가능하다.

복용법
말린 약재 10~20g 정도에 물을 넣고 달여 복용한다. 종기 치료에는 생풀을 짓찧어서 환부에 붙인다.

생약명
번루(繁縷), 자초(滋草)

효능
혈액순환을 돕고 멍든 피를 풀어주며 젖의 분비를 촉진시킨다. 위장을 다스리고 각기병에도 좋으며 위장염, 맹장염, 심장병 등에 효능이 있다.

주의
임산부는 이용을 금한다. 전문가의 소견 없이는 복용하지 말아야 한다.

보리수나무

호흡기염증과 자양강장을 돕는 약초

학명 *Elaeagnus umbellata*
과 보리수나뭇과의 낙엽관목
서식장소 산비탈의 풀밭
개화기 4~6월
분포 한국, 일본
크기 높이 3~4m
꽃말 부부의 사랑, 결혼

■ 형태 및 생태

가지는 은백색 또는 갈색이며 잎은 긴 타원형의 피침형이며 가장자리가 밋밋하다. 꽃은 4~6월에 피고 처음에는 흰색이다가 연한 노란색으로 변하고 산형꽃차례로 잎겨드랑이에 달린다. 향기가 좋고 꿀이 많아 꽃이 필 때면 벌들이 많이 모여든다. 열매는 장과로 둥글고 9~11월에 익는다.

■ 이용

열매는 식용하고 약재로 쓰인다.

■ 복용법

말린 약재 5~10g 정도를 달여 하루 2회 복용한다.

■ 약성

성질은 서늘하고 맛은 달고 시다.

■ 생약명

우내자(牛奶子)

■ 효능

통증과 혈증을 다스리며 호흡기염증과 자양강장을 돕는다. 소염작용이 있어 항염증, 편도선염, 인후염, 진해, 이질, 대하증에 효능이 있으며 성질이 서늘하여 몸의 열을 내리고 갈증의 해소를 도우며 아스파라긴산이 풍부하여 알코올 해독 효과가 높아 숙취를 해소하는데 도움을 준다.

313

보춘화

피부병, 지혈, 이뇨 등에 이로운 약초

314

학명 *Cymbidium goeringii*
과 난초과의 여러해살이풀
서식장소 산지 숲속
개화기 3~4월
분포 한국, 일본, 중국
크기 높이 20~24cm
꽃말 소박한 마음

형태 및 생태

굵은 뿌리는 육질이고 수염같이 뻗으며 흰색이다. 줄기는 짧으며 잎은 모여 나고 상록이며 줄 모양으로 끝이 뾰족하고 가장자리에 작은 톱니가 있다. 꽃은 3~4월에 연한 황녹색으로 피고 꽃줄기 끝에 1~2개가 달린다. 꽃잎은 서로 비슷하고 짧으며 난상피침형이다. 열매는 긴 타원형의 삭과에 속하며 길이 5cm 정도로 곧추서며 아래로 갈수록 가늘어지고 길이 5~6cm인 대가 있다.

이용

한방에서는 약재로 쓰는데 연중 채취하여 햇볕에 말리거나 생것을 그대로 쓴다.

복용법

생것 15~30g을 달여서 복용하거나 말린 것을 분말로 0.5~1g 정도를 복용한다. 외용할 때는 즙을 내어 바른다. 차로 마셔도 좋다.

생약명

춘란(春蘭)

효능

피부병, 지혈, 이뇨 등에 효과가 있으며 열을 내리고 피를 맑게 하며 타박상을 치료한다.

그렇군요!

식물학자들은 꽃이 일찍 피기 때문에 보춘화(報春花)라는 이름을 채택하고 있으나, 일반사람들은 보통 춘란이라고 부르고 있다.

학명 *Adonis amurensis*
과 미나리아재비과의 여러해살이풀
서식장소 산지 숲속
개화기 2~3월
분포 한국, 일본, 중국
크기 높이 10~30cm
꽃말 슬픈 추억

■ 형태 및 생태
뿌리줄기가 짧고 굵으며 흑갈색의 잔뿌리가 많다. 줄기는 윗부분에서 갈라지며 잎은 어긋나고 깃꼴로 두 번 잘게 갈라진다. 밑 부분의 잎은 막질로서 줄기를 둘러싼다. 끝이 둔하고 털이 없다. 꽃은 2~3월에 노란색으로 피고 원줄기 가지 끝에 한 개씩 달린다. 열매는 수과로 꽃턱에 모여 달리며 공 모양으로 가는 털이 있다.

■ 이용
한방과 민간에서 뿌리를 포함한 전초를 약재로 사용하지만 유독성 식물이다.

■ 복용법
독이 있으므로 조심스럽게 써야 한다. 전초 말린 것을 하루 한번에 0.5~1.5g을 은은한 불에 오래 달여서 그 물을 소주잔으로 한잔씩 마신다.

■ 약성
맛이 쓰고 성질은 평하다.

■ 생약명
복수초(福壽草), 설련(雪蓮), 장춘화(長春花)

■ 다른 이름
복풀, 가지복수초

■ 효능
강심제 및 이뇨제로 사용한다. 심장을 강화시키는 효능이 좋고 중추신경을 억제하는 작용이 있어 가슴이 두근거리는 증상을 다스린다. 중풍, 고혈압, 신경쇠약에도 좋은 효능을 보인다.

■ 주의
전초에 맹독을 가진 식물이어서 함부로 복용해서는 안 된다.

317

봉선화

어혈을 풀어주고 통증을 줄여주는 이로운 약초

318

학명 *Impatiens balsamina*
과 봉선화과의 한해살이풀
서식장소 양지바른 곳, 습지
개화기 6월
원산지 인도, 중국, 말레이시아
크기 높이 60cm
꽃말 부귀

형태 및 생태
줄기는 곧게 자라고 다육질이며 아랫부분의 마디가 두드러진다. 잎은 잎자루가 있으며 피침형으로 양 끝이 좁고 가장자리에 톱니가 있다. 4~5월에 씨를 뿌리면 6월 이후부터 꽃이 피기 시작한다. 꽃은 2~3개씩 잎겨드랑이에 달리고 열매는 삭과로 타원형이고 털이 있으며 익으면 다섯 조각으로 터지면서 종자가 튀어나온다.

이용
식용이 가능하며 차로도 마신다. 전초는 여름부터 가을까지 채취하여 햇볕에 말려서 약재로 이용한다.

복용법
말린 약재를 5~10g 정도 달여서 복용한다.

약성
맛이 달고 성질이 차가우며 맵다.

생약명
봉선(전초), 봉선근, 봉선화

효능
진통, 활혈, 소종 등의 효능이 있으며 습관성 관절통, 월경통, 임파선염 치료에 도움을 준다. 혈액순환을 잘되게 해주고 몸속에 단단하게 뭉친 덩어리를 풀어주고 꽃은 풍을 제거하고 혈액 순환을 잘 시켜 부기를 가라앉게 하고 근육통에 좋은 효과를 준다. 『동의보감』의 기록은 "매 맞아서 난 상처를 낫게 하며 뿌리와 잎을 함께 짓찧어 붙인다"라고 적고 있다.

주의
약성이 강한 만큼 독성도 강하여 전문가의 소견 없이 함부로 복용을 금한다.

319

학명 *Eichhornia crassipes*
과 물옥잠과의 여러해살이풀
서식장소 연못, 습지
개화기 8~9월
분포 열대, 아열대 아메리카
크기 20~30cm
꽃말 승리, 흔들린 기억

형태 및 생태
연못에서 떠다녀 자라며 밑에 수염뿌리처럼 생긴 잔뿌리들은 수골돌과 양분을 빨아들이고 몸을 지탱하는 구실을 한다. 잎은 달걀 모양의 원형으로 잎자루는 공 모양으로 부풀어 있으며 그 안에 공기가 들어 있어 표면에 떠 있을 수 있다. 꽃은 8~9월에 연한 보랏빛으로 피고 수상꽃차례를 이룬다.

이용
여름에서 가을에 채취하여 햇볕에 말려 쓰거나 신선한 것을 그대로 쓰기도 한다.

복용법
말린 것을 1회 8~15g을 달여 복용한다. 피부질환이나 타박상에는 말리지 않은 것을 짓찧어 바른다.

생약명
수호로(水葫蘆)

효능
열을 내려주고 소변을 잘 나가게 하며 해독작용을 한다. 피부의 염증이나 타박상, 부종 등에 사용한다.

부처꽃

해열, 항균작용, 방광염에 이로운 약초

학명 *Lythrum anceps*
과 부처꽃과의 여러해살이풀
서식장소 냇가, 밭둑, 초원 등의 습지
개화기 5~8월
분포 한국, 일본
크기 높이 1m
꽃말 슬픈 사랑, 비련

■ 형태 및 생태
가지가 곧게 자라고 많이 갈라진다. 잎은 마주
나고 피침형이며 대가 거의 없고 가장자리가
밋밋하다. 꽃은 5~8월에 홍자색으로 피며 잎겨
드랑이에 3~5개가 달린다. 열매는 9월경에 삭
과로 꽃받침통 안에 들어 있고 익으면 2개로 갈
라져 종자가 튀어나온다.

■ 이용
한방에서는 가을에 전초를 채취하여 햇볕에 말
려서 약재로 이용한다.

■ 복용법
말린 약재 5~10g를 물에 넣고 달여서 복용한
다. 환부에는 말린 약재를 가루로 만들어 기름
에 개어 바르거나 생초를 찧어서 붙인다.

■ 약성
맛은 쓰고 성질은 차다.

■ 생약명
대아초, 천굴채(千屈菜)

■ 다른 이름
천굴채, 두렁꽃

■ 효능
혈관조직을 수축시켜 주는 작용에 탁월하고 설
사가 심할 때 복용하게 되면 지사작용도 하게
된다. 월경이 멈추지 않을 때나 피부궤양에는
치료약재로도 효능이 있다. 해열, 항균작용, 방
광염에 도움을 준다.

부처손

항암효과가 뛰어난 이로운 약초

학명 *Selaginella involvens*
과 부처손과의 여러해살이풀
서식장소 건조한 바위면
개화기 6~7월
분포 한국, 중국, 일본, 타이완, 필리핀,
　　 북인도
크기 높이 30cm
꽃말 비련, 슬픈 사랑

■ 형태 및 생태

가지는 편평하게 갈라지고 앞면은 녹색, 뒷면은 다소 흰빛이 돈다. 건조할 때는 가지가 안으로 오그라지다가 습한 기운을 만나면 다시 벌어지는 성질이 있다. 잎은 끝이 실처럼 길어지며 가장자리에 잔 톱니가 있다.

■ 이용

전초를 약재로 쓴다.

■ 복용법

말린 약재를 2~3g 정도 달여 복용한다. 하루 2번 정도 꾸준히 섭취한다.

■ 생약명

석권백(石卷柏), 금편백(金扁柏), 지측백(知側柏), 천년백(千年柏)

■ 다른 이름

바위손

■ 효능

하혈, 통경, 탈항, 혈당 강하 등의 작용이 있다. 혈관건강에 좋고 피의 흐름을 개선하여 고혈압, 동맥경화 등의 성인병에 탁월한 효능을 보이며 따뜻한 성질이 있어 불임증이 있거나 생리가 나오지 않을 때 등 부인병의 완화 및 개선에 아주 효과적이다. 심신 안정, 스트레스 해소, 어혈제거, 기관지염 예방 및 치료, 신장 강화, 항암작용에 효능을 보인다.

■ 주의

뭉친 피를 풀어주는 효능이 강해 임산부는 절대로 섭취하지 말아야 한다.

부추

신장을 보하며 폐의 기운을 돕고 담을 제거하는 이로운 약초

학명 *Allium tuberosum*
과 백합과에 속하는 여러해살이풀
서식장소 산, 들
개화기 7~8월
분포 전국
크기 꽃줄기 길이 30~40cm
꽃말 무한한 슬픔

형태 및 생태

봄부터 가을까지 3~4회 잎이 돋아나며 여름철에 잎 사이에서 푸른 줄기가 나와 그 끝에 흰색의 작은 꽃이 피고 열매는 익어서 저절로 터진다. 비늘줄기는 밑에 짧은 뿌리줄기가 있고 겉에 검은 노란색의 섬유가 있다. 꽃은 7~8월에 흰색으로 피며 열매는 삭과로 거꾸로 된 심장 모양이고 검은색 종자가 나온다.

이용

나물로 먹는다.

복용법

부추씨 3g을 한 잔의 물에 넣어 절반으로 달여 한 번에 마셔도 좋고, 또는 부추씨를 볶아서 가루로 만든 것을 4~6g씩 복용해도 좋다.

약성

성질이 약간 따뜻하고 맛은 시고 맵고 떫다.

생약명

구자(韭子)

효능

마늘과 비슷한 강장 효과가 있으며 각혈이나 토혈 등 지혈제로도 쓰고 있다. 『동의보감』에 부추를 '간(肝)의 채소'라 하여 "김치로 만들어 늘 먹으면 좋다"고 했을 정도로 간 기능을 강화시키는 데 좋다. 심장에 좋고 위와 신장을 보하며 폐의 기운을 돕고 담을 제거한다. 혈액순환을 좋아지게 하며 정력에 좋다.

327

고혈압, 치매, 항암작용의 이로운 약초

학명 *Amaranthus mangostanus* L.
과 비름과의 한해살이풀
서식장소 민가 주변
개화기 7월경
분포 전국
크기 높이 1m
꽃말 애정

형태 및 생태
굵은 가지가 갈라지며 잎은 어긋나고 끝이 둔하거나 다소 파진다. 가장자리는 밋밋하다. 꽃은 7월경 피기 시작하며 잎겨드랑이에 둥글게 모여달리지만 가지 끝이나 원줄기 끝에서는 잎이 없는 수상꽃차례처럼 길게 자란다. 열매는 타원형이며 중앙에서 옆으로 갈라져서 뚜껑같이 벌어진다.

이용
어린순은 나물로 하고 있으며 약재로 쓰인다. 봄에 전초를 채취하여 햇볕에 잘 말린다.

복용법
무침이나 즙을 내서 복용한다.

생약명
야현(野見), 백현(白見), 녹현(綠見)

효능
칼슘을 섭취하기 좋으며 위와 대장에 좋다. 인체에 필요한 각종 비타민도 풍부하고 해열과 해독작용, 염증완화의 효능이 있다. 단백질과 탄수화물의 함량이 높아 체력을 증진시킨다. 생리불순 개선, 이뇨작용, 항암작용, 빈혈과 눈건강, 고혈압, 치매 등을 예방한다.

ㅅ

학명 *Clematis apiifolia*
과 미나리아재비과의 덩굴식물
서식장소 산, 들
개화기 7~8월
분포 한국, 일본, 중국
크기 길이 약 3m
꽃말 비웃음

▪ 형태 및 생태
가지에 잔털이 나며 잎은 마주나고 잎자루가 길다. 끝이 뾰족하고 가장자리에 깊이 패어 들어간 모양의 톱니가 있다. 나무를 타고 올라가면서 자라고 잘 끊어지는 특성이 있다. 꽃은 7~8월에 흰색으로 피고 잎겨드랑이에 취산상 원추꽃차례로 달린다. 열매는 수과로 5~10개씩 모여 달리고 9~10월에 익으며 종자에는 연한 갈색 털이 달려 있다.

▪ 이용
어린잎과 줄기를 식용한다. 백근초라고도 하며 채취하여 껍질을 벗겨내고 말린 후 약재로 쓴다.

▪ 복용법
말린 약재를 물 2리터에 넣고 센 불에 끓이다 물이 끓으면 약한 불로 줄인 뒤 30분 정도 더 달여 하루 3잔정도 복용한다.

▪ 생약명
여위(女萎)

▪ 다른 이름
질빵풀

▪ 효능
콜레라성 설사, 다리가 아픈 통증, 간질환 등을 치료한다. 머리가 깨질 것 같이 아프고 심한 편두통을 치료하는데 효능을 볼 수 있다. 신경통, 관절염, 요통을 치료한다.

사초

관절염에 탁월한 이로운 약초

334

학명 *Carex*
과 사초과 여러해살이풀
서식장소 온대지방 습지
개화기 6~8월
분포 한국, 중국, 일본, 러시아
크기 높이 30~60cm
꽃말 자중

■ 형태 및 생태
줄기는 세모지며 속이 차 있다. 잎은 뿌리에서 돋는다. 밑동의 잎집은 대부분 갈색이거나 자줏빛을 띤 갈색이다. 꽃은 6~8월에 피며 화피는 없고 단성화로 달린다. 열매는 렌즈형 또는 세모 형이고 암술대가 남아 있다.

■ 이용
뿌리를 포함한 전초를 6~8월에 채취해 햇볕에 말려 약재로 사용한다. 줄기와 잎, 뿌리를 포함한 생초를 채취해 짓찧어서 통증 부위에 붙이면 염증과 통증을 줄여주는데 도움이 된다. 민간에서는 전초를 풍습성 관절염에 내용한다.

■ 복용법
말린 약재 5g을 물 1리터에 달여 하루 2회 아침 저녁으로 복용한다.

■ 다른 이름
수염사초, 참보리사초

■ 효능
체내에서 섬유 수골돌과 결합하여 관절에 강도와 탄력성을 높여 주어 관절염 및 연골을 강하게 하는데에 탁월하며 진통 작용을 가지고 있어 통증을 억제한다.

335

산마늘

해독, 동맥경화, 이뇨, 당뇨에 이로운 약초

학명 *Allium victorialis* L.
과 백합과 여러해살이풀
서식장소 서늘한 고산지대
개화기 5~6월
분포 한국, 일본, 중국 고산지대
크기 높이 30~60cm
꽃말 마음을 편하게 가지세요

형태 및 생태
줄기는 인경(鱗莖)은 피침형이고 약간 굽고 외피는 그물 같은 섬유로 덮여 있으며 갈색이 돈다. 잎은 2~3개가 나고 타원형이다. 꽃은 5~6월에 흰색 또는 자주색 산형꽃차례로 피고 열매는 8월에 숙성되며 삭과를 맺는다. 삭과는 심피로 된 심장형이고 끝이 오그라든다. 종자는 흑색이다.

이용
장아찌로 만들어 고기와 함께 먹는다.

생약명
명총, 산총, 산산(山蒜)

다른 이름
명이나물

효능
알리신 성분이 풍부하여 항균작용을 하며 암의 원인이 되는 유해성분을 없애 항암효과에 뛰어나다. 암세포의 증식을 억제해 주는 작용을 하여 암을 예방하는데 탁월한 효과를 가지고 있으며 콜레스테롤을 낮춰준다. 피부를 매끄럽게 하며 감기에 대한 저항력을 높이고 호흡기를 튼튼하게 하며 시력을 보호한다. 중국에서는 '각총'이라 하여 자양강장제 중 최고로 치며 해독, 동맥경화, 이뇨, 당뇨, 피로 회복에 효능이 있다.

그렇군요!
산마늘은 지리산, 설악산, 울릉도의 숲속이나 우리나라 북부에서 자라는 풀로, 우리에게는 '명이나물'로 더 잘 알려져 있다. 명이나물은 식량 사정이 매우 어려운 고비 때 목숨을 이어줄 수 있게 도와줬다는 뜻에서 붙여진 이름이다.

산벚나무

기침을 멎게 하고 해독작용을 하는 이로운 나무

학명 *Prunus sargentii* Rehder
과 장미과의 낙엽교목
서식장소 바닷가의 숲속
개화기 4월 말~5월 중순
분포 한국, 일본, 사할린섬 등지
크기 높이 약 25m
꽃말 정신의 아름다움

형태 및 생태
줄기껍질은 짙은 자갈색이며 옆으로 벗겨지고 피목이 옆으로 길게 나타난다. 잎은 어긋나고 타원형이며 끝은 뾰족하고 잎 가장자리엔 톱니가 있다. 꽃은 4월말~5월 중순에 연한 붉은색으로 피며 꽃자루가 없는 산형꽃차례로 달리고 털이 없다. 열매는 핵과로서 공 모양이며 6월말에서 8월말까지 검은빛으로 익는다.

이용
열매를 식용한다. 봄부터 가을 사이에 가지를 잘라 껍질을 벗겨내어 햇볕에 말린다.

복용법
말린 약재를 1회 4~8g씩 달이거나 가루 내어 복용한다. 피부염 등의 피부 질환에는 달인 물로 환부를 여러 번 씻어낸다.

약성
맛은 쓰고 성질은 차다.

다른 이름
개벚나무

생약명
앵피(櫻皮)

효능
기침을 멎게 하고 몸 안에 들어간 독성물질을 없애주는 해독작용을 하며 두드러기, 피부염에 효능이 있다.

산사나무

심장기능 자체를 향상시키고 혈압유지에 도움을 주는 이로운 나무

학명 *Crataegus pinnatifida*
과 장미과의 낙엽활엽 소교목
서식장소 산지
개화기 5월
분포 한국, 중국, 시베리아 등
크기 높이 3~6m
꽃말 유일한 사랑

형태 및 생태
나무껍질은 잿빛이고 가지에 짧은 가시가 있다. 잎은 어긋나고 달걀 모양이며 가장자리가 깃처럼 갈라지고 아랫부분은 더 깊게 갈라진다. 가장자리에 불규칙한 톱니가 있으며 꽃은 5월에 흰색, 또는 담홍색으로 피고 산방꽃차례에 달린다. 열매는 이과(梨果)로 9~10월에 익으며 둥글고 흰 반점이 있다.

이용
열매를 식용 및 약재로 이용한다. 씨를 제거해 햇볕에 잘 말린 뒤 달여 먹는다. 나무, 꽃, 잎 등 모두 이용이 가능하다.

복용법
말린 열매 10~20g을 달여 먹거나 담금주를 담아 복용하기도 하고 분말하여 가루를 복용하거나 환을 만든다.

생약명
산사, 산로

효능
소화불량과 장염, 치질, 요통, 하복통 등에 효능이 있으며 피로해소, 면역력 개선, 감기 예방, 피부 미용 등에 효과적이다. 폴리페놀이 풍부하여 항산화 작용, 노화 방지 등에 도움을 준다. 심장기능 자체를 향상시키고 혈압유지에 도움을 준다.

산수유나무

신장기능과 자양강장 등에 이로운 약초

학명 *Cornus officinalis*
과 층층나뭇과의 낙엽교목
서식장소 산지, 인가 부근
개화기 3~4월
분포 한국 중부이남
크기 높이 7m
꽃말 호의에 기대한다

형태 및 생태
나무껍질은 불규칙하게 벗겨지며 연한 갈색이다. 잎은 마주나며 달걀 모양 피침형이다. 가장자리가 밋밋하고 끝이 뾰족하며 밑은 둥글다. 꽃은 양성화로서 3~4월에 잎보다 먼저 노란색으로 핀다. 20~30개의 꽃이 산형꽃차례에 달리며 열매는 핵과로서 타원형이고 광택이 나며 8~10월에 붉게 익는다. 종자는 긴 타원형이며 능선이 있다.

이용
차 또는 술에 담가서 강장제로 쓰고 있다.

복용법
열매의 씨를 제거한 후 과육을 1회 3~4개씩 먹는다. 따뜻한 물에 우려서 차처럼 마셔도 된다. 술을 담가 담금주로 해서 복용해도 좋다.

약성
온화하고 독이 없으며 맛이 시고 달다.

생약명
산수유

효능
자양강장, 강정, 수렴 등의 효능이 있으며 현기증, 월경과다, 자궁출혈 등에 좋다. 신장기능과 생식기능의 감퇴로 소변을 자주 보거나 이명과 허리와 무릎이 시리고 통증을 느낄 때 복용하면 효과가 있다. 잠자리에서 일어난 뒤 땀을 많이 흘리거나 팔·다리가 찬 사람에게 사용해도 좋다.

주의
부종이 있고 소변을 잘 보지 못하는 사람은 복용을 하지 않는다.

산앵두나무

장염, 당뇨, 천식, 위장병 등에 이로운 나무

학명 *Vaccinium hirtum* var. *koreanum*
과 진달래과의 낙엽관목
서식장소 산중턱 이상
개화기 5~6월
분포 한국, 만주
크기 높이 약 1m
꽃말 오로지 한사랑

형태 및 생태
가지가 옆이나 위로 비스듬히 뻗어 전체가 엉성하게 둥그스름해진다. 잎은 어긋나며 넓은 피침형이거나 달걀 모양이며 가장자리에 안으로 굽은 잔 톱니가 있다. 꽃은 양성화로서 5~6월에 붉은빛으로 피고 묵은 가지에서 자라는 총상꽃차례로 아래를 향해 달린다. 열매는 장과로 둥글고 9월에 붉게 익는다.

이용
열매를 식용한다. 열매를 채취하여 햇볕에 말려서 쓴다.

복용법
말린 것 10g을 물 700㎖에 넣고 달여서 마신다. 열매를 같은 양의 흑설탕에 재워 효소를 만든 뒤 물에 타서 마신다.

생약명
욱리인(郁李仁)

효능
장염, 당뇨, 천식, 위장병 등에 효능이 있다. 폐, 간, 심장을 튼튼하게 하고 가래, 기침을 없애며 원기를 회복시켜 주고 치솟는 기운을 내린다. 장을 깨끗하게 하고 피부가 윤택해지며 소변을 잘 나오게 하는 효능이 있다.

45

살갈퀴

근육을 이완시키고 통증을 멈추게 하는 이로운 약초

학명 *Vicia angustifolia* var. *segetilis*
과 콩과의 덩굴성 두해살이풀
서식장소 산지 낮은 곳
개화기 5월
분포 한국
크기 길이 60~150cm
꽃말 사랑의 아름다움

■ 형태 및 생태
줄기는 횡단면이 사각형이고 덩굴져 자라며 전체에 털이 덮여 아래 부분에서 많은 가지가 갈라지고 옆으로 자란다. 잎은 어긋나고 짝수 깃꼴겹잎이며 가장자리가 밋밋하다. 꽃은 5월에 붉은빛이 강한 자주색으로 피고 잎겨드랑이에 1~2개씩 달린다. 열매는 협과로 검은 색의 종자가 10개 들어 있다.

■ 이용
열매를 식용한다. 전초는 3~5월경에 채취하여 그늘에 말려 약재로 이용한다.

■ 약성
맛은 쓰고 달며 성질은 따뜻하다.

■ 생약명
대소채, 야녹두

■ 다른 이름
녹두 두루미산 완두, 아두각, 말굴레

■ 효능
관절염이나 근육마비, 이뇨, 해독, 혈액순환 등에 좋은 효능이 있다. 화농성피부질환, 코피, 생리불순 등에 좋다.

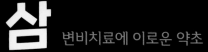

삼
변비치료에 이로운 약초

학명 *Cannabis sativa*
과 삼과의 한해살이풀
서식장소 밭
개화기 7~8월
분포 한국, 일본, 중국, 러시아, 유럽, 인도
크기 높이 3~6m
꽃말 운명

■ 형태 및 생태
줄기는 곧게 서고 속이 비어 있으며 표면에는 세로로 골이 파진다. 잎은 마주나고 잎자루가 길며 가장자리에 톱니가 있다. 꽃은 암수딴그루로 7~8월에 연한 녹색으로 피며 수꽃은 가지 끝의 잎겨드랑이에 원추꽃차례를 이루며 달리고, 암꽃은 줄기 끝 부분의 잎겨드랑이에 짧은 수상꽃차례를 이루며 달린다. 열매는 수과로 가을에 익는다. 잎과 꽃은 환각작용을 일으킨다.

■ 이용
열매는 기름을 짜서 식용으로 한다.

■ 한약명
화마인(火麻仁)

■ 다른 이름
대마(大麻), 마(麻)

■ 효능
변비와 머리카락이 나지 않을 때 효능이 있다.

■ 그렇군요!
삼의 잎과 꽃에는 테트라히드로카나비놀(THC)을 주성분으로 하는 마취 물질이 들어 있어 담배로 만들어 흡연하면 중독 증세를 보인다. 이것을 대마초라고 한다. 대마초는 사고력의 저하, 비현실감, 망상, 흥분, 주의력 저하를 일으키고 시간과 공간에 대한 감각을 변화시키며 시각과 운동신경에 장애를 일으킨다.

삼백초

항암효과가 뛰어난 약초

학명 *Saururus chinensis* (Lour.) Baill.
과 삼백초과의 여러해살이풀
서식장소 습기가 많은 계곡
개화기 6~8월
분포 한국, 일본, 중국, 필리핀
크기 높이 50~100cm
꽃말 행복의 열쇠

형태 및 생태

뿌리는 땅속으로 파고들며 옆으로 뻗으면서 자란다. 잎은 연한 녹색이고 뒷면은 연한 백색이며 끝은 뾰족하고 가장자리는 밋밋하다. 꽃은 6~8월에 백색으로 피며 수상꽃차례로 아래로 처지다가 끝부분은 위로 올라가며 잎과 마주난다. 열매는 삭과로 9~10월경에 익는다. 뿌리, 잎, 꽃이 흰색이기 때문에 삼백초라 불린다.

이용

꽃을 포함한 잎과 줄기 뿌리는 모두 약재로 쓰인다. 전초를 햇볕에 잘 말려 밀봉하였다가 사용한다.

복용법

생즙을 짜서 마실 수도 있고 술에 담가 먹기도 한다. 말린 약재로 차를 끓여 먹거나 엑기스나 가루, 환 등으로 복용할 수 있다. 물 1리터에 20~30g 정도 넣어 은근한 불로 달인다. 물의 양이 절반이 될 때까지 달여 복용한다.

생약명

삼백초(三白草), 삼점백(三點白), 전삼백(田三白), 백화연(白花蓮)

효능

염증을 없애고 항암작용이 강하며 변비를 없애주고 해독 및 이뇨작용이 매우 뛰어나 소변이 잘 안 나올 때, 항염, 자궁염, 생리불순, 각기, 황달, 간염 등에 효능이 있다. 주요 성분인 쿠에르시트린은 암의 전이활동을 억제하여 치료에도 좋고 생성 역시 억제를 하기 때문에 예방효과에 좋으며 특히 간암, 폐암에 더 좋다.

삼지구엽초

정력증강과 항산화작용을 하는 이로운 약초

352

학명 *Epimedium koreanum* NAKAI
과 매자나무과의 여러해살이풀
서식장소 온도가 낮은 고산지대
개화기 4~5월
분포 한국
크기 높이 30cm
꽃말 비밀, 회춘

형태 및 생태

원줄기에서 1, 2개의 잎이 나와 3개씩 2회 갈라지므로 삼지구엽초라 한다. 뿌리줄기는 옆으로 꾸불꾸불 뻗으며 잔뿌리가 많이 달려 있다. 원줄기 밑에는 비늘 같은 잎이 둘러싸여 있고 가장자리에 털 같은 잔 톱니가 있다. 꽃은 4~5월에 황백색으로 피는데 총상꽃차례로 아래를 향해 달리고 열매는 삭과로 8월경에 익는다.

이용

여름에 전초를 베어 그늘에서 말린다. 차를 끓여 마시거나 술을 담아 마신다.

약성

맛은 맵고 달며 성질은 따뜻하다.

생약명

음양곽(淫羊藿)

효능

플라보노이드 배당체인 '리카리인'이 강정작용을 하여 정력증강에 뛰어나다. 여성의 자궁발육과 갱년기 치료, 심장을 치료하며 혈액의 응고를 억제하거나 고지혈증을 완화시키는데 좋은 효능이 있어 혈압강하 및 항산화작용을 한다.

353

학명 *Atractylodes japonica*
과 국화과의 여러해살이풀
서식장소 산지 건조한 곳
개화기 7~10월
분포 한국, 일본, 중국 동북부
크기 높이 30~100cm
꽃말 마음속으로 생각하다

형태 및 생태
줄기는 곧게 서고 윗부분에서 가지가 몇 개 갈라지며 뿌리에서 나온 잎은 꽃이 필 때 말라 없어진다. 줄기에 달린 잎은 어긋나고 가장자리에 가시 같은 톱니가 있다. 꽃은 암수딴그루이고 7~10월에 흰색으로 피며 줄기와 가지 끝에 두상화가 한 개씩 달린다. 열매는 수과이고 9~10월에 갈색으로 익는다. 털이 있으며 갈색 관모가 있다.

이용
어린순을 나물로 먹으며 뿌리는 약용으로 쓰인다.

복용법
말린 뿌리를 물로 끓여 달이거나 분말 가루로 만들어 복용한다.

생약명
창출(蒼朮), 백출(白朮)

효능
식욕부진, 소화불량, 위장염, 감기 등에 효능이 있다. 풍습을 제거해 주어 팔다리 무릎 관절 등이 시리고 쑤신데, 관절염에도 좋으며 부종을 제거해 주고 이뇨작용 및 혈액순환 등에 좋아 체내의 노폐물을 제거한다.

삽주차 끓이는 법
말린 삽주 25g~30g에 물 2리터를 넣고 끓여 준다. 물이 끓기 시작하면 약한 불로 줄여준 다음에 약 40분 이상 달여준 물을 식혀 냉장보관하면서 하루 2~3잔씩 섭취해 주면 된다.

상사화

악성종기와 옴의 치료를 돕는 약초

학명 *Lycoris squamigera*
과 수선화과의 여러해살이풀
서식장소 중부이남
개화기 8~9월
분포 한국, 일본
크기 높이 50~70cm
꽃말 이루어질 수 없는 사랑

형태 및 생태
꽃줄기는 곧게 서고 잎은 봄에 비늘줄기 끝에서 뭉쳐나고 꽃은 8~9월에 붉은빛이 강한 연한 자주색으로 피며 꽃줄기 끝에 산형꽃차례를 이룬다. 수술은 6개이고 화피보다 짧으며 꽃밥은 연한 붉은 색이다. 암술은 1개이고, 씨방은 하위(下位)이며 3실이고 열매를 맺지 못한다.

이용
한방에서는 비늘줄기를 약재로 쓴다. 흙과 잔뿌리를 제거한 후 햇볕에 말린다. 쓰기에 앞서 잘게 썬다.

복용법
1회에 2~3g의 약재에 물 300㎖을 넣어 달인 것을 복용하고 피부질환에는 말리지 않은 비늘줄기를 찧어서 환부에 붙인다.

생약명
상사화(相思花)

효능
소아마비에 진통 효과가 있다. 체내 수분의 흐름을 다스리며 종기를 가라앉게 하는 작용을 한다. 그러므로 살갗에 돋는 물질을 없애는데 쓰이며 그밖에 악성종기와 옴(疥癬)의 치료약으로도 사용한다.

그렇군요!
잎이 있을 때는 꽃이 없고 꽃이 필 때는 잎이 없으므로 잎은 꽃을 생각하고 꽃은 잎을 생각한다고 하여 상사화라는 이름이 붙었다.

357

새우난초 강장효과와 혈액순환에 이로운 약초

학명 *Calanthe discolor*
과 난초과의 여러해살이풀
서식장소 숲속 잡목림 사이
개화기 4~5월
분포 한국, 일본
크기 높이 30~50cm
꽃말 겸허, 성실

형태 및 생태
뿌리줄기는 옆으로 뻗고 마디가 많으며 잔뿌리가 돋는다. 잎은 첫 해엔 뿌리에서 2~3개가 나와 곧게 자라지만 다음해에는 옆으로 늘어진다. 꽃은 4~5월에 어두운 갈색으로 피며 잎 사이에서 나온 꽃줄기에 총상꽃차례로 달린다. 열매는 삭과로 밑으로 처진다.

이용
전초 또는 뿌리줄기를 약재로 사용한다. 6~7월에 채취하여 햇볕에 말려 쓴다.

복용법
말린 약재 2~5g을 달여서 복용한다. 외용할 때는 생것을 짓찧어 환부에 붙인다.

생약명
구절충, 야백계(夜白鷄), 연환초(連環草)

효능
강장효과가 있으며 혈액순환을 촉진하고 근육을 풀어준다. 그래서 편도선염과 임파선염, 종독, 타박상의 치료에 쓰인다.

주의
성질이 따뜻하여 몸에 열이 많은 사람은 먹지 않는 것이 좋다.

그렇군요!
뿌리줄기에 새우 등처럼 생긴 마디가 있어 이런 이름이 붙었다. 은은한 꽃색도 아름답지만 다양한 꽃색이 있어 더욱 매혹적인 자생난 꽃이다.

생강나무

신경통, 생리통, 간 기능 개선, 면역력 향상을 도우는 약초

학명 *Lindera obtusiloba*
과 녹나뭇과의 낙엽관목
서식장소 산지 계곡, 숲속의 냇가
개화기 3월
분포 한국, 일본, 중국 등지
크기 높이 3~6m
꽃말 수줍음

■ 형태 및 생태
식물체에 상처를 내면 생강냄새가 나는 이 식물의 나무껍질은 흰색을 띤 갈색이며 매끄럽다. 잎은 어긋나고 가장자리가 밋밋하다. 꽃은 암수딴그루이고 3월에 잎보다 먼저 피며 노란색의 작은 꽃들이 여러 개 뭉쳐 꽃대 없이 산형꽃차례를 이루며 달린다. 열매는 장과이고 9월에 검은 색으로 익는다.

■ 이용
어린 싹은 작설차로 쓰고 꽃은 꽃차로 이용하고 어린잎은 나물로 먹는다. 가지는 약용한다.

■ 복용법
타박상, 멍든 피로 인한 통증에는 생가지를 찧어서 환부에 붙여준다. 산후 풍에 약재 10g을 물 700㎖에 넣고 달여서 복용한다.

■ 생약명
황매목(黃梅木)

■ 다른 이름
아귀나무, 동백나무, 동박나무

■ 효능
신경통, 해열, 소종, 타박상의 어혈과 멍든 피를 풀어주며 산후통, 생리통, 생리불순, 냉대하, 수족냉증에 효과가 있다. 심혈관질환, 간 기능 개선, 기관지건강, 두통, 면역력향상 등에 효능이 있다.

서양금혼초

항암효과와 항산화 효과, 장내 유산균 억제 기능의

학명 *Hypochaeris radicata* L.
과 국화과의 여러해살이풀
서식장소 목초지, 저지대 빈터
개화기 5~6월
분포 한국, 유럽, 아시아
크기 높이 30~50cm
꽃말 나의 사랑을 드릴게요

■ 형태 및 생태
줄기는 여러 대가 나오며 비늘조각이 듬성듬성 난다. 잎은 깃 모양으로 갈라지고 잎 양면에 황갈색의 굳은 털이 빽빽하게 있다. 꽃은 5~6월에 노란색으로 피고 머리모양 꽃이 줄기 끝에서 한 개씩 달린다. 열매는 수과로 표면에 가시 모양의 돌기가 빽빽하게 나며 작은 부리가 있다.

■ 이용
서양금혼초에 함유된 타감물질을 이용하여 다른 식물체의 발아, 생장을 억제하는 제초제로 활용할 수 있다.

■ 다른 이름
개민들레, 민들레아재비

■ 유사종
금혼초

■ 효능
항암효과와 항산화 효과, 장내 유산균 억제 기능이 있으며 피부 주름을 개선하는 효능이 있다.

■ 주의
제초제 성분의 독성이 있으므로 의사와 상의하여야 한다.

ㄱㄴㄷㄹㅁㅂ **ㅅ** ㅇㅈㅊㅋㅌㅍㅎ

학명 *Punica granatum*
과 석류나무과의 낙엽소교목
서식장소 민가 부근, 정원, 화단
개화기 5~7월
분포 한국 남부지방
크기 높이 5~7m
꽃말 원숙한 아름다움

◼ 형태 및 생태
줄기가 갈라지며 가지는 횡단면이 사각형이고 짧은 가지 끝이 가시로 변한다. 잎은 마주나고 가장자리가 밋밋하며 잎자루가 짧다. 꽃은 양성화로 5~7월에 붉은색으로 피며 가지 끝에 1~5개씩 달린다. 열매는 장과로 9~10월에 갈색이 도는 노란색 또는 붉은색으로 익는다.

◼ 이용
열매인 석류를 식용 또는 약용한다.

◼ 복용법
석류를 한 가운데 잘라 과육 안에 있는 씨앗을 긁어낸다. 따로 분리한 씨앗을 섭취하거나 주스로 착즙하여 마신다.

◼ 생약명
석류(石榴)

◼ 효능
설사, 이질에 효과가 있으며 고혈압과 콜레스테롤, 고혈당증 및 염증과 항암효과를 나타낸다. 관절염 및 관절 통증을 감소시키며 혈압을 조절한다.

석창포

기억력 강화, 치매 예방과 암을 예방하는 이로운 약초

학명 *Acorus gramineus*

과 천남성과의 여러해살이풀

서식장소 산지나 들판의 냇가

개화기 6~7월

분포 한국 중부지방이남, 일본, 중국, 인도
     등지

크기 잎 길이 30~50cm

꽃말 좋은 소식

■ 형태 및 생태

뿌리줄기는 옆으로 뻗으며 마디가 많다. 땅 속
에서는 마디 사이가 길지만 땅 위에 나온 것
은 짧고 녹색이다. 잎은 뿌리줄기에서 뭉쳐나
고 꽃은 양성화로 6~7월에 노란색으로 피며 꽃
줄기에 수상꽃차례를 이룬다. 열매는 삭과이고
달걀 모양이며 종자는 긴 타원 모양이고 아래
부분에는 털이 많다.

■ 이용

한방에서는 뿌리줄기를 약재로 쓴다. 가을에
채취하여 잎과 수염뿌리를 제거하고 햇볕에 말
린다.

■ 복용법

말린 약재를 1회에 1~3g을 물에 달이거나 가루
로 빻아 복용한다. 외용할 때는 달인 물로 환부
를 닦아낸다.

■ 생약명

석창포(石菖蒲), 백창(白菖), 창포(菖蒲), 석상초
(石上草), 경포(莖蒲)

■ 효능

기억력을 강화하고 치매를 예방하며 항암 작용
및 기관지수축, 자궁냉증 개선, 시력 보호 및 탈
모를 예방한다. 물에 달여 마시면 암 세포를 죽
이고 예방할 수 있다.

소나무

기관지천식, 폐결핵, 당뇨, 신경통을 다스리는 이로운 나무

학명 *Pinus densiflora*
과 소나뭇과의 상록침엽 교목
서식장소 산지
개화기 5월
분포 한국, 중국 북동부, 일본
크기 높이 35m
꽃말 정절, 장수

■ 형태 및 생태
나무껍질은 붉은빛을 띤 갈색이지만 밑 부분은 검은 갈색이다. 바늘잎은 2개씩 뭉쳐나고 2년이 지나면 밑 부분의 바늘잎이 떨어지고 새잎이 나온다. 꽃은 5월에 피고 열매는 구과로 달걀 모양이고 다음해 9~10월에 노란빛을 띤 갈색으로 익는다.

■ 이용
잎과 꽃은 약용을 하고 화분은 송홧가루로 다식을 만들며 껍질은 송기떡을 만들어 식용한다. 봄, 가을에 채취하여 햇볕에 말려서 쓴다.

■ 복용법
말린 약재 10g을 물 700㎖를 넣고 달여서 복용한다. 어린 솔잎을 설탕에 재워서 차로 마시거나 술, 식초를 담가 먹는다.

■ 약성
성질은 따뜻하고 독이 없으며 맛은 시다.

■ 생약명
송엽(松葉)

■ 효능
당뇨, 신경통, 골다공증, 고혈압, 생리통, 두통 등을 치료하며 기관지천식, 폐결핵, 간염, 만성 위염 등에 효능이 있다.

369

소리쟁이

황달, 자궁출혈, 변비 등에 이로운 약초

학명 *Rumex crispus* L.
과 마디풀과의 여러해살이풀
서식장소 농촌 주변, 도랑가
개화기 6~8월
분포 한국, 일본, 중국, 타이완
크기 높이 30~80cm
꽃말 친근한 정

형태 및 생태
줄기는 황색뿌리에서 곧게 자라며 녹색 바탕에 자줏빛이 돈다. 잎은 어긋나고 줄기에서 난 잎은 가늘면서 긴 장타원형으로 가장자리가 아주 뚜렷한 주름 모양이다. 꽃은 6~8월에 담녹색으로 돌려나며 원추꽃차례(**고깔꽃차례**)로 달린다. 열매는 수과로 3개의 숙존악에 싸여 있고 날개는 심장형이다.

이용
어린잎을 식용으로 한다. 나물 또는 국거리로 해서 먹는다. 초가을에 채취하여 잎과 줄기, 잔뿌리를 제거하고 햇볕에 말려서 쓴다.

복용법
말린 약재 15~30g을 달여 복용한다. 외용할 때는 짓찧어서 붙이거나 갈아서 즙을 바른다.

생약명
양제(羊蹄), 야대황(野大黃), 독채(禿菜), 우설근(牛舌根)

유사종
참소리쟁이, 수영, 토대황, 호대황

효능
황달, 자궁출혈, 변비 등에 효능이 있으며 이뇨, 지혈, 류머티즘, 음부습진 등의 치료에도 쓴다.

속새

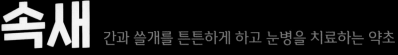

간과 쓸개를 튼튼하게 하고 눈병을 치료하는 약초

학명 *Equisetum hyemale*
과 속새과의 상록 양치식물
서식장소 습한 그늘
개화시기 상록
분포 한국, 일본, 중국, 캄차카, 유럽
크기 높이 30~60cm
꽃말 환호

형태 및 생태
땅속줄기가 옆으로 뻗으면서 모여난다. 가까운 곳에서 여러 개로 갈라져 나오기 때문에 줄기가 모여 나는 것처럼 보인다. 가운데가 비었으며 가지는 없으나 마디가 뚜렷하다. 잎은 퇴화된 비늘 같은 잎이 서로 붙어 마디부분을 완전히 둘러싸서 엽초가 되며 끝이 톱니 모양이고 각 능선과 교대로 달린다.

이용
전초는 약재로 쓰인다. 여름부터 가을 사이에 지상 부를 베어 햇볕에 말린다.

복용법
말린 약재를 1회 2~4g씩 달이거나 가루 내어 복용한다. 탈항과 악성 종기에는 약재를 가루 내어 환부에 뿌린다.

약성
냄새는 없고 맛은 달고 약간 쓰다.

생약명
목적(木賊), 찰초(擦草), 절골초(節骨草)

효능
땀을 나게 하고 간과 담을 보하며 눈을 밝게 하고 지혈작용도 있다.

솔나물

열을 내리고 해독하는 이로운 약초

학명 *Galium verum* var. *asiaticum*

과 꼭두서니과의 여러해살이풀

서식장소 들

개화기 6~8월

분포 한국, 일본, 중국, 유럽, 북아프리카,
　　　북아메리카

크기 높이 70~100cm

꽃말 고귀한 사랑

■ 형태 및 생태

줄기는 곧게 서고 줄기 끝에 가까운 부분에서 가지가 갈라진다. 잎은 돌려나고 줄 모양이며 꽃은 6~8월에 노란색으로 피고 잎겨드랑이와 원줄기 끝에서 원추꽃차례에 달린다. 열매는 골돌과로서 2개씩 달리고 타원형이다.

■ 이용

어린순을 나물로 먹는다. 약간 쓴맛이 나므로 우렸다가 조리를 해야 한다. 전초를 약재로 쓴다.

■ 복용법

말린 약재 8~10g을 달여서 복용한다. 피부염과 종기에는 생것을 짓찧어서 완부에 바른다.

■ 생약명

봉자채(蓬子菜), 황미화(黃米花), 황우미(黃牛尾), 월경초(月經草)

■ 한약명

봉자채(蓬子菜)

■ 효능

열을 내리고 해독하며 피를 순환시키고 소양증을 제거한다. 황달, 인후염, 월경불순, 각종 피부염, 종기의 치료약으로도 쓰인다.

375

쇠뜨기

항암작용, 동맥경화, 간경화, 신장염 등에 이로운 약초

학명 *Equisetum arvense*
과 속새과의 여러해살이풀
서식장소 풀밭
개화기 4~5월
분포 우리나라 전역
크기 높이 30~40cm
꽃말 거짓

■ 형태 및 생태
땅속줄기가 길게 가로로 뻗으면서 번식한다. 가지가 없고 마디에 비늘 같은 연한 갈색잎이 돌려난다. 종자식물과는 달리 씨앗이 없고 대신 포자로 번식한다. 포자에는 각각 4개씩의 탄사가 있어 습도에 따라 신축운동을 하므로 포자를 퍼뜨린다.

■ 이용
생식줄기를 식용한다. 3~4월에 어린순을 뜯어다가 데쳐서 찬물에 우린 다음 조리해 먹는다. 영양줄기는 약재로 쓴다.

■ 복용법
말린 약재 20~30g을 물 2리터에 넣고 달여 복용한다.

■ 생약명
문형(問荊), 절절초(節節草), 누접초, 필두채(筆頭菜)

■ 한약명
문형(問荊)

■ 효능
소변을 잘 나오게 하는 성질이 있으며 몸에 열이 많은 사람에게 좋으며 코피, 토혈, 월경과다 등 지혈약으로 써왔다. 배설을 촉진하는 이뇨제로도 사용하였다. 항암작용, 동맥경화, 간경화, 신장염, 방광염 등에 효능이 있다.

■ 주의
몸이 차거나 맥이 약한 사람은 먹지 말아야 한다.

쇠비름

피를 맑게 하고 장을 깨끗하게 하는 이로운 약초

학명 *Portulaca oleracea* L.
과 쇠비름과 한해살이풀
서식장소 산, 들
개화기 6월~9월
분포 한국
크기 30cm
꽃말 천진난만

형태 및 생태
잎은 마주나거나 어긋나며 긴 타원형에 끝이 둥글다. 꽃은 6월부터 9월까지 황색으로 피며 줄기나 가지 끝에 3~5개씩 모여서 계속 핀다. 열매는 타원형이고 종자는 검은빛이 도는 원형이며 긴 대가 달린 종자가 많이 들어 있다.

이용
생명력이 강하여 뿌리를 뽑아내고 햇볕에 말려도 씨앗을 터뜨린다. 그래서 끓는 물에 소주를 넣고 쇠비름을 살짝 데친 다음 햇볕에 말린다.

복용법
발효액으로 만들어 복용하면 흡수가 빠르다. 설탕과 같은 분량으로 섞어 발효를 시킨 후에 물과 희석해서 마신다.

생약명
마치현, 마현, 마치초(馬齒草), 산현

효능
피가 맑아지고 소화가 잘되며 장을 깨끗하게 하고 근육과 뼈를 튼튼하게 한다.

그렇군요!
1만 6천여 년 전부터 인류가 식용하였던 식물 중에 하나이고 쇠비름을 오행초라고 하는데 다섯 가지의 색깔을 지니고 있어 붙여진 이름이다. 붉은 줄기는 불, 검은 열매는 물, 초록잎은 나무, 햐얀 뿌리는 쇠, 노란 꽃은 흙을 나타낸다.

수국

심장을 강하게 하고 강심 효능, 당뇨를 예방하는 약초

학명 *Hydrangea macrophylla*
과 범의귀과의 낙엽관목
서식장소 산지, 정원
개화기 6~7월
분포 한국, 일본, 중국
크기 꽃지름 10~15cm
꽃말 진심, 변덕, 처녀의 꿈

■ 형태 및 생태

잎은 마주나고 가장자리에는 톱니가 있으며 꽃은 중성화로 6~7월에 피며 산방꽃차례로 달린다. 꽃이 피기 시작한 초기의 수국은 녹색이 약간 들어간 흰 꽃이었다가 점차로 밝은 청색으로 변하여 나중엔 붉은 기운이 도는 자색으로 바뀐다.

■ 이용

뿌리와 잎, 꽃 모두를 함께 약재로 쓴다.

■ 복용법

말린 약재 3~5g에 물을 넣고 달여서 복용하며 가루로 빻아 뿌리와 잎과 꽃을 함께 섞어서 복용하기도 한다.

■ 생약명

수구, 수구화, 용구화, 판선화

■ 효능

가슴이 두근거리거나 심한 열이 날 때는 심장을 강하게 해주는 효능이 있다. 강심 효능을 가졌으며 학질을 다스리는 작용을 한다. 당뇨를 예방하고 증상을 개선하는데 좋다.

수박풀

간을 깨끗하게 하고 소변을 잘 나가게 하는 이로운 약초

학명 *Hibiscus trionum*
과 아욱과의 한해살이풀
서식장소 들, 길가
개화기 7~8월
분포 한국
크기 높이 30~60cm
꽃말 애모, 변화

형태와 생태
전체에 흰색의 거친 털이 있고 줄기는 곧게 서거나 가로 누워 있으며 가지가 갈라진다. 잎은 어긋나고 잎자루가 있으며 3~5개로 깊게 갈라진다. 아랫부분의 잎은 갈라지지 않고 가장자리에 톱니가 있다. 꽃은 7~8월에 연한 노란색으로 피고 잎겨드랑이에서 나오는 작은 꽃자루가 한 개씩 달린다. 이른 아침에 피며 정오 전에 시든다. 열매는 삭과로써 9월에 익는다.

이용
전초를 약용한다.

복용법
말린 약재 15~30g을 달여서 복용한다. 외용할 때는 가루 내어 기름에 갠 다음 환부에 붙인다.

약성
맛은 쓰고 시며 성질은 조금 차다.

생약명
반지련(半支蓮)

다른 이름
조로초(朝露草), 미호인(美好人), 야서과(野西瓜)

효능
강력한 항암 성분이 있다. 간을 깨끗하게 하고 소변을 잘 나가게 하는 효과가 있으며 청열과 습열, 황달, 폐결핵, 만성변비 등의 치료에, 어혈을 풀어주고 콩팥의 염증과 눈을 밝게 해준다.

수선화

열을 내려주고 혈액순환을 촉진하는 이로운 약초

학명 *Narcissus tazetta* var. *chinensis*
과 수선화과의 여러해살이풀
서식장소 화단
개화기 12~3월
분포 한국, 일본, 중국, 지중해
크기 크기 20~40cm
꽃말 자기애, 고결, 신비

형태 및 생태
내한성이 강한 가을심기 구근으로 이른 봄에 개화된다. 비늘줄기는 넓은 달걀 모양이며 껍질은 검은색이다. 잎은 줄 모양이며 뭉쳐나고 끝이 둔하고 녹색 빛을 띤 흰색이다. 꽃은 12~3월에 꽃자루 끝에 5~6개의 꽃이 옆을 향하여 핀다. 열매를 맺지 못하며 비늘줄기로 번식한다.

이용
약재로 이용한다. 봄과 가을에 캐어 뜨거운 물에 담갔다가 햇볕에 말린 후 복용한다. 생즙을 갈아 부스럼을 치료하며 꽃은 향유를 만들어 풍을 없앤다.

복용법
말린 약재 2.5~4.5g을 달이거나 산제로 복용하고 외용을 쓸 때는 비늘줄기를 짓찧어서 곪거나 부스럼이 난 곳에 붙인다.

생약명
수선화(水仙花), 수선근(水仙根)

효능
거담, 백일해 등에 효능이 있다. 열을 내려주고 혈액순환을 촉진하며 월경을 조절하는 효능이 있다. 그래서 생리불순이나 자궁질환에 사용하고 피부염이나 감기증상에도 효과가 있다.

주의
뿌리와 잎에 독성이 있어 복용 시 두통, 복통, 심장계에 부작용 등을 일으킬 수 있으므로 많은 양을 섭취해선 안 된다.

눈을 맑게 하며 해독작용을 하는 이로운 약초

학명 *Pennisetum alopecuroides* (L.)
　　　Spreng.
과 벼과의 여러해살이풀
서식장소 양지바른 길가
개화기 8~9월
분포 한국, 중국
크기 높이 30~80cm
꽃말 가을의 향연

형태 및 생태
뿌리는 근경(根莖)에서 질기고 억센 뿌리가 사방으로 퍼지며 흰 털이 있다. 잎은 편평하고 질기며 중간쯤에서 아래로 늘어진다. 꽃은 8~9월에 흑자색으로 피며 꽃이삭은 똑바로 서며 원주형이다. 열매는 영과이며 억센 털 덕택에 동물 산포한다.

이용
한방에서는 전초를 약용한다. 여름, 가을에 채취하여 햇볕에 말려서 쓴다.

복용법
말린 약재 10~15g을 달여서 복용한다.

약성
맛은 달고 성질은 평하며 독이 없다.

생약명
낭미초(狼尾草)

다른 이름
머리새, 길갱이

유사종
청수크령, 붉은수크령

효능
눈을 맑게 하며 해독의 효능이 있다. 결막염과 폐열로 인한 해수, 창독, 열로 인한 기침, 각혈을 치료한다.

쐐기풀

혈압을 낮추고 이뇨, 당뇨병에 이로운 약초

학명 *Urtica thunbergiana* Siebold et Zucc.
과 쐐기풀과의 여러해살이풀
서식장소 산, 들, 임지
개화기 7~8월
분포 한국, 일본
크기 높이 40~80cm
꽃말 당신은 짓궂어요

▪ 형태 및 생태
몸 전체에 쐐기 모양의 가시털이 있다. 줄기는 한군데에서 여러 대가 나와 곧게 자란다. 잎은 마주나며 가장자리에 결각상의 겹톱니가 있으며 꽃은 일가화로서 7~8월에 피며 엷은 녹색의 이삭꽃차례로 달린다. 열매는 수과로 달걀 모양이고 편평하며 녹색이고 숙존악에 둘러싸여 있다.

▪ 이용
약용한다. 전초를 햇볕에 잘 말려 이용한다.

▪ 복용법
말린 약재 2~5g을 잘 달여서 하루 2회 정도 마신다. 외용할 때는 생것을 짓찧어서 환부에 붙인다.

▪ 생약명
한신초(韓信草)

▪ 한약명
담마(蕁麻)

▪ 유사종
가는잎쐐기풀

▪ 효능
뱀에 물렸을 때, 혈당강하작용, 이뇨, 당뇨병에 효능이 있다. 지상부는 풍습성 관절염 등에 효과가 있다.

▪ 주의
월경주기와 자궁 수축에 영향을 줄 수 있으니 임산부는 사용하지 말아야 한다.

학명 *Artemisia princeps* Pampanini
과 국화과의 여러해살이풀
서식장소 농촌 들녘, 밭두렁, 둑
개화기 7~9월
분포 한국, 일본, 중국
크기 10~20cm
꽃말 평안

■ 형태 및 생태

땅속줄기를 길게 뻗으며 마디에서 줄기가 모여 나고 전체에 거미줄 같은 털이 있다. 잎은 어긋 나며 뒷면에 백색 털이 빽빽하게 나고 꽃은 7~9 월에 담홍자색으로 피며 원추꽃차례(고깔꽃차례) 로 한쪽으로 치우쳐 달린다. 열매는 수과이다.

■ 이용

약용음식으로 이용된다. 3월 초와 5월 초에 채 취하여 햇볕에 말려서 사용한다. 주로 쌀과 섞 어 떡을 많이 해먹는다. 브로콜리와 함께 섭취 하면 무기질을 보강해 주며 검은콩, 당귀, 생강, 국화, 율무 등이 서로 잘 맞아 건강에 이로움 을 준다.

■ 복용법

말린 약재를 물에 우려서 복용하거나 달여 먹 는다.

■ 생약명

애엽(艾葉), 구초(灸草), 황초(黃草), 애호(艾蒿), 애 봉(艾蓬)

■ 효능

성인병을 예방하고 노화를 방지한다. 피를 맑 게 하고 혈액순환을 좋게 하며 살균, 진통 등의 작용에 탁월하다. 냉, 대하, 생리통, 자궁을 따 뜻하게 하여 부인병에도 효과가 있다. 고혈압 과 동맥경화 예방, 면역 기능과 해독작용, 간 기 능 개선을 한다.

■ 그렇군요!

인진쑥은 일반 쑥과는 상당히 다르다. 일반적 으로 먹는 쑥은 1년생 풀이고, 인진쑥은 사철 쑥이라 부른다. 잎사귀는 그 해에 떨어지지만 다음해 같은 줄기에 다시 잎이 난다.

391

쑥부쟁이

기침, 천식, 어깨 결림의 심한 통증을 치료하는 약초

학명 *Aster yomena*
과 국화과의 여러해살이풀
서식장소 습기가 있는 산과 들
개화기 7~10월
분포 한국, 일본, 중국, 시베리아
크기 높이 30~100cm
꽃말 인내

형태 및 생태
뿌리줄기는 옆으로 뻗으며 원줄기는 처음 나올 때 붉은빛이 돌지만 점차 녹색 바탕에 자줏빛을 띤다. 뿌리에 달린 잎은 꽃이 필 때 진다. 잎은 줄기에 달려 어긋나고 피침 모양이며 가장자리에 굵은 톱니가 있다. 꽃은 7~10월에 피는데 설상화는 자줏빛이고 통상화는 노란색이다. 열매는 수과로 달걀 모양이고 10~11월에 익는다.

이용
어린순을 데쳐서 나물로 먹는다. 꽃이 피었을 때 잎과 줄기를 말려 쓴다. 식물 전체를 말려 차로 먹는다.

복용법
말린 약재 20~80g에 감초를 넣고 함께 달여서 하루 3회 공복 시에 복용한다. 외용시 생것을 짓찧어 환부에 바른다.

약성
맛은 쓰고 매우며 성질은 서늘하다.

생약명
산백국

효능
해열제, 이뇨제로 쓰며 기침, 천식 등에 효능이 있다. 어깨 결림에서 오는 심한 통증을 치료한다. 혈압을 내리게 하고 지방을 축적하는 것을 막는 항비만 성분이 풍부하다.

씀바귀

혈당을 조절하고 암을 예방하는 이로운 약초

학명 *Ixeris dentata* NAKAI
과 국화과의 여러해살이풀
서식장소 밭 가장자리, 풀밭
개화기 4~7월
분포 전국
크기 30cm
꽃말 순박함

■ 형태 및 생태

줄기가 바로 서서 자라며 뿌리에서 자라난 잎은 둥글게 배열되어 땅을 덮고 피침 모양으로 생겼으며 가장자리에는 가시와 같은 작은 톱니가 있다. 줄기에서 자라는 잎은 달걀 모양이고 밑동이 줄기를 감싸며 약간의 톱니가 있다. 꽃은 4~7월에 노란색으로 피는데 줄기 끝과 그에 가까운 잎겨드랑이로부터 자란 꽃대에 6~8송이로 핀다. 열매는 수과이다.

■ 이용

이른 봄에 뿌리줄기를 캐어 나물로 먹는다. 전초를 약재로 쓴다. 봄에 채취하여 햇볕에 말려 쓴다.

■ 복용법

말린 약재를 3~4g 물에 달여서 복용한다. 외용 시는 생풀을 찧어 환부에 붙인다. 음낭습진은 약재 달인 물로 환부를 씻는다.

■ 생약명

황과채(黃瓜菜), 활혈초(活血草), 산고매, 소고거, 고채(苦菜),

■ 효능

주요 성분인 이눌린은 천연 인슐린이라 불려 체내의 혈당을 조절하는 효능을 가지고 있다. 또한 시나로사이드 성분이 체내의 활성산소를 없애 암을 예방하는 항산화 효능을 가지고 있다.

아욱/아이비/아주까리/앉은부채/애기똥풀/애기메꽃/애기부들
앵초/양귀비/어리연/억새/얼레지/엉겅퀴/여주/연화바위솔
오리나무/오미자/오이풀/옻나무/왕과/용담/원추리/우단담배풀
유채/으름덩굴/은방울꽃/은행나무/이질풀/이팝나무/익모초/인동덩굴/인삼/잇꽃

학명 *Malva verticillata*
과 아욱과의 두해살이풀
서식장소 습기 있는 밭
개화기 6~7월
분포 한국, 유럽, 아시아 전역
크기 높이 50~70cm
꽃말 자애, 어머니의 사랑

■ 형태 및 생태
줄기는 곧게 서며 잎은 어긋나는데 단풍잎처럼 다섯 갈래로 갈라져 있다. 가장자리에 뭉툭한 톱니가 있다. 꽃은 6~7월에 연분홍색으로 피는데 잎겨드랑이에 모여 달린다. 꽃잎은 5장으로서 끝이 오목 들어간다. 열매는 삭과이다.

■ 이용
된장국, 나물 무침, 쌈밥으로 이용된다.

■ 복용법
뿌리 6~8g에 생강을 조금 넣고 달인 뒤 하루 두 번 나누어 마신다. 생것을 짓찧어 즙을 내 마셔도 된다.

■ 생약명
동규(冬葵)

■ 효능
칼슘이 풍부하여 성장기 아이들 발육에 이롭고 식이섬유가 풍부해 변비 해소에 효과적이다. 비만증, 숙변 제거에 효과적이며 열로 인한 피부발진에 좋고 술을 마신 뒤 숙취해소를 돕고 해독작용을 한다.

■ 주의
유산의 위험이 있어 임산부는 절대로 먹어서는 안 된다.

아이비

공기정화 식물로 미세먼지에 효과가 큰 이로운 약초

학명 *Hedera helix*
과 두릅나뭇과의 상록성 덩굴식물
서식장소 거실, 발코니 창측
개화기 10월
원산지 유럽, 서아시아, 북아프리카
크기 길이 30m
꽃말 분별, 기만

■ 형태 및 생태
가지에서 공기뿌리가 나와 다른 물체에 붙어 자란다. 잎은 혁질이며 광채가 있고 진녹색이다. 꽃은 10월에 녹황색으로 피며 가지 끝에 산형꽃차례가 여러 개 취산상으로 달린다. 열매는 둥글며 다음해 봄에 검은색으로 익는다.

■ 이용
잎, 줄기, 열매, 수지를 습포에 이용한다.

■ 복용법
공기정화 식물로 거실에서 키우며 향을 맡는다. 주방의 일산화탄소를 없애준다.

■ 생약명
낙석등(絡石藤)

■ 효능
신경통, 류머티즘, 좌골통, 심한 기침을 완화시키는 효능이 있다. 그리고 수면에 좋은 식물로도 유명하다. 충분한 수면은 면역력이 강해지고 피부가 좋아지며 기억력을 향상시켜 주는 기능이 있다. 공기정화 식물들 중에서도 휘발성 유기화학 물질을 없애주는데 특출나게 좋다. 인체에 치명적인 포름알데히드를 제거한다. 미세먼지에 특히 효과가 좋다.

401

학명 *Ricinus communis*
과 대극과의 한해살이풀
서식장소 재배
개화기 8~9월
분포 전 세계의 온대지방
크기 높이 약 2m
꽃말 단정한 사랑

형태 및 생태

가지는 갈라지며 줄기는 원기둥 모양이다. 잎은 어긋나며 잎자루가 길고 가장자리에 날카로운 톱니가 있다. 꽃은 암수한그루로서 8~9월에 연한 노란색이나 붉은색으로 피며 총상꽃차례로 원줄기 끝에 달린다. 열매는 삭과로서 3실이고 종자가 한 개씩 들어 있으며 겉에 가시가 있는 것도 있고 없는 것도 있다.

이용

잎을 채취하여 삶아 들기름에 볶아 쌈하거나 주먹밥을 싸서 먹는다. 가을에 열매가 갈색으로 변하고 열매껍질이 벌어지기 시작할 때 나무를 베어 수확한다. 잘 말린 다음 열매를 따고 껍질을 벗긴다.

복용법

환을 만들어 먹거나 생것을 찧거나 볶아서 복용한다. 외용 시에는 생것을 짓찧어 붙인다. 안면신경마비에는 아주까리 껍데기를 벗기고 짓찧어서 진흙같이 하여 환측의 아래턱 관절, 입, 귀에 바르고 가재와 붕대로 고정시키는데 하루 한 번 씩 새것으로 갈아준다.

약성

맛은 달고 매우며 성질은 평하고 독이 있다.

생약명

피마자

효능

종기를 삭이고 독소를 빼내며 변비예방과 청력이 좋지 않은 사람들에게 효과가 있다. 탈모의 진행을 막아준다.

신장암과 신부전, 위장염 등에 이로운 약초

학명 *Symplocarpus renifolius*
과 천남성과의 여러해살이풀.
서식장소 산지의 응달
개화기 3~5월
분포 한국, 일본, 아무르, 우수리, 사할린 등지
크기 길이 30~40cm
꽃말 그냥 내버려두세요

형태 및 생태
뿌리줄기는 짧고 굵으며 끈 모양의 뿌리가 나와 사방으로 퍼지고 줄기는 없다. 잎은 뿌리에서 뭉쳐나고 둥근 심장 모양이며 가장자리가 밋밋하다. 꽃은 양성화로 3~5월에 잎보다 먼저 피고 육수꽃차례를 이루며 빽빽하게 달려 거북의 잔등 같다. 열매는 장과로 모여 달리고 6월에 붉은 색으로 익는다.

이용
어린잎은 삶아서 묵나물로 이용하기도 하지만 뿌리에 강한 독성분이 있어 주의해야 한다. 한방에서는 줄기와 잎을 구토제, 진정제, 이뇨제로 쓴다.

복용법
온포기 또는 뿌리 3~4그램을 1회분 기준으로 달여서 1일 2회 10일 정도 식후에 복용한다.

생약명
취숭(臭菘)

효능
신장암에 좋으며 신부전, 신장염, 위장염 등에도 효과가 있다. 주로 소화기 질환, 악성 피부 종창에 효험이 있다.

그렇군요!
불염포에 싸인 꽃차례의 모습을 가부좌를 틀고 앉아 있는 부처님에 비유한 이름이다. 산지의 그늘진 경사지에서 자라는 여러해살이풀이다. 전체에서 암모니아 냄새가 난다. 유독성 식물이므로 주의해야 한다.

애기똥풀

위장염과 위궤양에 이로운 약초

학명 *Chelidonium majus* var. *asiaticum*
과 양귀비과의 두해살이풀
서식장소 마을 근처의 길가나 풀밭
개화기 5~8월
분포 한국, 일본, 중국 동북부 등지
크기 높이 30~80cm
꽃말 엄마의 사랑과 정성

형태 및 생태
줄기는 가지가 많이 갈라지고 속이 비어 있으며 상처를 내면 귤색의 젖같은 액이 나온다. 뿌리는 곧고 땅속 깊이 들어가며 잎은 마주나고 1~2회 깃꼴로 갈라지며 끝이 둔하고 가장자리에 둔한 톱니와 함께 깊게 패어 들어간 모양이 있다. 꽃은 5~8월에 황색으로 피고 잎겨드랑이에서 나온 가지 끝에 산형꽃차례를 이룬다. 열매는 삭과이다.

이용
꽃과 잎줄기 모두를 약용으로 쓴다.

복용법
1~3g을 달여서 복용하고 피부에 바를 경우엔 적당량을 내어 사용한다.

약성
맛은 맵고 쓰며 성질은 따뜻하다.

생약명
백굴채(白屈菜)

다른 이름
까치다리, 씨아똥

효능
한방에서는 마취와 진정 작용이 있어 위장염과 위궤양 등 복부 통증에 진통제로 쓰고 황달형간염과 결핵, 이질, 결핵, 옴, 버짐 등에 사용한다.

주의
독성이 있어 부작용을 유발할 수 있기 때문에 복용량을 아주 적게 하여야 하고 가급적 전문가가 아니면 복용을 금하는 것이 좋다.

애기메꽃

몸의 열을 없애고 소변이 잘 나오지 않을 때 이로운 약초

학명 *Calystegia hederacea*
과 메꽃과의 덩굴성 여러해살이풀
서식장소 들
개화기 6~8월
분포 한국, 일본, 중국, 인도 등지
크기 잎 길이 4~6cm

형태 및 생태
땅속줄기는 길게 뻗고 흰색이며 순이 나오고 줄기는 다른 물체를 감아 올라간다. 잎은 어긋 나고 잎바닥은 심장모양이며 가장자리가 밋밋 하다. 꽃은 6~8월에 백색에 가까운 담홍색으로 피고 잎겨드랑이에서 나온 꽃자루 끝에 한 개 씩 달린다. 5개의 수술과 1개의 암술이 있지만 열매를 맺지 못한다. 같은 그루의 꽃과는 수정 하지 않고 다른 그루의 꽃과 수정해야 열매를 맺기 때문에 고자화라고도 한다.

이용
어린순을 나물로 먹고 땅속줄기는 삶아서 먹는 다. 6~8월에 채취하여 햇볕에 말리거나 생것을 그대로 사용한다. 한방에서는 식물 전체를 이 뇨제로 쓴다.

복용법
말린 약재 20~30g을 달이거나 즙을 내어 복용 한다.

약성
성질은 차고 맛은 달다.

생약명
면근등(面根藤), 면근초(面根草), 앙자근(秧子根)

효능
몸의 열을 없애며 소변이 잘 나오지 않을 때 치 료하는 효능을 가지고 있다. 강장, 피로회복, 방 광염, 당뇨병, 고혈압 등에 효능이 있다.

애기부들

지혈작용과 혈액순환을 개선시키는 약초

학명 *Typha angustifolia*
과 부들과의 여러해살이풀
서식장소 연못가, 강가, 늪
개화기 6~7월
분포 온대와 열대지역
크기 높이 1.5~2m
꽃말 용기와 순종

▪️형태 및 생태
줄기는 곧게 서고 뿌리줄기는 옆으로 뻗는다. 잎은 줄 모양이고 가장자리가 밋밋하며 꽃은 6~7월에 황백색으로 피고 줄기 윗부분에 원기둥 모양의 육수꽃차례를 이루며 달린다. 화피가 없고 밑 부분에 흰색 털이 있다. 열매이삭은 원기둥 모양이고 붉은빛이 도는 갈색이며 바람에 의해 산포된다.

▪️이용
한방에서는 화분을 포황(蒲黃)이라는 약재로 쓴다.

▪️복용법
지혈효과가 있어 타박상의 상처에 꽃가루를 뿌리면 상처가 빨리 아문다.

▪️생약명
포황(蒲黃), 포화(蒲花), 감포(甘蒲)

▪️다른 이름
향포(香蒲), 포(蒲), 휴(睢), 휴포(睢蒲), 감통(甘痛), 포리화분(蒲厘花粉)

▪️효능
소변이나 코피, 각혈 등 지혈작용을 하며 혈액순환을 개선시켜 산후 어혈로 인한 동통과 생리통에 효과가 있다.

▪️주의
자궁수축 작용이 있어 임산부는 금기한다.

 앵초
기침, 천식, 기관지염 등에 이로운 약초

학명 *Primula sieboldii*
과 앵초과의 여러해살이풀
서식장소 산, 들의 물가, 풀밭의 습지
개화기 4~5월
분포 한국, 일본, 중국 동북부, 시베리아 동부
크기 높이 15~40cm
꽃말 행복의 열쇠, 가련

■ 형태 및 생태
전체에 꼬부라진 털이 많고 뿌리줄기는 짧고 수염뿌리가 달리며 옆으로 비스듬히 선다. 잎은 뿌리에서 뭉쳐나고 잎의 표면에는 주름이 많으며 가장자리에는 둔한 겹톱니가 있다. 꽃은 4~5월에 홍자색으로 피고 꽃줄기 끝에 산형 꽃차례를 이룬다. 열매는 삭과이고 둥글고 원추형이며 익으면 갈라진다.

■ 이용
어린 싹은 나물로 먹는다. 8~9월에 뿌리를 채취하여 햇볕에 잘 말린다.

■ 복용법
말린 약재 8~12g을 달여 복용한다. 종기 등 외용 시에는 생것을 짓찧어서 환부에 붙인다.

■ 생약명
앵초(櫻草), 취란화(翠蘭花)

■ 효능
진해, 거담, 소종 등의 효능이 있으며 기침, 천식, 기관지염, 인후염, 백일해, 종기 등에 사용한다. 소변이 잘 나오지 않을 때에 효과적이다.

양귀비

중추신경 계통에 작용하고 만성장염, 기관지염에 이로운 약초

학명 *Papaver somniferum*
과 양귀비과의 두해살이풀
서식장소 재배
개화기 5~6월
분포 아시아, 지중해
크기 높이 50~150cm
꽃말 위로, 몽상

형태 및 생태
전체가 분처럼 희다. 줄기는 털이 없고 윗부분에서 가지가 갈라지며 잎은 어긋난다. 가장자리에 깊이 패어 들어간 모양의 톱니가 있으며 꽃은 5~6월에 여러 가지 색으로 줄기 끝에 한 개씩 위를 향해 달린다. 열매는 둥근 삭과를 맺는다.

이용
종자에는 아편 성분이 거의 없어 식재료로 활용된다. 4~6월에 과실을 채취하여 종자를 제거한 후 과실 껍질을 햇볕에 말려 사용한다.

복용법
열매껍질을 채취하여 말려 진하게 달여서 복용하거나 환제 또는 산제로 사용한다. 산제는 술에 타서 복용해도 좋다.

생약명
앵속각(罌粟殼)

다른 이름
앵속, 약담배, 아편꽃

효능
중추신경 계통에 작용하여 진통과 진정, 지사 효과를 보이며 복통, 만성장염, 불면, 기관지염에 효능이 있다. 뇌암, 뇌종양, 뇌염에도 효능이 있다.

415

어리연

416

학명 *Nymphoides indica* (L.) Kuntze
과 조름나물과의 여러해살이풀
서식장소 습지나 연못
개화기 8~9월
분포 한국
크기 1m
꽃말 수면의 요정, 청순, 순결

형태 및 생태
원줄기는 가늘며 이때 1~3개의 잎이 자라 물 위에 수평으로 뜨는데 잎자루를 길게 하며 드문드문 자란다. 잎은 비교적 작은 편이며 꽃은 8~9월에 양성화로 백색 바탕에 중심부는 황색으로 피며 잎겨드랑이 사이에서 물 위쪽으로 나와 달린다. 열매는 삭과로 10~11월에 익으며 종자는 타원형으로 갈색이 도는 회백색이다.

이용
어린잎은 데쳐서 나물로 먹고 잎은 갈증을 풀어주고 건위작용을 하는 약재로 쓰인다.

복용법
1회 4~6g을 달여서 복용한다. 외용 시에는 생것을 짓찧어서 환부에 붙이거나 씻는다.

한약명
금은련화(金銀蓮花)

효능
몸의 열을 내리고 소변을 잘 나오게 하며 해독작용을 한다. 변비에도 사용하고 화상이나 종기 치료에도 좋다.

주의
몸이 차거나 맥이 약한 사람, 설사를 자주하는 사람은 많이 먹지 않는 것이 좋다.

억새
백대하증과 호흡기질환에 이로운 약초

학명 *Miscanthus sinensis*
과 벼과의 여러해살이풀
서식장소 습기가 많은 개울, 강가
개화기 9월
분포 한국, 일본, 중국
크기 높이 1~2m
꽃말 친절, 세력, 활력

■ 형태 및 생태
뿌리줄기는 옆으로 뻗으며 뭉쳐난다. 잎은 밑 부분이 원대를 완전히 둘러싸고 가장자리의 톱니가 딱딱해 톱날처럼 작용한다. 꽃은 길이 20~30cm로 9월에 피며 부채꼴 모양이나 산방 꽃차례로 달린다.

■ 이용
뿌리와 줄기를 약재로 쓴다.

■ 복용법
말린 약재 2~5g을 달여서 복용을 한다.

■ 생약명
망경(芒莖), 망근(芒根)

■ 효능
여성의 부인병인 백대하증과 호흡기질환 등을 다스리는데 감기, 대하증, 소변불통, 이뇨, 진해, 해수, 해열에 효능이 있다. 해독작용도 한다.

얼레지

위장염, 설사, 구토 등에 이로운 약초

학명 *Erythronium japonicum*
과 백합과의 여러해살이풀
서식장소 높은 지대
개화기 4~5월
분포 한국, 일본
크기 높이 20~40cm
꽃말 바람난 여인

■ 형태 및 생태
비늘줄기는 피침형으로 땅속 깊이 들어 있고 위에서 두 개의 잎이 나와 수평으로 퍼진다. 잎의 양끝은 뾰족하며 가장자리에는 주름이 약간 잡혀 있으며 꽃줄기는 잎 사이에서 나와 끝에 한 개의 꽃이 아래를 향해 달린다. 열매는 삭과로 7~8월에 익으며 넓은 타원형 또는 구형이며 3개의 능선이 있다.

■ 이용
어린잎은 식용하고 비늘줄기는 약용한다. 봄에 뿌리줄기를 채취하여 햇볕에 말린다.

■ 복용법
말린 약재 4~6g을 물에 달이거나 가루를 내어 복용한다. 화상 부위에는 생알뿌리를 짓찧어서 환부에 붙여준다.

■ 생약명
차전엽(車前葉), 산자고(山慈姑)

■ 다른 이름
가재무릇

■ 효능
위장염을 비롯하여 설사, 구토 등에 효과가 있으며 건위, 지사, 진토의 효능을 가지고 있다.

이뇨작용이 있으며 항암효과, 면역력을 증대하는 이로운 약초

학명 *Cirsium japonicum* var. *maackii*
과 국화과의 여러해살이풀
서식장소 산, 들
개화기 6~8월
분포 한국, 일본, 중국 북동부
크기 높이 50~100cm
꽃말 엄격

◾ 형태 및 생태

전체에 흰 털과 거미줄 같은 털이 있으며 잎은 깃모양으로 깊이 갈라지고 잎자루가 없다. 뿌리 잎은 꽃필 때까지 남아 있고 줄기잎보다 크다. 꽃은 6~8월에 피고 자주색에서 적색으로 피고 가지와 줄기 끝에 두화가 달린다. 열매는 수과로 백색 깃털이 있으며 바람에 의해 산포된다.

◾ 이용

잎은 나물로 식용한다. 뿌리부터 줄기 꽃대까지 모두 약재로 사용한다.

◾ 복용법

말린 약재 30g에 물을 붓고 달여 하루 서너 잔씩 복용한다.

◾ 생약명

대계, 자계, 야홍화(野紅花), 산우방(山牛旁)

◾ 다른 이름

가시나물

◾ 효능

이뇨작용이 있어 몸의 붓기를 빼거나 노폐물 제거에 도움을 준다. 항암효과가 뛰어나며 면역력 증대 효과가 있다. 피를 맑게 해주고 어혈을 제거하며 혈관질환의 예방에도 좋다.

여주

혈당을 낮추어 당뇨에 탁월한 약초

학명 *Momordica charantia* Linnaeus

과 박과

서식장소 재배

개화기 6월

분포 한국, 중국, 인도, 스리랑카 필리핀 등지

꽃말 열정, 정열, 강장

형태 및 생태

잎은 어긋나고 자루가 길어 잎자루가 5~7개로 갈라지며 톱니가 있다. 열매는 1가화로 잎겨드랑이에 달리며 노란색의 꽃이 핀다. 열매는 8월 말경에 수확이 가능하며 열매가 완전히 익으면 오렌지색이 되고 끝이 3개의 봉선으로 터지면서 열리고 안쪽에 적색 종의에 싸인 종자가 많다.

이용

열매를 식용과 약용으로 쓴다. 쓴 열매는 소금물에 담가두면 쓴맛이 제거된다. 야채로 다양하게 조리하여 먹을 수 있다. 잎도 비슷한 용도로 이용한다. 열매를 잘게 썰어 말린 후 약제로 사용한다.

복용법

음식으로 영양소 전부 흡수를 위해서 통째로 먹는 것이 가장 좋은 방법이다. 열매를 말린 후 물에 우려서 차로 마시는 방법도 좋다. 하루 한 번 먹을 때 약 70g정도가 적당하다.

약성

맛은 쓰고 차가운 성질이 있다.

생약명

고과(苦瓜)

효능

위통, 당뇨, 고혈압, 암, 전염병, 열, 관절염 등에 효능이 있으며 특히 여주에 풍부하게 함유되어 있는 식물 인슐린은 우리 몸속의 인슐린과 비슷한 작용을 하는 펩타이드의 일종으로, 간에서 포도당이 연소하는 것을 돕고 당분이 체내에 재합성되는 것을 막아줌으로써 혈당을 낮추는 효과가 뛰어나다.

425

연화바위솔(와송)

강한 항암성분으로 암세포를 파괴하는 이로운 약초

학명 *Orostachys iwarenge* (Makino) H.
　　　Hara
과 돌나물과의 여러해살이풀
서식장소 울릉도, 제주도의 해안가 암벽
개화기 9~11월
분포 한국, 일본
크기 높이 5~20cm
꽃말 근면

■ **형태 및 생태**
뿌리는 굵고 두텁다. 줄기는 곧게 서며 자란다.
잎은 다육질로 어긋나서 달리며 흰빛이 도는
녹색을 띤다. 잎은 긴 주걱 모양이고 끝이 뭉툭
하다. 꽃은 9~11월에 피며 줄기 끝에 흰색으로
달린다. 열매는 대과(袋果)로서 긴 타원형이고
양쪽이 뾰족하다.

■ **이용**
5월 말부터 10월 말까지 채취하여 사용한다. 한
방에서는 본 잎이 자라난 5월부터 약재로 사용
한다. 말린 것은 거의 약효가 없다.

■ **복용법**
하루 15~30g을 달여 복용하거나 알약 형태로
만들어 먹거나 신선한 것을 짓찧어 즙을 내서
먹는다. 요구르트와 함께 믹서에 달아 주스로
마시거나 진하게 우려내 탕액으로 달여 마시
는 방법도 있다.

■ **약성**
맛은 시고 쓰며 성질은 서늘하다.

■ **생약명**
와송(瓦松)

■ **유사종**
바위솔, 둥근바위솔, 난쟁이바위솔, 좀바위솔

■ **효능**
강한 항암성분이 있어 각종 암의 암세포를 파
괴, 인체 DNA의 면역 항체를 증가시켜 암세포
의 전이를 막고 암 예방 및 암수술 후 재발방지
에 효과가 뛰어나다. 간, 위장, 대장이 좋지 않
을 때, 하혈이 심하거나 고혈압, 당뇨, 만성변
비, 복통에도 효능이 있다.

오리나무

간, 신장, 방광에 이로운 약초

학명 *Alnus japonica* (Thunb.) Steudel
과 자작나뭇과의 낙엽활엽교목
서식장소 산기슭, 논둑의 습지 근처
개화기 3~4월
분포 한국, 일본, 타이완, 시베리아
크기 20m
꽃말 위로

형태 및 생태
줄기는 곧게 서서 높이 자라고 어린 가지는 갈색 또는 자갈색으로 매끄럽다. 잎은 어긋나며 긴 타원형이고 가장자리에 가늘고 불규칙한 톱니가 있다. 앞면은 약간 광택이 나고 뒷면 잎줄 겨드랑이에 털이 모여난다. 꽃은 3~4월에 잎이 나기 전에 피며 열매는 각과로 9~10월에 결실하지만 이듬해 봄까지 남는다.

이용
어린잔가지, 어린잎, 껍질, 열매를 채취하여 햇볕에 잘 말린다.

복용법
말린 약재 30g을 물 2리터에 넣고 센 불에 끓이다가 물이 끓으면 불을 줄여 30분간 더 달인 후 하루 세 번, 식후 복용한다. 외상에는 나무껍질을 찧어 바르거나 가루를 내어 붙인다.

생약명
적양(赤楊)

효능
열을 내리고 화를 내리는 효능이 있으며 진해, 거담작용, 천식억제, 강장작용을 하고 간염, 산후에 피를 멎게 하고 만성기관지염, 류머티즘, 폐렴, 방광, 신장, 위장병 등을 치료한다. 항균작용으로 잡균을 없애고 물의 수질을 개선한다.

주의
성질이 서늘하기 때문에 몸이 찬 사람은 먹지 않거나 양을 줄인다.

ㄱ ㄴ ㄷ ㄹ ㅁ ㅂ ㅅ ㅇ ㅈ ㅊ ㅋ ㅌ ㅍ ㅎ

학명 *Schisandra chinensis*
과 오미자과의 낙엽활엽 덩굴나무
서식장소 습기가 적당하고 비옥한 골짜기
개화기 6~7월
분포 한국, 일본, 중국 등지
크기 10m
꽃말 다시 만납시다

■ 형태 및 생태

단맛, 신맛, 쓴맛, 짠맛, 매운맛을 느낄 수 있어 오미자라고 하는 이 식물은 잎은 어긋나고 넓은 타원형 또는 달걀모양이다. 6~7월에 약간 붉은 빛이 도는 황백색 꽃이 피며 열매는 장과로 8~9월이 되면 포도송이처럼 빨간 열매가 알알이 박혀 속에는 씨앗이 한두 개씩 들어 있다.

■ 이용

열매를 속까지 말리기가 어려워 보통 냉장보관을 하여 이용한다.

■ 복용법

말린 열매를 찬물에 담가 붉게 우러난 물에 꿀이나 설탕을 첨가해 음료로 마시거나 화채나 녹말편을 만들어 먹는다. 끓여서 차를 만들거나 술을 담그기도 한다.

■ 생약명

오미자(五味子)

■ 효능

심장을 강하게 하고 혈압을 내리며 면역력을 높여 주어 강장제로 쓴다. 폐의 기능을 강하게 하고 진해, 거담 작용이 있어서 기침이나 갈증 등을 치료한다. 눈을 밝게 해줄 뿐만 아니라 장을 따뜻하게 해준다.

431

학명 *Sanguisorba officinalis*
과 장미과의 여러해살이풀
서식장소 산, 들
개화기 7~9월
분포 한국, 중국, 일본, 캄차카
크기 원대 길이 약 1m
꽃말 존경, 당신을 사모합니다.

형태 및 생태
줄기는 곧게 서고 굵은 뿌리줄기에서 갈라진 뿌리는 뾰족한 원기둥 모양으로 굵어지며 잎은 깃꼴겹잎이며 작은 잎은 긴 타원형으로 가장자리에 톱니가 있다. 꽃은 7~9월에 검붉은 색을 피며 수상꽃차례에 달린다. 열매는 10월에 익으며 사각형이고 꽃받침으로 싸여 있다.

이용
봄에 어린잎을 따서 나물로 먹기도 하고 한방에서 뿌리를 약재로 이용한다. 늦가을 또는 이른 봄에 채취하여 햇볕에 말려 잘게 썬다. 잎과 꽃은 차로 달여 마시기도 한다.

복용법
말린 약재 6~12g에 물 1리터를 붓고 물이 끓기 시작하면 불을 줄여 물이 반으로 줄어들 때까지 달여 하루 3회 식사 후에 한 컵씩 복용한다. 외상출혈이나 습진에는 약재를 빻은 가루를 환부에 뿌린다.

생약명
지유(地楡), 백지유(白地楡), 적지유(赤地楡), 삽지유(澁地楡)

효능
해열, 설사, 이질, 해독, 설사, 월경과다, 대장염 등에 효능이 있다.

433

옻나무

여성의 질병과 피부에 이로운 약초

학명 *Rhus verniciflua* STOKES
과 옻나뭇과의 낙엽활엽교목
서식장소 산 고지 비탈이나 서늘한 숲속
개화기 5월
분포 한국, 중국
크기 7~10m
꽃말 현명

■ 형태 및 생태
가지가 사방으로 벌어져 수평으로 뻗으며 곧게
자란다. 잎은 어긋나며 가을에 노랗다가 붉게
물든다. 꽃은 5월에 연한 녹황색 꽃이 핀다. 열
매는 핵과로 10월에 단단한 핵으로 싸인 씨앗
이 있으며 둥근 열매가 흰빛 도는 노란색으로
윤기 있게 여문다.

■ 이용
어린순을 데쳐서 물에 담가 독성을 우려낸 뒤
나물로 먹는다. 줄기 껍질을 수시로 채취하여
햇볕에 말려서 쓴다. 약간 독성이 있어 사람에
따라 스치기만 해도 심한 알레르기를 일으킨
다.

■ 복용법
닭과 함께 고아 먹는다. 뿌리로 술을 담가 복
용한다.

■ 생약명
칠수(漆樹)

■ 효능
어혈을 제거해 주고 염증을 다스린다. 위장병,
신장 결석, 간질환, 골수염, 관절염, 피부병, 생
리불순과 술로부터 간을 보호하고 간의 해독작
용을 한다. 신장병, 발기부전 등에 좋다.

■ 주의
옻은 부작용이 많아 함부로 먹으면 큰 위험을
가져올 수 있다. 옻닭은 그냥 옻보다 옻을 탈 염
려가 적기는 하나, 알레르기를 갖고 있는 사람
은 치명적인 증상을 겪을 수도 있다. 따라서 옻
에 대해 안전한 것이 검증되지 않은 사람은 옻
닭이나 옻순을 피하는 것이 좋다.

학명 *Thladiantha dubia*
과 박과의 덩굴성 여러해살이풀
서식장소 민가 부근
개화기 8월
분포 한국, 중국

■ 형태 및 생태
줄기는 단면이 네모지고 잎과 함께 털이 빽빽하게 있고 덩굴손이 있다. 뿌리는 덩이뿌리이고 잎은 덩굴속과 마주나며 넓은 달걀 모양의 심장형이다. 가장자리에 톱니가 있으며 잎자루가 있다. 꽃은 8월에 암수딴그루 황색으로 피며 잎겨드랑이에서 나온 꽃줄기에 한 개씩 달린다. 열매는 10월에 익으며 달걀 모양의 긴 타원형이다.

■ 이용
한방에서는 열매와 덩이뿌리를 약재로 쓴다. 가을에 열매와 덩이뿌리를 채취해 쪼개어 말린다.

■ 복용법
위암, 대장암 등 항암 치료 시에는 말린 씨앗과 뿌리를 함께 가루로 내어 0.5~2g을 복용한다. 열매의 씨앗을 살짝 볶아 진하게 달여 구토증, 토혈, 냉대하에 음용하고 부스럼 등에는 생것을 짓찧어 환부에 붙인다.

■ 생약명
왕과꽃

■ 효능
황달, 폐결핵, 전염성간염, 위산과다. 이질 등에 효과가 있으며 간, 신장, 방광에 이롭고 항암작용에 효능이 있다.

학명 *Gentiana scabra*
과 용담과의 여러해살이풀
서식장소 산지의 풀밭
개화기 8~10월
분포 한국, 일본, 중국 동북부, 시베리아 동부
크기 높이 20~60cm
꽃말 슬픈 그대가 좋아

◾ 형태 및 생태
줄기는 겉에 가는 줄이 있으며 굵은 수염뿌리가 사방으로 퍼진다. 잎은 마주나고 자루가 없으며 피침형 모양으로 가장자리가 밋밋하다. 꽃은 8~10월에 자주색으로 피고 잎겨드랑이와 끝에 달린다. 열매는 삭과로 11월에 익으며 익으면 2갈래로 터진다. 종자는 넓은 피침형으로 양 끝에 날개가 있다.

◾ 이용
뿌리를 약용한다. 가을에 굴취하여 흙을 깨끗하게 씻어낸 다음 햇볕에 잘 말린다.

◾ 복용법
말린 약재를 2~3g 물에 넣고 달이거나 곱게 가루로 빻아 복용한다.

◾ 생약명
용담(龍膽), 고담(苦膽), 지담초(地膽草), 담초(膽草), 능유(陵遊)

◾ 효능
뿌리에 쓴맛이 나고 이 쓴맛은 위장 내에 들어가 위액 분비를 촉진시켜서 건위와 소화의 작용을 나타내며 해열, 소염, 담즙이 잘 나오게 한다. 간, 신장, 황달, 방광염, 담낭염, 요도염 등에 효능이 있다.

우단담배풀

기관지염, 천식, 백일해 등에 이로운 약초

440

학명 *Verbascum thapsus* L.
과 현삼과의 두해살이풀
서식장소 길가, 초목지
개화기 6~8월
분포 아시아, 유럽, 북아메리카, 남아메리카
크기 높이 1~2m
꽃말 좋은 추억

■ 형태 및 생태
줄기는 곧바로 올라가고 털우단처럼 밀생하며 잎은 어긋나고 장타원형이며 잎자루가 거의 없다. 꽃은 6~8월에 선황색으로 피며 수상꽃차례로 달린다. 열매는 삭과로 둥글며 털로 덮여 있고 잔존 꽃받침에 싸여 있다.

■ 이용
한방에서는 전초를 약재로 쓴다.

■ 복용법
말린 약재 1~2g을 달여 복용하고 신선한 잎을 짓찧어서 바르기도 한다.

■ 생약명
모예화(毛蘂花)

■ 효능
사포닌 성분이 있어 거담작용과 점액에 의한 진정 효과가 있다. 기관지염, 천식, 백일해 등에 치료효과가 좋고 불면증과 이뇨작용을 하며 류머티즘을 완화시킨다. 관절에 바르는 약으로도 쓴다.

■ 주의
혈압을 떨어뜨리기 때문에 고혈압 약을 복용중인 사람은 주의해야 하고 임신부는 낙태의 위험이 있으므로 먹지 않는 것이 좋다.

여성의 몸을 보하고 황달 등에 이로운 약초

학명 *Hemerocallis fulva*
과 백합과의 여러해살이풀
서식장소 산지
개화기 7~8월
분포 한국, 중국 등지
크기 높이 약 1m
꽃말 기다리는 마음

형태 및 생태
줄기는 없으며 뿌리는 사방으로 퍼지고 원뿔
모양으로 굵어진다. 잎은 뿌리에서 뭉쳐나고
좁고 길다. 2줄로 늘어서고 조금 두꺼우며 흰
빛을 띤 녹색이다. 꽃은 7~8월에 피며 꽃줄기
는 잎 사이에서 나와 자라고 끝에서 가지가 갈
라져 6~8개의 꽃이 총상꽃차례로 달린다. 열매
는 삭과로서 10월에 익는다.

이용
연한 잎을 나물로 이용한다. 뿌리는 한약재로
쓴다. 가을에 굴취하여 햇볕에 말려 쓴다.

복용법
알린 약재를 4~6g씩 물에 넣고 달여서 복용한
다. 생뿌리를 즙내어 복용하여도 좋다.

생약명
원초(湲草), 훤초근(萱草根), 의남(宜男),

다른 이름
넘나물

효능
여성의 몸을 보하고 이뇨, 소종 등에 효능이 있
으며 소변이 잘 나오지 않거나 황달, 월경과다,
월경불순, 대하증 등에 효과가 있다. 비타민이
풍부하고 미네랄 성분이 신진대사를 촉진시켜
체내의 에너지의 향상을 도와 기력을 보충하고
쌓인 피로를 풀어내는데 도움을 준다.

443

학명 *Brassica napus*
과 십자화과의 두해살이풀
서식장소 밭
개화기 3~4월
분포 한국(제주, 남부), 일본, 중국, 유럽 등지
크기 1m
꽃말 쾌활

형태 및 생태
줄기에 달린 잎은 잎자루가 있으며 다소 깃처럼 갈라진다. 잎자루의 가장자리에는 이 모양의 톱니가 있다. 꽃은 3~4월경에 노란색으로 피고 가지 끝에 총상꽃차례로 달린다. 얼매는 끝에 긴 부리가 있는 원주형이며 암갈색의 종자가 나온다. 온난한 기후를 좋아하며 그 적응성이 높으나 늦서리와 강풍에 약하다.

이용
식용 및 약용을 위해 재배되어 이용하고 있으며 벌꿀을 얻기 위한 밀원 식물로도 이용된다.

복용법
약재를 달인 물로 환부를 씻거나 생것을 짓찧어 환부에 바른다.

생약명
운대자

다른 이름
평지

효능
비타민 A와 비타민C가 풍부해 눈의 피로회복에 도움을 주며 신경계를 자극하여 조절함으로써 진정작용을 활발히 한다. 스트레스를 해소하고 예방하며 혈액순환에 좋다. 산후 혈풍 및 어혈, 산혈, 토혈 등에 효과가 있다.

445

으름덩굴

골다공증, 당뇨, 위장병, 심장병에 이로운 약초

학명 *Akebia quinata*
과 으름덩굴과의 낙엽 덩굴식물
서식장소 산, 들
개화기 4~5월
분포 한국, 일본, 중국
크기 길이 약 5m
꽃말 재능

형태 및 생태
가지는 털이 없으며 갈색이다. 잎은 묵은 가지
에서는 무리지어 나고 새 가지에서는 어긋나며
손바닥 모양의 겹잎이다. 가장자리가 밋밋하고
끝이 약간 오목하다. 꽃은 암수한그루로 4~5월
에 자줏빛을 띤 갈색으로 피며 잎겨드랑이에
총상꽃차례로 달린다. 열매는 장과로서 10월에
자줏빛을 띤 갈색으로 익는다. 익으면 검은 씨
앗들이 나온다.

이용
어린잎을 데쳐서 나물로 먹으며 익은 열매를
과실로 먹는다. 한방에서는 뿌리와 줄기를 약
재로 쓴다. 가을에 채취하여 생으로 쓰거나 바
람이 잘 통하는 그늘에 말려서 쓴다.

복용법
말린 약재 10g을 달여서 복용한다.

생약명
목통(木通), 수액

다른 이름
으름

효능
소염, 이뇨, 통경 작용, 골다공증, 당뇨, 위장병,
심장병에 효능이 있다. 여성의 질환과 소화불
량에도 좋다.

447

학명 *Convallaria keiskei*
과 백합과의 여러해살이풀
서식장소 산지
개화기 5~6월
분포 한국, 일본, 중국, 동시베리아
크기 높이 25~35cm
꽃말 순결, 다시 찾은 행복

형태 및 생태
땅속줄기가 옆으로 길게 뻗으면서 군데군데에서 새순이 나오고 수염뿌리가 사방으로 퍼진다. 끝이 뾰족하고 가장자리가 밋밋하며 잎자루가 길다. 꽃은 5~6월에 흰색으로 피며 총상꽃차례에 달린다. 열매는 장과로서 둥글며 7월에 붉게 익는다. 수분이 많고 껍질이 얇다.

이용
어린잎은 나물로 먹는다. 한방에서는 뿌리를 포함한 모든 부분을 약재로 쓴다. 꽃이 피었을 때 채취하여 햇볕에 말린다.

복용법
1회 1~2g을 달여서 먹거나 0.4g을 가루 내어 먹는데 처음에는 그 용량을 더 줄여서 사용해야 한다. 외용제로 사용할 경우에는 달인 물로 씻거나 태워서 재로 만든 다음 재를 갈아 분말로 만들어 개어서 바른다.

생약명
초옥령(草玉鈴), 영란(鈴蘭), 초옥란(草玉蘭)

다른 이름
오월화, 둥구리아싹, 녹령초

효능
강심, 이뇨, 심장쇠약, 타박상, 부종 등에 효능이 있다. 진정작용을 하며 대사에 대한 작용도 한다.

주의
약간의 독성이 있고 성질이 따뜻하기 때문에 급성 심근염이나 심장내막염에 사용해서는 안 된다.

은행나무

위, 폐, 대장에 효험이 있는 이로운 약초

학명 *Ginkgo biloba*
과 은행나뭇과의 낙엽교목
서식장소 온대
개화기 4월
분포 온대지역
크기 높이 20~30m
꽃말 진혼, 장수, 정숙

◾ 형태 및 생태

현재 지구상에 살아있는 가장 오래된 식물중 하나인 이 식물의 나무껍질은 회색이며 두껍고 코르크질이며 균열이 생긴다. 잎은 부채꼴이며 긴 가지에 달리는 잎은 뭉쳐난다. 꽃은 4월에 잎과 함께 2가화로 피며 암나무는 수나무에서 날아온 꽃가루가 있어야만 열매를 맺는다. 열매는 핵과로 공모양처럼 생겼으며 10월에 황색으로 익는다.

◾ 이용

열매는 식용과 약용으로 쓰인다. 과육을 으깨어 씻어낸 후 말린다. 겉껍질이 바삭하게 마르면 겉껍질 벗겨내기를 한다. 은행잎 햇순을 채취하여 잘 말린다.

◾ 복용법

알맹이를 기름에 졸여 10알씩 먹으면 기침에 좋다. 은행잎 햇순을 5~6g씩 달여서 하루 두세 번씩 일주일 정도 마시면 좋고 은행에 은행 양 20배에 달하는 물로 한 시간 정도 달인 물을 마셔도 좋다.

◾ 생약명

은행엽(銀杏葉), 백과엽(白果葉)

◾ 효능

씨는 강장제, 혈액순환, 기침 가래, 탈모증, 위, 폐, 대장에 효과적이며 고혈압, 심장병 만성기관지염 등에도 유효하다. 베타카로틴 성분이 풍부하게 함유되어 있어 암세포를 억제하여 항암효과가 뛰어나고 플라보노이드 성분이 혈액순환을 개선하고 혈관을 강화하여 고혈압과 같은 성인병, 뇌건강, 뼈건강에 좋다.

학명 *Geranium thunbergii*
과 쥐손이풀과의 여러해살이풀
서식장소 산, 들
개화기 6~8월
분포 한국, 일본, 타이완
크기 높이 약 50cm
꽃말 새색시

형태 및 생태
뿌리는 여러 개로 갈라지며 줄기가 나와서 땅에 엎드리거나 비스듬히 자라고 털이 퍼져 난다. 잎은 마주나며 끝이 둔하고 얕게 3개로 갈라지며 윗부분에 불규칙한 톱니가 있다. 꽃은 6~8월에 연한 붉은색, 또는 흰색으로 피며 잎겨드랑이에서 꽃줄기가 나오고 열매는 삭과로 5개로 갈라져 뒤로 말린다.

이용
한방에서는 풀 전체를 약재로 쓴다. 열매가 열리기 직전 전초를 채취하여 햇볕에 말린다.

복용법
말린 약재 3~6g을 물에 달여서 복용한다. 장건강에는 30~50g 정도와 물 1.5리터를 부어주고 푹 달여 하루 서너 번으로 나눠 마시면 효과가 좋다.

생약명
노학초(老鶴草), 노관초(老官草), 현초(玄草)

다른 이름
노관초, 현아초

효능
혈액 순환을 도우며 해독작용을 한다. 풍습으로 인한 통증과 설사, 장염, 이질 등에 효능이 크다.

이팝나무

중풍, 치매에 이로운 나무

454

학명 *Chionanthus retusa*
과 물푸레나뭇과의 낙엽성교목
서식장소 산 골짜기, 습지, 개울가
개화기 5~6월
분포 한국, 일본, 중국, 타이완
크기 높이 약 20m
꽃말 영원한 사랑, 자기 향상

형태 및 생태

줄기가 거무스름하고 어린 나무는 회색빛 도는 갈색을 띤다. 잎은 마주나고 잎자루가 긴 타원형이다. 꽃은 암수딴그루로 5~6월에 백색으로 피는데 새 가지의 끝부분에 원뿔모양으로 모여 달린다. 열매는 타원형의 핵과로 10~11월에 익으며 검은 보라색을 띠고 있다. 겨울에도 가지에 매달려 있다.

이용

어린잎은 말려서 차를 끓여 먹기도 하고 뜨거운 물에 살짝 데쳐서 나물로 이용할 수도 있다. 줄기껍질은 수시로 채취하고 열매는 가을에 채취하여 햇볕에 말려서 쓴다.

복용법

말린 약재 10g을 물 800㎖에 넣고 달여서 복용한다.

생약명

탄율수(炭栗樹)

효능

식물 전체를 지사제, 건위제로 사용하며 꽃은 중풍 치료에 효능이 있다. 중풍, 치매, 가래, 말라리아에 좋다.

그렇군요!

벼농사가 잘되어 쌀밥을 먹게 되는데서 유래했다고 전해지기도 하며 입하(立夏)무렵에 꽃이 피기 때문에 이팝나무라고 불렀다는 설과 나무에 열린 꽃이 쌀밥과 같다고 하여 이팝나무라 불렸다고도 한다.

학명 *Leonurus japonicus* Houtt.
과 꿀풀과의 두해살이풀
서식장소 들
개화기 7~8월
분포 한국, 일본, 중국
크기 높이 약 1m
꽃말 모정

■ 형태 및 생태
가지는 갈라지고 줄기 단면은 둔한 사각형이며 잎은 마주난다. 뿌리에 달린 잎은 달걀 모양 원형이며 둔하게 패어 들어간 흔적이 있고 줄기에 달린 잎은 3개로 갈라진다. 꽃은 7~8월에 홍자색으로 피는데 마디에 층층으로 달린다. 열매는 골돌과로서 9~10월에 익으며 꽃받침 속에 들어 있다.

■ 이용
식물 전체를 말려서 약재로 쓴다. 깨끗이 씻어 햇볕에 잘 말린 뒤 통풍이 잘되는 곳에 두고 이용한다.

■ 복용법
말린 약초 50g을 물 1리터에 넣고 센 불에 끓인 뒤 물이 끓으면 약한 불로 물의 반 정도 줄어들 때 까지 달여서 꿀이나 설탕을 타서 복용한다.

■ 생약명
익모초(益母草), 익명(益明), 충울, 정울(貞蔚), 저마(猪麻)

■ 효능
산후의 지혈과 복통에 사용한다. 혈압을 낮추고 이뇨와 진정, 진통 작용이 있다. 어혈을 풀어주고 혈액순환을 돕는 작용을 하여 여성의 질병에 효과적이다. 암세포에 대한 저항력을 증가시키며 열을 내리고 해독한다.

■ 주의
소화불량, 설사를 자주 하는 사람과 자궁에 흥분작용을 일으켜 자궁을 수축시킬 수 있기 때문에 임산부는 사용하지 말아야 한다. 『동의보감』에 의하면 "성질이 약간 따뜻하면서 맛이 맵고 달며, 독이 없다. 부기를 내려주며 출산 후 여러 병을 잘 낫게 한다."라고 전하고 있다.

457

인동덩굴

위, 폐, 대장에 효험이 있는 약초

ㄱㄴㄷㄹㅁㅂㅅ **ㅇ** ㅈㅊㅋㅌㅍㅎ

학명 *Lonicera japonica*
과 인동과의 반상록 덩굴식물
서식장소 산과 들의 양지바른 곳
개화기 5~6월
분포 한국, 일본, 중국
크기 길이 약 5m
꽃말 사랑의 인연

형태 및 생태

줄기는 오른쪽으로 길게 뻗어 다른 물체를 감으면서 올라간다. 가지는 붉은 갈색이고 속이 비어 있다. 잎은 가지에 마주달리고 가장자리는 밋밋하다. 꽃은 5~6월에 연한 붉은색을 띤 흰색으로 피며 2개씩 잎겨드랑이에 달리고 열매는 장과로서 둥글며 10~11월에 검게 익는다. 겨울에도 가지에 매달려 있다.

이용

꽃과 잎은 식용 또는 약용으로 이용된다. 한방에서는 잎과 줄기를 약재로 쓴다. 가을, 겨울에 채취하여 햇볕에 말려서 쓴다.

복용법

말린 약재 20g을 물을 넣고 달여서 복용한다. 입안에 염증이 생기거나 곪은 상처에 달인 물을 바른다.

약성

성질은 차고 맛은 달다.

생약명

금은화(金銀花)

효능

한방에서는 치질, 임질, 매독, 종기 등에 사용하고 민간에서는 해독작용이 강하고 이뇨와 미용작용이 있어 사용한다. 해열작용과 전염성 간염의 치료에 도움을 주며 위, 폐, 대장에 효능이 있다.

학명 *Panax ginseng* C. A. Meyer
과 두릅나뭇과의 여러해살이풀
서식장소 물 빠짐이 좋은 곳에서 재배
개화기 4월
분포 한국, 만주, 우수리
크기 높이 60cm
꽃말 감사

형태 및 생태
잎은 줄기 끝에 서너 개씩 돌려나고 장상 복엽이다. 4월에 녹황색의 꽃이 피고 열매는 타원형으로 붉게 익는다.

이용
약재로 이용된다. 날것으로 먹어도 되며 가볍게 쪄서 먹을 수도 있다.

복용법
생강즙과 인삼가루에 꿀을 넣고 달여 복용한다. 보통 하루 12g의 생인삼 또는 200~400mg의 추출물로 점차 복용량을 늘려가는 것이 좋다.

약성
맛은 달고 약간 쓰며 성질은 약간 따뜻하다.

한약명
인삼

효능
원기를 보하고 신체허약, 권태, 피로, 식욕부진, 구토, 설사에 쓰이며 폐의 기능을 돕고 강장제로 귀중히 여겨진다. 사포닌 함유가 많아서 심장질환 예방과 장 안에 있는 콜레스테롤과 결합하여 체외 방출을 한다. 한방약의 귀중한 약재로 쓰이는 인삼은 중국의 본초서인 『신농본초경』에도 귀한 상약으로 기록되어 있다.

461

학명 *Carthamus tinctorius*

과 국화과의 두해살이풀

서식장소 재배

개화기 7~8월

분포 한국, 중국, 인도, 남유럽, 북아메리카, 오스트레일리아

크기 높이 약 1m

꽃말 포용력

■ 형태 및 생태

잎은 어긋나고 넓은 피침형이며 톱니 끝이 가시처럼 생긴다. 꽃은 7~8월에 노란색으로 피고 가지 끝에 한 개씩 달리며 가장자리에 가시가 있다. 열매는 수과로서 8월경에 익으며 윤택이 나며 종자는 흰색이다.

■ 이용

한방에서는 꽃을 따서 말린 것을 홍화라 하여 부인병, 통경, 복통에 쓴다. 7월 상순에 꽃잎만 채취하여 바람이 잘 통하고 햇볕이 좋은 곳에서 3~4일 정도 말린다.

■ 복용법

말린 약재 3~5g을 달여 복용한다. 차로 마실 경우 말린 꽃잎을 더운물에 넣어 우려낸 다음 마신다.

■ 생약명

홍화(紅花), 홍화자(紅花子)

■ 다른 이름

홍람(紅藍), 홍화(紅花), 이꽃, 잇나물

■ 효능

리놀산이 많이 들어 있어 콜레스테롤 과다에 의한 동맥경화증의 예방과 치료에 좋다. 진통, 항균, 염증, 구염, 월경촉진 등에 효능이 있으며 염좌, 피부질환에 외용을 하면 좋다.

ㅈ

자귀나무

중풍, 고혈압, 관절염, 신경통에 효험이 있는 약초

학명 *Albizia julibrissin* Durazz.
과 콩과의 낙엽소교목
서식장소 산, 들
개화기 6~7월
분포 한국, 일본, 이란, 남아시아
크기 높이 3~5m
꽃말 환희

형태 및 생태

줄기는 굽거나 약간 드러눕는다. 잎은 어긋나고 2회깃꼴겹잎이고 가장자리가 밋밋하다. 꽃은 6~7월에 가지 끝에서 연분홍색으로 피며 작은 가지 끝에 15~20개씩 산형(傘形)으로 달린다. 열매는 협과로 9월 말에서 10월 초에 익으며 5~6개의 종자가 들어 있다.

이용

한방에서는 나무껍질을 신경쇠약, 불면증에 약용한다. 줄기껍질은 여름, 가을에 채취하고 씨앗은 가을에 채취하여 햇볕에 말려서 쓴다.

복용법

폐렴에 말린 약재 9g을 물에 넣고 달여서 복용한다.

약성

맛은 달고 성질은 평하다.

생약명

합환화(合歡花)

효능

중풍, 고혈압, 관절염, 신경통에 효능이 있다. 정신을 안정시키고 혈액 순환을 촉진시키며 부기를 가라앉히고 통증을 멎게 하며 근육과 뼈를 이어준다.

자란

항균과 십이지장궤양에 이로운 약초

학명 *Bletilla striata*
과 난초과의 여러해살이풀
서식장소 양지
개화기 5~6월
분포 한국(전남), 일본, 중국, 티베트 동부
크기 높이 40cm
꽃말 서로 잊지 말자

■ 형태 및 생태
육질이며 속은 흰색이다. 줄기는 줄어들어 둥근 알뿌리로 되고 여기에서 5~6개의 잎이 서로 감싸면서 줄기처럼 된다. 잎은 타원형으로 끝이 뾰족하고 아랫부분이 좁아져 잎집처럼 되고 세로 주름이 많다. 꽃은 5~6월에 홍자색으로 피고 꽃줄기 끝에 6~7개가 총상꽃차례로 달린다.

■ 이용
가을철에 덩이뿌리를 채취하여 수염뿌리를 제거하고 깨끗이 씻은 후 햇볕에 말린다.

■ 복용법
내복에는 주로 분말을 사용한다. 독이 없어 궤양 출혈에 상시 복용해도 괜찮다.

■ 생약명
백급, 백근(白根), 자혜근(紫蕙根)

■ 다른 이름
주란, 백급, 대암풀

■ 효능
지혈제, 수렴제, 상처와 위궤양 등에 사용한다. 가슴앓이, 기침과 호흡곤란 치료에 효능이 있다. 땅속줄기는 객혈이나 부기의 치료에 좋다. 항균작용을 하며 십이지장궤양의 출혈을 멎게 하는데 효능이 있다.

ㄱㄴㄷㄹㅁㅂㅅㅇ **ㅈ** ㅊㅋㅌㅍㅎ

469

자운영
폐, 신장질환에 이로운 약초

학명 *Astragalus sinicus*
과 콩과의 두해살이풀
서식장소 논, 밭, 풀밭
개화기 4~5월
분포 전국 각지
크기 높이 10~25cm
꽃말 관대한 사랑

■ 형태 및 생태

가지가 아래서 많이 갈라져 옆으로 자라다 곧게 서며 줄기는 사각형이다. 잎은 1회깃꼴겹잎이고 끝이 둥글거나 파진다. 꽃은 4~5월에 홍자색으로 피고 산형으로 달리며 열매는 삭과로 6월에 익는다. 종자가 3~5개 들어 있고 납작하며 노란색이다.

■ 이용

어린순을 나물로 먹으며 풀 전체를 약재로 이용한다. 이른 봄에 연한 싹을 채취하여 햇볕에 말리거나 생풀을 쓴다.

■ 복용법

잘게 썰어서 즙을 내어 마시는데 하루 3~5회 복용한다. 또한 말린 약재 40g을 달여서 내복하기도 한다. 종기에는 생것을 찧어서 환부에 붙인다.

■ 생약명

연화초(蓮花草), 홍화채(紅花菜), 쇄미제(碎米濟), 야화생, 야완두

■ 효능

해열, 해독, 이뇨, 종기에 효과가 있으며 눈을 밝게 하고 혈액순환을 잘 되게 하고 간의 열을 내린다. 폐, 신장질환에 효능이 있다.

자작나무

위, 폐, 대장에 효험이 있는 약초

학명 *Betula platyphylla* var. *japonica*
과 자작나뭇과의 낙엽교목
서식장소 깊은 산속 양지바른 곳
개화기 4~5월
분포 한국(중부 이북), 일본
크기 높이 20~30m
꽃말 당신을 기다립니다.

형태 및 생태
나무껍질은 흰색이며 옆으로 얇게 벗겨지고 작은가지는 자줏빛을 띤 갈색이며 잎은 서로 어긋나고 삼각형 달걀 모양이며 가장자리에 불규칙한 톱니가 있다. 꽃은 4~5월에 암수한그루로 피고 암꽃은 위를 향하며 수꽃은 이삭처럼 아래로 늘어진다. 열매는 9월에 익고 아래로 처져 매달린다. 열매가 익으면 날개 달린 종자가 산포된다.

이용
껍질을 약재로 쓴다. 껍질을 채취하여 햇볕에 말린다.

복용법
말린 약재 5~8g을 물에 달여서 하루 3번 복용한다. 류머티즘 통풍, 피부염 등에는 달인 물을 뜨겁게 데워 환부에 찜질한다.

생약명
백화피(白樺皮), 화목피(樺木皮), 화피(樺皮)

다른 이름
붓나무

효능
위, 폐, 대장, 해열, 해독, 이뇨, 진통의 효능을 가지고 있으며 폐렴, 기관지염, 편도선염, 방광염, 요도염 등에도 효과가 있다. 류머티즘과 통풍, 피부병의 치료약으로도 효과가 있다.

자주꽃방망이

학명 *Campanula glomerata* var. *dahurica*
과 초롱꽃과의 여러해살이풀
서식장소 산지 풀밭
개화기 7~8월
분포 한국, 일본, 중국 등지
크기 높이 40~100cm
꽃말 천사, 기도

형태 및 생태
전체에 잔털이 빽빽하고 줄기는 곧게 선다. 뿌리에 달린 잎은 달걀모양 피침형이고 잎자루가 길다. 줄기에 달린 잎은 어긋하고 넓은 피침형이거나 좁은 달걀 모양이며 가장자리에 불규칙한 톱니가 있다. 꽃은 7~8월에 자줏빛으로 피는데 줄기 끝과 위쪽 잎겨드랑이에 위를 향해 두상꽃차례로 달린다. 열매는 삭과로서 10월에 익는다.

이용
잎은 나물로 먹는다. 물에 담가 약간의 쓴맛과 떫은맛을 우려내 조리한다. 한방에서는 뿌리를 천식과 인후염에 쓴다. 7~8월 꽃이 필 무렵 전초를 채취하여 그늘에 말렸다가 쓴다.

복용법
말린 약재 6~10g을 적당량의 물에 달여서 복용한다.

약성
맛은 쓰고 떫으며 성질은 서늘하다.

생약명
취화풍령초

다른 이름
취화풍령초, 등롱화, 꽃방망이

효능
열을 내리고 통증을 완화시키며 동맥경화증, 위통, 변비, 월경과다, 인후염에 효과가 있다.

작살나무

자궁출혈, 신장염, 항염효과가 있는 이로운 나무

ㄱㄴㄷㄹㅁㅂㅅㅇ**ㅈ**ㅊㅋㅌㅍㅎ

학명 *Callicarpa japonica* Thunberg
과 마편초과의 낙엽관목
서식장소 산, 들
개화기 7~8월
분포 한국, 일본, 중국
크기 높이 2~4m
꽃말 총명

■ 형태 및 생태
가지가 원줄기를 가운데 두고 양쪽으로 두 개
씩 정확하게 마주보고 갈라져 있어 작살 모양
으로 보인다. 잎은 마주나고 가장자리에는 잔
톱니가 있다. 꽃은 8월에 밝은 보라색으로 피
며 취산꽃차례에 달린다. 열매는 핵과로 둥글
고 10월에 자주색으로 익는다. 겨울에도 가지
에 달려 있다.

■ 이용
줄기와 뿌리를 수시로 채취하여 햇볕에 말려
서 쓴다.

■ 복용법
말린 약재 15g을 물에 넣고 달여서 복용한다.

■ 생약명
자주(紫珠)

■ 효능
자궁출혈, 혈변, 신장염, 산후 오한에 효과가 있
으며 장출혈과 호흡기질환, 항염효과가 있다.

■ 주의
독성을 가지고 있어 함부로 사용하면 안 된다.

학명 *Paeonia lactiflora*
과 미나리아재비과의 여러해살이풀
서식장소 산지
개화기 5~6월
분포 한국, 일본, 중국, 몽골, 동시베리아
크기 높이 약 60cm
꽃말 수줍음

■ 형태 및 생태
줄기는 여러 개가 한 포기에서 나와 곧게 서고 양끝이 긴 뾰족한 원기둥 모양으로 굵다. 잎은 어긋나며 잎 표면에 윤택이 나고 가장자리는 밋밋하다. 꽃은 5~6월에 줄기 끝에 한 개가 피는데 꽃잎은 10개 정도이고 달걀을 거꾸로 세운 듯한 모양이다. 열매는 달걀 모양으로 끝이 갈고리 모양으로 굽으며 내봉선을 따라 갈라진다. 종자는 구형이다.

■ 이용
한방에서는 뿌리를 약재로 쓴다.

■ 복용법
말린 약재 3~5g을 감초와 함께 같은 분량으로 하여 물 1리터에 넣고 달인 뒤에 복용한다.

■ 약성
차고 맛은 시고 쓰다.

■ 생약명
작약

■ 다른 이름
함박꽃

■ 효능
위장염과 위장의 경련성동통에 진통효과를 보이고 설사, 복통, 이질 등에 효능이 있다. 월경 불순과 만성간염, 간장 부위의 동통에도 효과가 있다.

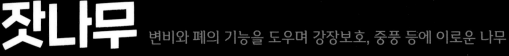

잣나무

변비와 폐의 기능을 도우며 강장보호, 중풍 등에 이로운 나무

학명 *Pinus koraiensis*
과 소나뭇과의 상록교목
서식장소 해발고도 1,000m 이상의 지역
개화기 5월
분포 한국, 일본, 중국 북동부, 우수리
크기 높이 30~40m
꽃말 만족

◼ 형태 및 생태
나무껍질은 잿빛을 띤 갈색이며 얇은 조각이 떨어진다. 잎은 짧은 가지 끝에 5개씩 뭉쳐나고 바늘 모양이다. 가장자리에 잔 톱니가 있다. 꽃은 단성화로 5월에 피고 수꽃이삭은 새 가지 아래에 달리고 암꽃이삭은 새 가지 끝에 달린다. 열매는 구과로 긴 달걀 모양이며 솔방울보다 크다. 10월에 익는다.

◼ 이용
식용 또는 약용으로 한다. 약으로 쓸 때는 탕으로 하거나 죽을 쑤어 먹고 잣송이는 생으로 술을 담근다. 익은 씨앗은 가을에 수확하여 껍질을 벗기고 햇볕에 말려 견과 종류로 생으로 먹거나 잣죽, 고명 등 각종 요리로 사용된다.

◼ 복용법
소화가 잘 돼서 병후 회복 음식으로 죽을 쑤어 먹는다.

◼ 생약명
해송자(海松子)

◼ 효능
변비를 다스리며 가래기침에 효과가 있고 폐의 기능을 돕는다. 허약체질에 좋으며 피부에 윤기와 탄력을 주는 효과가 있다. 강장보호, 고혈압, 관절통, 기관지염, 빈혈증, 중풍, 이뇨 등에 효능이 있다.

전나무

여성의 질병과 피부에 이로운 약초

학명 *Abies holophylla*
과 소나뭇과의 상록교목
서식장소 숲속 음지
개화기 4월 하순
분포 한국, 유럽
크기 높이 30~40m
꽃말 장엄

 형태 및 생태
나무껍질은 잿빛이 도는 흑갈색이다. 햇가지는 노란빛이 도는 갈색을 띠며 익으면 회갈색이 된다. 잎은 나선상 배열로 줄 모양이고 어긋난다. 짙은 녹색을 띠며 겨울에도 푸르다. 꽃은 4월 하순경에 황록색으로 피며 꽃줄기가 있다. 열매는 원통 모양의 구과로 10월 상순에 익는다. 종자는 달걀 모양의 삼각형이다.

이용
가을에서 겨울에 원통형 솔방울을 채취하여 생으로 쓴다.

복용법
설사, 위장병, 잇몸병 등에는 10g 정도를 물에 넣고 달여서 복용한다. 관절통에는 달인 물로 찜질한다. 담금주를 만들어 3개월 정도 지나면 소주잔으로 한잔씩 마신다.

생약명
종목(樅木)

효능
위장병, 설사, 자궁출혈, 냉증, 잇몸병, 관절통 등에 효능이 있다.

학명 *Anthriscus sylvestris*
과 미나리과의 여러해살이풀
서식장소 습기가 약간 있는 곳
개화기 5~6월
분포 한국, 일본, 시베리아, 유럽
크기 높이 약 1m

■ 형태 및 생태

굵은 뿌리에서 줄기가 나와 가지가 갈라진다. 줄기에서 나온 잎은 어긋나고 뿌리에서 나온 잎과 비슷하지만 점점 작아져 잎집만으로 된다. 꽃은 5~6월에 흰색으로 피며 산형꽃차례에 달린다. 열매는 골돌과로서 7~8월에 익으며 피침형이고 검은색으로 돌기가 약간 있다.

■ 이용

뿌리는 약용한다. 봄에서 가을 사이에 채취하여 줄기와 잔뿌리를 없애고 깨끗하게 씻은 다음 햇볕에 말린다.

■ 복용법

말린 약재 5~12g을 물에 달여 복용한다.

■ 약성

성질은 약간 차고 독성이 없으며 맛은 쓰고 맵다.

■ 생약명

아삼(蛾蔘)

■ 효능

폐에 작용하여 가래를 삭이고 기침을 멈추게 한다. 특히 해소, 천식에 탁월한 효능을 나타낸다.

■ 주의

환자의 기운이 지나치게 떨어져 있거나 가슴에 열이 쌓여서 번민증상이 있을 때는 복용을 삼가야 한다.

ㄱㄴㄷㄹㅁㅂㅅㅇ ㅈ ㅊㅋㅌㅍㅎ

485

학명 *Echinops setifer* Iljin
과 국화과의 여러해살이풀
서식장소 양지쪽 풀밭
개화기 7~8월
분포 한국, 일본
크기 높이 약 1m
꽃말 경계

형태 및 생태
가지가 약간 갈라지며 전체에 흰색이 돈다. 뿌리에서 나온 잎자루가 길고 가장자리는 갈라지며 가시가 있다. 꽃은 7~8월에 남자색으로 피고 원줄기 끝과 가지 끝에 달린다. 열매는 수과로서 털이 빽빽하게 나고 관모는 비늘조각처럼 생긴다.

이용
어린잎은 식용하고 뿌리는 말려서 약재로 사용한다. 가을에 줄기와 수염뿌리를 없애고 깨끗이 씻어 햇볕에 말린다.

복용법
달여서 복용하거나 산제로 사용하며 술을 담가 복용하기도 한다.

생약명
누로(漏蘆)

다른 이름
개수리취, 절구대, 둥둥방망이, 절구때, 야란(野蘭)

효능
중풍, 고혈압과 소염, 진통, 해열, 지혈작용이 있으며 열을 내리게 하고 피를 잘 돌게 하는 효능이 있고 산모가 젖이 안 나올 때 이용했다. 관절염, 신경통, 각혈, 간경변증, 간염, 임파선염, 지방간, 황달 등에도 효능이 있다.

학명 *Cerastium holosteoides*
과 석죽과의 두해살이풀
서식장소 밭, 들녘, 논둑
개화기 5~7월
분포 한국, 일본, 중국
크기 높이 15~25cm
꽃말 순진

■ 형태 및 생태
식물 전체에 짧은 털이 있고 가지가 갈라져 비스듬하게 자라고 검은 자줏빛이 돌며 윗부분에 선모가 있다. 잎은 마주나고 달걀 모양 또는 달걀 모양 피침형이며 가장자리가 밋밋하다. 꽃은 5~7월에 흰색으로 피고 취산꽃차례에 달린다. 열매는 삭과로 노란빛을 띤 갈색이고 종자는 작은 돌기가 있다.

■ 이용
어린순을 나물로 먹는다. 한방에서는 전초를 약재로 쓴다.

■ 복용법
말린 약재를 1회 5~10g을 달여서 복용하거나 외용제로 생것을 짓찧어 환부에 붙인다.

■ 약성
맛이 쓰고 성질이 약간 차다.

■ 다른 이름
지갑채(指甲菜), 권이(卷耳), 이채(耳菜), 파파(婆婆)

■ 효능
열을 내려주고 부기를 가라앉히는 효능이 있어서 감기, 유선염, 피부염, 종기 등에 사용한다.

■ 주의
몸이 찬 사람이나 맥이 약한 사람은 복용하지 않는 것이 좋다.

접란

가래를 삭이고 부기를 가라앉히는 이로운 약초

학명 *Chlorophytum comosum*
과 백합과의 상록 여러해살이풀
서식지 재배
개화기 4~5월
분포 열대지방
크기 높이 약 15cm
꽃말 행복이 날아온다.

■ 형태 및 생태
뿌리에서 나온 잎과 아래로 처지는 긴 덩굴 끝에 새싹이 돋아서 새 포기로 자란다. 꽃은 꽃줄기가 잎 사이에서 자라 흰색 꽃이 총상차례로 달린다. 화피갈래조각과 수술은 6개씩이고 암술은 1개이다.

■ 이용
잎을 채취하여 햇볕에 잘 말린다.

■ 복용법
말린 잎을 기준으로 1회 3~5g을 달여 복용하거나 외용할 때는 신선한 잎을 짓찧어서 환부에 바르거나 붙인다.

■ 다른 이름
줄모초, 거미죽란, 덤불난초

■ 효능
가래를 삭이고 부기를 가라앉히며 혈액순환을 촉진한다. 그래서 기관지염이나 기침, 골절, 화상, 피부염 등에 사용한다. 실내공기 정화식물로서 새집으로 이사 갈 때 흔히 날 수 있는 페인트 냄새를 줄여준다.

■ 주의
성질이 차서 몸이 찬 사람은 많이 먹지 않는 것이 좋고 일부 환자들은 알레르기 반응을 보이기도 하므로 접촉할 때 주의해야 한다.

접시꽃

여성의 질병과 피부에 이로운 약초

학명 *Althaea rosea*
과 아욱과의 여러해살이풀
서식장소 민가에서 재배
개화기 6~9월
원산지 북반구 온대
크기 높이 2m
꽃말 단순, 편안

■ 형태 및 생태

첫해에 뿌리와 잎을 성장시킨다. 이듬해 줄기를 키워 꽃을 피운다. 줄기를 곧게 뻗으며 단단하다. 잎사귀 사이에서 꽃을 피우고 열매를 맺는다. 꽃은 6~9월경 잎겨드랑이에서 짧은 자루가 있는 꽃이 아래쪽에서 피어 위로 올라간다. 열매는 접시 모양의 삭과로 씨앗이 여물면 마르고 갈라지고 떨어진다.

■ 이용

잎과 뿌리, 줄기와 꽃 모두를 약용한다. 여름과 가을에 채취하여 햇볕에 잘 말린다.

■ 복용법

말린 약재 5~8g을 물에 넣고 충분히 달인 뒤 하루 4회 정도 복용한다.

■ 약성

맛은 달고 성질은 차다.

■ 생약명

촉규(蜀葵), 촉규근(蜀葵根), 촉규자(蜀葵子), 촉규화(蜀葵花)

■ 효능

여성의 질환에 도움을 주고 변비, 요도염, 맹장염, 방광염, 피부염, 악성종기 등에 효능이 있다. 열을 내리고 혈액이 고르게 퍼지게 해 대하로 인한 복부통증이 있거나 생리불순에 효과가 좋다.

■ 주의

임신부의 복용을 금한다.

제비꽃

황달과 간염, 위암을 억제하는 이로운 약초

학명 *Viola mandshurica*
과 제비꽃과의 여러해살이풀
서식장소 들
개화기 4~5월
분포 한국, 일본, 중국, 시베리아 동부
크기 높이 약 10cm
꽃말 순진한 사랑, 나를 생각해 주오

▪️형태 및 생태
원줄기가 없고 뿌리에서 긴 자루가 있는 잎이 자라 옆으로 비스듬하게 퍼진다. 잎은 뿌리에서 뭉쳐나고 긴 타원형 피침형이며 끝이 둔하고 가장자리에 둔한 톱니가 있다. 꽃은 4~5월에 잎 사이에서 꽃줄기가 자라 한 개씩 옆을 향해 달린다. 꽃빛깔은 짙은 붉은빛을 띤 자주색이고 열매는 삭과로서 6월에 익는다.

▪️이용
어린순은 나물로 먹는다. 샐러드나 데친 나물로 먹기도 한다. 열매가 성숙하면 뿌리째 뽑아 깨끗하게 씻은 후 햇볕에 말려 약재로 사용한다. 잘 말려 차로 마셔도 좋다.

▪️복용법
말린 약재 5g을 물 1리터에 달여 하루 세 번 식후에 마신다.

▪️약성
성질이 차가우며 맛은 쓰고 매운맛이 나며 독은 없다.

▪️생약명
전두초(箭頭草), 근근채(菫菫菜), 지정(地丁), 지정초(地丁草), 자화지정(紫花地丁),

▪️다른 이름
장수꽃, 오랑캐꽃, 앉은뱅이꽃, 병아리꽃

▪️효능
이뇨, 해독, 소염, 소종 등의 효능이 있으며 황달과 간염, 수종, 전립선염과 방광염에도 좋은 효과가 있다. 이 꽃에 함유된 성분 플라보노이드는 위암을 억제하고 암세포 발육을 억제해 다른 암들을 예방해 준다. 또한 악성 종양을 치료하고 뇌질환을 예방한다.

495

조름나물

학명 *Menyanthes trifoliata*

과 용담과의 여러해살이풀

서식장소 연못, 늪

개화기 7~8월

분포 한국, 북구의 한대

크기 20~30cm

꽃말 수면의 요정, 평정, 고요함

■ 형태 및 생태

뿌리줄기가 굵은데 옆으로 뻗으면서 끝에서 잎자루가 긴 세 장의 작은 잎이 5~6개씩 나온다. 가장자리에 둔한 톱니가 있거나 밋밋하다. 꽃은 7~8월에 흰색으로 피고 총상꽃차례로 달린다. 열매는 삭과로 긴 암술대가 있는 포기에 달린다.

■ 이용

한방에서는 전초를 수채(睡菜), 뿌리줄기(根莖)는 수채근(睡菜根)이라 하여 약용한다. 여름부터 가을에 걸쳐 채취하여 햇볕에 말린다.

■ 복용법

말린 약재 10~15g을 달여서 복용한다.

■ 약성

맛은 달고 성질은 차다.

■ 생약명

수채엽(睡菜葉)

■ 효능

위장을 튼튼하게 하고 신경을 안정시킨다. 위염, 위통, 소화불량, 정신불안증을 치료한다.

조밥나물

청열해독과 이질, 이뇨에 이로운 약초

학명 *Hieracium umbellatum*
과 국화과의 여러해살이풀
서식장소 산지의 습기 있는 곳
개화기 7~10월
분포 한국, 일본, 중국, 유럽 등지
크기 30~100cm
꽃말 노련하다

■ 형태 및 생태
줄기는 곧게 서며 위에서 약간 갈라지고 줄기 잎은 어긋나고 꽃이 필 때 아랫부분의 잎이 마르며 가장자리에 뾰족한 톱니가 있다. 꽃은 7~10월에 노란색으로 피며 두화는 가지 끝에 산방상으로 달린다. 열매는 수과로 10~11월에 검은색으로 익으며 10개의 능선이 있다.

■ 이용
어린순을 나물로 먹거나 된장국을 끓여 먹는다. 풀 전체와 뿌리를 약재로 사용한다.

■ 복용법
말린 약재를 1회 2~4g을 달여서 복용한다. 피부질환에 외용제로 사용할 때는 진하게 달인 물로 씻거나 생것을 짓찧어서 환부에 붙인다.

■ 생약명
산류국(山柳菊)

■ 다른 이름
조팝나물, 버들나물

■ 효능
청열해독과 거담, 건위, 이뇨, 이질, 요로감염증, 복통 등에 효과가 있다.

■ 그렇군요!
최근 유럽에서는 조밥나물 추출물로 컨디셔너를 만들 정도로 모발의 보습과 영양보충에 효과도 있다.

499

조뱅이

지혈과 황달에 이로운 약초

학명 *Breea segeta*
과 국화과의 두해살이풀
서식장소 밭 가장자리, 빈터
개화기 5~8월
분포 한국, 일본, 중국
크기 높이 25~50cm
꽃말 날 두고 가지 말아요

형태와 생태
뿌리줄기가 옆으로 뻗으면서 군데군데에서 순이 나와 자라고 줄기는 어긋나고 잎은 비교적 좁은 간격으로 서로 어긋나게 자리하며 잎 가장자리에 잔 톱니와 더불어 가시 같은 털이 있다. 꽃은 5~8월에 홍자색으로 가지 끝에 하나씩 피고 줄기나 가지 끝에 달린다. 열매는 9~10월에 수과로 익는다.

이용
어린순을 나물로 먹는다. 베타카로틴이 풍부하여 참기름과 함께 먹으면 흡수를 돕는다. 뿌리를 포함한 모든 부분을 약재로 쓴다. 생육기간에는 어느 때고 채취할 수 있으며 햇볕에 잘 말린다. 생풀을 쓰기도 한다.

복용법
말린 약재를 5~8g 정도에 물을 붓고 달여서 복용한다. 가루로 빻아서 복용하기도 하고 외용할 때는 생것을 짓찧어서 환부에 붙인다.

생약명
소계, 자계, 자계채, 자각채

효능
지혈의 효능이 있어 혈뇨, 토혈, 혈변에 사용한다. 황달과 급성간염 증세에도 효능이 있고 종기와 외상으로 인한 출혈에도 쓴다.

좀개구리밥

청열해독, 아토피 등에 이로운 약초

학명 *Lemna paucicostata*
과 개구리밥과의 여러해살이풀
서식장소 물 위
개화기 8월
분포 전 세계 열대에서 온대
크기 3~5mm

◾ 형태 및 생태

물위에 떠서 자라는데 줄기는 달걀을 거꾸로 세운 모양의 넓은 타원형이며 가장자리는 밋밋하고 털이 없다. 잎은 녹색이고 꽃은 8월에 흰색으로 피며 수꽃과 더불어 화피가 없다. 엽상체의 뒷면 좌우에서는 각각 한 개씩의 낭체(囊體)가 자라 모체와 더불어 물 위에 떠있다.

◾ 이용

전초를 부평(浮萍)이라 하여 약용한다. 6~9월에 전초를 건져내어 물에 깨끗하게 씻고 햇볕에 말린다.

◾ 복용법

말린 약재 3~5g을 달여서 복용한다. 생것을 짓찧어서 즙으로 복용하기도 하고 환제나 산제로 쓴다.

◾ 약성

맛은 맵고 성질은 따뜻하다.

◾ 생약명

부평(浮萍)

◾ 효능

청열해독, 거풍, 발한 등의 효능이 있으며 수종, 단독, 유행성열병, 피부 소양, 단독, 화상을 치료한다. 가려움증, 아토피, 여드름에 효과적이다.

◾ 그렇군요!

개구리밥에서 잎처럼 보이는 것은 사실 잎이 아니라 줄기이다. 개구리밥은 몸의 구조를 단순하게 만들기 위해 잎을 퇴화시키고 줄기를 잎처럼 발달시켜서 줄기와 잎의 기능을 겸하는 기관을 만들어 낸 것이다. 이것을 식물학에서는 엽상체(葉狀體 : thallus)라고 한다.

503

504

학명 *Linaria vulgaris* Mill.

과 현삼과의 여러해살이풀

서식장소 양지바른 풀밭

개화기 8월

분포 북한, 만주, 몽고, 시베리아, 유럽, 북미

크기 높이 25~40cm

꽃말 영원한 사랑

형태 및 생태

줄기는 곧게 서며 윗부분에서 가지가 갈라진다. 잎은 어긋나며 끝은 뾰족하고 가장자리는 밋밋하다. 잎자루는 거의 없다. 꽃은 8월에 황백색으로 피며 가지와 줄기 끝에 총상꽃차례로 달린다. 열매는 삭과로 둥그렇다.

이용

한방에서는 이뇨제, 지사제로 쓴다. 여름에 꽃이 피고 있을 때에 채취하여 그늘에서 말린다.

복용법

말린 약재 3~10g을 달여서 복용한다. 또 가루로 만들어 산제로 한다.

생약명

유천어(柳穿魚)

효능

청열과 해독, 소종의 효능이 있으며 황달과 두통, 피부병, 화상을 치료한다. 잡초로 취급받은 오명에도 불구하고 민들레처럼 인간의 질환을 다루는 여러 민간 의학에 사용되었다. 잎으로 만든 차로 이뇨제와 황달 및 장염 완화제로 사용하였다. 피부질환에도 잎을 붙이거나 꽃으로 만든 연고를 사용하였다.

그렇군요!

꽃이 바닷가에서 피어나는 난초를 닮아 '해란초'라 했다. 잎이 솔잎처럼 좁다고 하여 '좁은잎'이 합쳐져 "좁은잎 해란초"라는 이름이 붙여졌다.

ㅈ
ㅊㅋㅌㅍㅎ

505

주목

치료하고 혈당을 낮추는 이로운 나무

ㄱㄴㄷㄹㅁㅂㅅㅇㅈㅊㅋㅌㅍㅎ

학명 *Taxus cuspidata*
과 주목과의 상록교목
서식장소 고산지대
개화기 4월
분포 한국, 일본, 중국 동북부, 시베리아
크기 높이 17m
꽃말 고상함, 비애, 죽음

형태 및 생태
가지가 사방으로 퍼지고 껍질이 얕게 띠 모양으로 벗겨진다. 잎은 줄 모양으로 나선상으로 달리며 잎맥은 양면으로 도드라지고 잎은 2~3년 만에 떨어진다. 꽃은 단성화로 4월에 피며 잎겨드랑이에 달린다. 열매는 핵과로 9~10월에 붉게 익는다.

이용
가지와 잎은 약용한다. 가을에 채취하여 그늘에서 말려 쓴다.

복용법
말린 약재를 5~8g 정도, 약한 물로 은근히 달여서 복용하고 생즙을 내어 복용하기도 한다.

생약명
주목(朱木). 적백송(赤柏松)

효능
잎에서는 신장병을 치료하는 물질이 나오고 나무껍질과 씨앗에서는 택솔이라는 물질이 나와 암을 치료하는 효능을 나타낸다. 이뇨, 통경의 효능이 있고 혈당을 낮춘다. 소변이 잘 나오지 않거나 신장염, 당뇨, 월경불순 등에도 효험이 있다.

중의무릇

자양강장제, 심장질환에 이로운 약초

학명 *Gagea lutea*

과 백합과의 여러해살이풀

서식장소 산, 들

개화기 4~5월

분포 한국, 일본, 중국, 시베리아, 유럽 등지

크기 높이 15~25cm

꽃말 일편단심

▪■형태 및 생태

줄기와 잎이 각각 한 개씩 나온다. 잎은 줄 모양이며 아랫부분이 줄기를 감싼다. 꽃은 4~5월에 노란색으로 피고 줄기 끝에 산형꽃차례를 이루며 4~10개가 달린다. 꽃은 햇볕을 쬐면 피고 어두운 곳에서는 오므린다. 꽃대가 약하여 주변에 낙엽이 없으면 제대로 서지 못한다. 열매는 삭과이고 둥글며 막질로 3개의 능선이 있다.

▪■이용

한방에서는 비늘줄기를 정빙화(頂氷花)라는 약재로 쓴다.

▪■복용법

말린 약재 2~4g을 달여서 복용한다.

▪■생약명

동백유(冬柏油)

▪■다른 이름

중무릇, 참중의무릇, 애기물구지, 조선중무릇, 반도중무릇

▪■유사종

애기중의무릇

▪■효능

심장질환, 자양강장제로 효능이 있다.

진달래

기관지염, 고혈압에 이로운 약초

학명 *Rhododendron mucronulatum*
과 진달래과의 낙엽관목
서식장소 산지의 양지바른 곳
개화기 4월
분포 한국, 일본, 중국, 몽골, 우수리 등지
크기 높이 2~3m
꽃말 사랑의 기쁨

형태 및 생태
줄기 윗부분에서 많은 가지가 갈라지며 작은 가지는 연한 갈색이고 비늘조각이 있다. 잎은 어긋나며 가장자리가 밋밋하다. 꽃은 4월에 잎보다 먼저 분홍색으로 피고 가지 끝 부분의 곁눈에서 한 개씩 나오지만 2~5개가 모여 달리기도 한다. 열매는 삭과로 10월에 붉은 노란색으로 익는다. 원통 모양이며 끝 부분에 암술대가 남아 있다.

이용
이른 봄에 꽃전을 만들어 먹기도 하고 꽃봉오리와 뿌리를 잘게 썰어 담금주를 담그기도 한다. 한방에서는 약재로 쓴다.

복용법
말린 약재 20g을 물 1리터에 넣고 달여서 복용한다. 기관지염의 경우는 꽃술을 떼어낸 생꽃을 같은 양의 흑설탕에 재워 효소를 만들어 물에 타서 먹는다.

생약명
만산홍(萬山紅)

다른 이름
참꽃, 두견화

유사종
영산홍, 털진달래, 한라산진달래, 왕진달래

효능
해수, 기관지염, 감기로 인한 두통에 효과가 있으며 고혈압, 관절염에도 효능이 있다.

관절통, 치통, 기침 가래에 이로운 나무

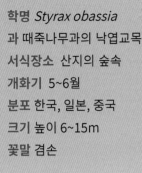

학명 *Styrax obassia*
과 때죽나무과의 낙엽교목
서식장소 산지의 숲속
개화기 5~6월
분포 한국, 일본, 중국
크기 높이 6~15m
꽃말 겸손

형태 및 생태
나무껍질은 잿빛을 띤 흰색이며 어린 가지는 녹색이고 나중에 다갈색으로 변한다. 잎은 어긋나고 가장자리에 얕은 톱니가 있다. 꽃은 5~6월에 흰색으로 피고 새 가지 끝에 총상꽃차례를 이루며 달린다. 열매는 핵과이고 9월에 익으며 완전히 익으면 과피가 불규칙하게 갈라진다.

이용
한방에서는 열매를 옥령화(玉鈴花)라는 약재로 쓴다. 가을에 채취하여 햇볕에 말려서 쓴다. 종기에는 기름을 짜서 바른다.

복용법
말린 약재 15g을 물 1리터에 넣고 달여서 복용한다.

생약명
옥령화(玉鈴花)

다른 이름
옥령화, 개동백나무, 정나무, 쪽동백

효능
관절통, 치통, 기침 가래, 골절상, 종기 등에 효능이 있다.

그렇군요!
큰잎 한 개는 머리이고 두 개의 잎은 쪽진 모양을 하고 있어 쪽동백이라 부른다. 아카시아나무 꽃 향이 사라질 무렵에 피고 은은한 향기가 있으며 큰 잎에서도 향기가 난다. 껍질로는 양초와 비누를 만들었다.

찔레꽃

여성의 질병과 피부에 이로운 약초

학명 *Rosa multiflora*
과 장미과의 낙엽활엽관목
서식장소 양지바른 곳
개화기 5~6월
분포 한국
크기 높이 약 2m
꽃말 고독, 신중한 사랑, 가족에 대한 그리움

■ 형태 및 생태
잎의 표면은 녹색이고 뒷면에 잔털이 있으며 가장자리에 잔 톱니가 있다. 작은 잎은 서로 어긋난다. 꽃은 5~6월에 백색 또는 연홍색으로 피며 새 가지 끝에 달린다. 열매는 9~10월경에 적색으로 익는다.

■ 이용
8~9월쯤 열매를 따서 그늘에 말려 두었다가 달여 먹거나 가루로 만들어 먹는다.

■ 복용법
말린 약재를 하루 10~15g을 달인 뒤 세 번으로 나누어서 복용한다. 많이 먹게 되면 설사할 우려가 있으니 한꺼번에 많이 복용하면 안 된다. 익은 열매를 따서 깨끗하게 씻어 말린 후 담금주로 해서 먹어도 좋다.

■ 생약명
석산호(石珊瑚)

■ 효능
여성의 생리통, 생리불순이나 신장염 치료에 효험이 있다. 어혈과 관절염 치료, 산후통에 좋고 각종 암 발생을 억제하는 탁월한 효험이 있다.

515

大

차조기/참나리/참여로/창포/천남성/철쭉
청나래고사리/청미래덩굴/초롱꽃/초피나무/측백나무

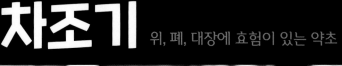

차조기

위, 폐, 대장에 효험이 있는 약초

학명 *Perilla frutescens* var. *acuta*
과 꿀풀과의 한해살이풀
서식장소 들, 밭
개화기 8~9월
원산지 중국
크기 높이 20~80cm

형태 및 생태
전체에서 자줏빛이 돌고 향이 짙다. 줄기는 곧게 서고 단면이 사각형이며 잎은 마주나고 넓은 달걀 모양이며 끝이 뾰족하고 아랫부분이 둥글며 가장자리에 톱니가 있다. 꽃은 8~9월에 연한 자줏빛으로 피고 줄기와 가지 끝에 총상꽃차례를 이루며 달린다. 열매는 골돌과(**분열과에서 갈라진 각 열매**)로 꽃받침 안에 들어 있다.

이용
한방에서는 잎과 종자를 약재로 쓴다. 잎은 꽃이 필 무렵 채취하여 그늘에 말려 쓴다.

복용법
말린 약재 2~5g을 달여서 복용하고 가루로 빻아 복용하기도 한다.

생약명
잎 : 자소엽(紫蘇葉), 자소(紫蘇), 씨 : 소자(蘇子)

다른 이름
소엽, 차즈기

효능
이뇨, 진정, 진해, 건위, 발한, 진정, 진통제로 사용한다. 거담의 효능이 있고 폐와 장에 이로운 작용을 하는데 기침, 천식, 호흡곤란, 변비 등에 쓰인다.

참나리

피부질환과 강장효과, 백혈구감소증에 이로운 약초

학명 *Lilium lancifolium*
과 백합과의 여러해살이풀
서식장소 산, 들
개화기 7~8월
분포 한국, 일본, 중국, 사할린 등지
크기 높이 1~2m
꽃말 깨끗한 마음

■ 형태 및 생태
줄기에는 검은빛이 도는 자주색 점이 빽빽하며 잎은 어긋나고 피침 모양이며 녹색이고 두텁다. 꽃은 7~8월에 피며 4~20개가 아래를 향해 달린다. 열매는 맺지 못하며 앞 밑 부분에 있는 주아가 땅에 떨어져서 발아한다.

■ 이용
어린순은 나물로 먹는다. 한방에서는 비늘줄기를 약재로 쓴다.

■ 복용법
말린 약재를 5~8g 달여서 먹거나 죽처럼 먹는다. 비늘줄기에는 포도당 성분이 많아 단맛이 나서 날로 먹어도 되고 굽거나 쪄서 먹어도 된다.

■ 생약명
백합(百合), 야백합(野百合), 권단(卷丹), 중상(重箱)

■ 효능
피부질환에 효능이 있으며 진해, 진정작용, 항알레르기 작용, 강장효과가 있다. 백혈구감소증과 정신분열증, 자폐증에도 작용한다.

■ 그렇군요!
나리류는 줄기 잎이 어긋난 것과 둘러난 것으로 구분하는데 꽃이 하늘을 향해 피는 꽃은 하늘나리고 참나리는 꽃이 아래로 향해 피며 참나리, 중나리, 땅나리, 털중나리로 구분한다.

참여로

중풍으로 인해 담이 생긴 것을 없애는 이로운 약초

학명 *Veratrum nigrum* var. *ussuriense*
과 백합과의 여러해살이풀
서식장소 산지 나무아래
개화기 8~9월
분포 한국, 중국, 우수리 강, 헤이룽 강
크기 높이 1~1.5m

▪ 형태 및 생태
잎은 줄기 아랫부분에 어긋나는데 아랫잎은 타원 모양이거나 넓은 타원 모양으로 끝은 뾰족하며 좁아져서 잎집으로 연결되고 잎집은 줄기를 감싼다. 꽃은 8~9월에 짙은 자줏빛으로 피는데 원추꽃차례로 달린다. 열매는 삭과로서 타원형이고 3갈래로 벌어진다.

▪ 이용
한방에서 약용으로 쓴다.

▪ 복용법
1회 0.1~0.3g 정도를 달여서 복용한다.

▪ 약성
맛은 쓰고 매우며 독성이 있다.

▪ 생약명
여로(藜蘆)

▪ 다른 이름
큰여로, 왕여로

▪ 효능
간장, 폐장, 위장 등에 효험이 있으며 중풍으로 인해 담이 생긴 것을 토하게 하는 효능을 가지고 있다. 또한 황달, 학질, 간질, 두통, 외부에 생기는 피부병 등을 치료한다.

▪ 주의
독성이 강하므로 복용할 때 특별히 조심하여야 한다.

창포

부인과, 소화기, 호흡기질환에 이로운 약초

학명 *Acorus calamus*
과 천남성과의 여러해살이풀
서식장소 연못가, 도랑가
개화기 6~7월
분포 한국, 일본, 중국
크기 높이 70~100cm
꽃말 기쁜 소식

형태 및 생태
뿌리줄기는 옆으로 길게 자라며 육질이고 통통하며 마디가 많다. 잎은 뿌리줄기 끝에서 무더기로 나오고 주맥이 조금 굵다. 꽃은 양성화로 6~7월에 피며 화피갈래조각은 달걀을 거꾸로 세운 모양으로 6개이며 수술도 6개이다. 열매는 장과로 7~8월경에 익으며 긴 타원형이며 붉은색이다.

이용
단오에 창포물을 만들어 머리를 감거나 술을 빚는다. 한방에서는 뿌리를 약재로 이용한다. 연중 채취가 가능하지만 8~10월에 채취한 것이 좋다. 수염뿌리를 제거하고 깨끗이 씻어 햇볕에 말린다.

복용법
『동의보감』을 보면 기미와 주근깨에는 창포 뿌리를 생즙 내어 10회 이상 얼굴에 마사지 하듯 바르면 좋다 하고 습진이나 피부병으로 가려울 때도 달인 물로 해당 부위를 씻고 2~3번씩 바르면 좋다고 기록되어 있다.

생약명
창포(菖蒲), 수창(水菖), 수창포(水菖蒲), 백창(白菖), 경포(莖蒲)

유사종
석창포

효능
주로 부인과, 소화기, 호흡기질환을 다스린다. 거담, 건위, 진경에 효능이 있으며 소화불량, 기관지염, 설사 등에 사용한다. 혈액순환 촉진작용을 통해 두피에 활력을 주는 효능이 있다.

525

천남성

거담, 소종, 중풍과 안면신경마비 등에 이로운 약초

학명 *Arisaema amurense* Maximowicz
 var. *serratum* Nakai
과 천남성과의 여러해살이풀
서식장소 숲의 습기 많은 나무 밑
개화기 5~7월
분포 한국
크기 높이 20~50cm
꽃말 현혹

형태 및 생태

잎은 5~10갈래로 갈라지며 긴 타원형이고 새발 모양이다. 작은 잎은 양끝이 뾰족하고 톱니가 있다. 꽃은 5~7월에 피며 녹색바탕에 흰 선이 있고 깔때기 모양으로 꽃잎 끝은 활처럼 말린다. 열매는 10~11월에 붉은색으로 익는다.

이용

늦가을에 뿌리를 굴취하여 껍질을 벗긴 뒤 햇볕에 말려서 쓴다.

복용법

하루 3~5g을 물에 달여서 복용한다. 외용할 때는 분말로 하여 환부에 붙인다.

약성

성질은 따뜻하고 맛은 맵다.

생약명

천남성(天南星), 남성(南星), 반하정(半夏精), 호장(虎掌)

효능

거담, 거풍, 소종 등의 효능이 있으며 중풍과 안면신경마비, 간질병, 반신불수 등에 효과적이다.

주의

나물로 먹기도 하나 독성이 강하여 섭취를 하는 것은 삼가는 것이 좋다.

철쭉

탈모, 강장, 사지 마비를 풀어주는 이로운 약초

학명 *Rhododendron schlippenbachii*
과 진달래과의 낙엽관목
서식장소 산지
개화기 4~6월
분포 한국, 중국, 우수리
크기 높이 2~5m
꽃말 첫사랑

형태 및 생태
어린 가지에 선모가 있으나 점차 없어진다. 잎은 어긋나며 가지 끝에 돌려난 것 같이 보이고 잎자루는 짧고 가장자리가 밋밋하다. 꽃은 4~6월에 연분홍색으로 피며 3~7개씩 가지 끝에 산형꽃차례를 이룬다. 열매는 삭과로 달걀 모양의 타원형이고 10월에 익는다.

이용
꽃이 활짝 피었을 때 채취하여 그늘에 말려 약재로 사용한다.

복용법
말린 약재 5g을 뜨거운 물에 우려서 복용한다.

생약명
양척촉(羊躑觸)

효능
탈모에 효능이 있으며 이뇨, 건위, 강장, 구토 등에 효과가 있다. 독성이 강해 마취작용을 일으켜 악창에 외용하며 사지 마비를 풀어주는 효능이 있다.

주의
꽃에 그레이아노톡신이라는 물질의 독성이 있어 한의사의 처방 없이 사용해선 안 된다.

529

청나래고사리

어혈을 풀어주고 항암작용, 소화 작용
을 하는 이로운 약초

학명 *Matteuccia struthiopteris*
과 면마과의 여러해살이풀
서식장소 숲속의 습기가 있는 곳
분포 한국, 아시아, 유럽 및 북아메리카
　　　등지의 온대지방
크기 높이 80~100cm

▪ 형태 및 생태
뿌리줄기는 묵은 잎자루의 기부로 싸여서 덩어리같이 생기고 잎이 무더기로 나와 비스듬하게 퍼진다. 그리고 옆으로 가는 땅속줄기가 뻗어서 끝에 새 잎이 달려 무리지어 모인다. 포자엽은 가을에 나오고 영양엽보다 짧으며 좁게 생겼다.

▪ 이용
어린 잎줄기를 나물로 하거나 국거리로 이용한다. 조리는 고사리와 같다.

▪ 복용법
말린 약재 4.5~9g을 달이거나 또는 환제, 산제를 만들어 복용한다.

▪ 약성
맛은 달고 맵고 약성은 따뜻하다.

▪ 생약명
박유지(樸楡枝), 박수피(樸樹皮)

▪ 효능
어혈을 풀어주고 강압작용, 항암작용, 소화 작용을 하며 풍습성으로 인한 관절염, 생리불순과 복통을 치료하며 소아의 발육부진에도 효과를 나타낸다.

531

청미래덩굴

중풍, 고혈압, 관절염, 신경통에 효험이 있는 약초

학명 *Smilax china*
과 백합과의 낙엽덩굴식물
서식장소 산지 숲 가장자리
개화기 5월
분포 한국, 일본, 중국, 필리핀, 인도차이나
크기 약 2m
꽃말 장난

형태 및 생태
굵고 딱딱한 뿌리줄기가 옆으로 길게 뻗어나가며 줄기는 마디마다 굽으면서 2~3m 자라고 갈고리 같은 가시가 있다. 잎은 어긋나고 광택이 난다. 꽃은 단성화로 5월에 황록색으로 피며 산형꽃차례를 이룬다. 열매는 둥근 장과로 9~10월에 붉은색으로 익는다. 열매가 아주 작다.

이용
어린순은 나물로 먹고 뿌리는 약재로 이용한다. 뿌리를 찬물에 담가 며칠 우려낸 다음 햇볕에 잘 말려 사용한다.

복용법
차로도 마시고 담금주와 말린 약재 3~5g을 달여서 복용하기도 한다.

생약명
토복령(土茯笭), 우계

효능
중풍, 고혈압, 신경통, 이뇨, 해독, 거풍, 요통, 관절염, 종기 등에 효능이 있다.

주의
몸이 차가운 사람이 장복을 하면 설사를 유발할 수 있으며 임산부나 간과 신장이 허한 사람은 복용을 삼가야 한다.

학명 *Campanula punctata*
과 초롱꽃과의 여러해살이풀
서식장소 산지의 풀밭
개화기 6~8월
분포 한국, 일본, 중국
크기 높이 40~100cm
꽃말 감사, 성실

▪ 형태 및 생태
줄기 전체에 털이 퍼져 있으며 옆으로 뻗어가는 가지가 있다. 뿌리 잎은 잎자루가 길고 달걀꼴의 심장 모양이며 줄기잎은 세모꼴의 달걀 모양 또는 넓은 피침형이고 가장자리에 불규칙한 톱니가 있다. 꽃은 6~8월에 흰색, 또는 연한 홍자색으로 피며 긴 꽃줄기 끝에서 아래를 향해 달린다. 열매는 삭과로 9월에 익는다.

▪ 이용
어린순을 나물로 먹는다. 한방에서는 전초를 약재로 사용한다.

▪ 복용법
말린 약재 2~3g을 달여서 복용한다.

▪ 생약명
자반풍령초(紫斑風鈴草)

▪ 효능
열을 내리고 염증을 가라앉히며 통증을 줄여준다. 그래서 인후염이나 두통 등에 효능을 보인다.

▪ 주의
맛이 쓰고 성질이 서늘해 몸이 찬 사람은 많이 먹지 않는 것이 좋다.

학명 *Zanthoxylum piperitum*
과 운향과의 낙엽활엽관목
서식장소 산중턱, 산골짜기
개화기 5~6월
분포 한국, 일본, 중국
크기 높이 3~5m
꽃말 혼화, 희생

형태 및 생태
턱잎이 변한 가시가 잎자루 밑에 한 쌍씩 달리며 가시는 아래로 약간 굽는다. 잎은 어긋나고 홀수 1회깃꼴겹잎으로 잎맥이 뚜렷하며 가장자리에는 톱니가 있다. 꽃은 5~6월에 황록색 단성화로 피며 잎겨드랑이에 산방상꽃차례로 달리고 열매는 골돌과로 9월에 익으며 검은 종자가 튀어나온다.

이용
어린잎을 먹는다. 경상도에서는 열매를 '제피'라 불렀고 추어탕을 끓일 때 넣어 먹는다. 한방에서는 열매의 껍질을 약재로 쓴다. 열매와 종자를 가을에 채취하여 햇볕에 잘 말린다.

복용법
말린 약재를 1~2g을 달여서 복용한다.

생약명
화초(花椒)

효능
위, 폐, 대장에 효능이 있으며 이뇨작용과 혈압을 낮춘다. 남성의 성기능 강화에도 효과가 있다.

주의
몸에 열이 많은 사람, 음허증인 사람, 임산부는 사용을 금한다.

537

측백나무

간, 신장, 방광에 이로운 약초

학명 *Platycladus orientalis*
과 측백나뭇과의 상록교목
서식장소 산지
개화기 4월
분포 한국, 중국
크기 높이 25m
꽃말 기도, 견고한 우정

형태 및 생태
가지가 수직으로 벌어지며 비늘 모양의 잎은 뾰족하고 가지를 사이에 두고 서로 어긋난다. 꽃은 4월에 피고 1가화이며 수꽃은 전년에 난 가지 끝에 한 개씩 달리고 암꽃은 8개의 실편(實片)과 6개의 밑씨가 있다. 열매는 구과로 원형이며 9~10월에 익는다.

이용
한방에서는 잎과 열매를 약재로 이용한다. 가을에 익은 열매를 따서 햇볕에 말렸다가 단단한 껍질을 제거한 뒤 사용한다.

복용법
말린 약재 30~50g을 물 1리터에 넣고 약불로 은근히 달여서 하루 3회 식사 후에 매일 복용한다. 치통에는 달인 약물로 오래 머금어 치료한다.

생약명
측백엽

효능
간, 신장, 방광, 고혈압과 중풍에 효능이 있으며 하혈이나 피오줌, 대장, 직장의 출혈을 막아준다. 신경쇠약, 불면, 신체허약, 변비 등에 치료제로 쓴다.

그렇군요!
예로부터 신선이 되는 나무로 귀하게 대접받아 왔으며, 흔히 송백은 소나무를 백수의 으뜸으로 삼아 '공(公)'이고 측백나무는 '백(伯)'이라 하여 소나무 다음 가는 작위로 비유됐다. 그래서 주나라 때는 군주의 능에는 소나무를 심고 그 다음에 해당되는 왕족의 묘지에는 측백나무를 심었다.

ㅋ

컴프리/큰개불알풀/큰까치수영/큰꿩의비름/큰뱀무

컴프리

위산과다, 위궤양, 소화기능을 향상시키는 약초

542

학명 *Symphytum officinale*
과 지치과의 여러해살이풀
서식장소 재배
개화기 6~7월
원산지 유럽
크기 높이 60~90cm
꽃말 낯섦

형태 및 생태
가지가 잘라지며 전체에 거친 털이 빽빽하게 있다. 잎은 어긋나고 달걀 모양의 피침형이며 끝이 뾰족하다. 꽃은 6~7월에 분홍색, 흰색, 자주색으로 피며 끝이 꼬리처럼 말린 꽃대 위에 달린다. 열매는 견과이고 4개의 골돌과로 갈라지며 달걀 모양이다.

이용
뿌리에 녹말이 있어 식용하고 한방에서는 잎과 뿌리를 약재로 쓴다.

복용법
말린 약재 하루양 12~24g을 달여 복용한다.

효능
위산과다, 위궤양, 빈혈, 피부염 등에 효능이 있으며 건위효과가 있고 소화 기능을 향상시킨다.

주의
전체적으로 함유된 알칼로이드 성분으로 발암성이 의심되므로 많이 섭취하지 말아야 한다.

열을 내리고 관절염, 요통에 이로운 약초

학명 *Veronica persica*
과 현삼과의 두해살이풀
서식장소 길가, 빈터의 약간 습한 곳
개화기 5~6월
분포 아시아, 유럽, 아프리카
크기 줄기 길이 10~30cm
꽃말 기쁜 소식

형태 및 생태
식물 전체에 흰색의 부드러운 털이 덮고 있다. 줄기는 아래 부분이 옆으로 뻗거나 비스듬하게 서고 윗부분은 곧게 선다. 잎은 줄기 아래 부분에서 마주나고 윗부분에서는 어긋나며 잎 가장자리에 둔한 톱니가 있다. 꽃은 5~6월에 하늘색으로 피며 잎겨드랑이에 한 개씩 달린다. 열매는 삭과이고 편평한 심장을 거꾸로 세운 모양이다.

이용
어린순은 살짝 데쳐 무쳐 먹는다. 전초는 약재로 사용한다.

복용법
말린 약재를 1~2g을 달여 복용하고 외용할 때는 진하게 달여 환부를 씻는다.

생약명
파파납(婆婆納)

효능
열을 내리고 염증을 줄이며 관절염, 요통, 피부염을 치료한다.

주의
몸이 찬 사람은 많이 먹지 않는 것이 좋다.

큰까치수영

생리불순, 신경통에 이로운 약초

학명 *Lysimachia clethroides* Duby.
과 앵초과의 여러해살이풀
서식장소 산지 양지바른 풀밭
개화기 6~8월
분포 한국, 일본, 중국
크기 높이 50~100cm
꽃말 잠든 별

■ 형태 및 생태
줄기는 곧게 서며 뿌리줄기가 퍼지고 원줄기는 원주형이고 아랫부분에 털이 없으며 뿌리줄기는 길게 자란다. 잎은 어긋나며 긴 타원상 피침형이고 꽃은 6~8월에 핀다. 원줄기 끝에서 한쪽으로 굽은 총상꽃차례가 나와 백색 꽃이 밀착하며 암술은 한 개다. 열매는 삭과로 10월에 익으며 꽃받침으로 싸여 있다.

■ 이용
어린순을 나물로 먹는다. 한방에서는 전초를 약재로 쓴다. 여름부터 가을 사이에 채취하여 말린다. 생풀을 쓰기도 한다.

■ 복용법
말린 약재를 5~8g을 물로 달이거나 생풀을 즙을 내 복용한다.

■ 생약명
하수초(荷樹草), 진주채(珍珠菜), 대산미초(大酸米草), 황삼초(黃蔘草),

■ 효능
생리불순, 신경통, 인후염, 이질, 백대하, 타박상 등에 효능이 있다.

547

큰꿩의비름

혈액순환과 후두염, 기관지염 등에 이로운 약초

학명 *Hylotelephium spectabile*
과 돌나물과의 여러해살이풀
서식장소 산, 들
개화기 7~8월
분포 한국, 중국 북동부
크기 높이 30~70cm
꽃말 순정

형태 및 생태
줄기는 녹색을 띤 흰색이다. 잎은 마주나거나 돌려나고 육질이며 가장자리는 밋밋하거나 물결 모양의 톱니가 있다. 꽃은 7~8월에 줄기 끝에서 진한 분홍색으로 피며 별 모양으로 줄기 끝에 산방꽃차례를 이룬다. 열매는 골돌과로 곧게 서며 끝이 뾰족하다. 10월에 익는다.

이용
봄에 돋는 어린 새싹을 채취하여 나물로 먹는다. 한방에서는 뿌리를 제외한 식물체 전체를 해열제와 지혈제로 쓴다.

복용법
식물체를 잘 빻아서 지혈을 하거나 해독을 한다. 1회 2~3g씩 물에 달여서 복용하며 외용할 때는 생초를 불에 살짝 구운 다음 찧어서 환부에 붙인다.

생약명
경천(景天)

다른 이름
미인초, 화소초, 구화, 화모

효능
혈액순환을 개선시키며 지혈과 해열작용을 하며 해독작용도 한다. 후두염, 기관지염, 설사, 타박상 등에 효능이 있다.

큰뱀무

허리와 다리의 통증, 자궁출혈에 이로운 약초

학명 *Geum aleppicum*
과 장미과의 여러해살이풀
서식장소 풀밭이나 물가
개화기 6~7월
분포 한국, 일본, 중국, 몽골, 시베리아,
    동유럽 등지
크기 높이 30~100cm
꽃말 만족한 사랑

형태 및 생태
줄기 전체에 옆으로 벌어진 털이 있다. 뿌리에서 나온 잎은 잎자루가 길고 가장자리에 불규칙한 톱니가 있다. 줄기에 달린 잎은 어긋나고 잎자루가 짧으며 가장자리에 깊이 패어 들어간 모양의 톱니가 있다. 꽃은 6~7월에 황색으로 피고 가지 끝에 3~10개가 달린다. 열매는 수과로 7~8월에 익으며 갈색 털이 있다.

이용
어린순을 나물로 먹는다. 한방에서는 식물 전초를 약재로 쓴다.

복용법
말린 약재 5~10g을 달여서 복용한다. 때에 따라서는 생것을 짓찧어 즙을 내어 복용한다.

생약명
수양매

효능
자궁출혈, 이질, 허리와 다리의 통증, 백대하, 림프절결핵, 인후염 등에 효능이 있다.

그렇군요!
큰뱀무는 줄기 잎이 갈라지는데 뱀무는 갈라지지 않는다. 열매는 성숙하면 타원형이 되는데 뱀무는 다소 구형이다. 정소 엽은 마름모에 가까운 난형 또는 도란상 피침형으로 끝이 보통 뾰족하며 뱀무는 난형 또는 넓은 도란형으로 끝이 대개 둥글다.

E

타래난초/털동자꽃/털부처꽃/통통마디

타래난초

편도선염과 당뇨병에 이로운 약초

학명 *Spiranthes sinensis*
과 난초과의 여러해살이풀
서식장소 잔디밭, 논둑
개화기 5~8월
분포 한국, 일본, 중국, 타이완, 시베리아 등지
크기 높이 10~40cm
꽃말 추억

◾ 형태 및 생태
줄기는 곧게 서고 뿌리는 짧고 굵은 편이다. 뿌리에 달린 잎은 밑 부분이 짧은 잎집으로 되고 줄기에 달린 잎은 피침형으로서 끝이 뾰족하다. 꽃은 5~8월에 붉은색 또는 흰색으로 피고 나선 모양으로 꼬인 수상꽃차례에 한쪽 옆으로 달린다. 열매는 삭과로 곧추서고 타원모양이다. 씨방은 대가 없다.

◾ 이용
여름과 가을에 걸쳐 뿌리를 포함한 전초를 이용한다.

◾ 복용법
뿌리와 은행을 같은 양으로 삶아 하루 두서너 차례 지속적으로 복용한다. 말린 약재를 3~5g 물에 달여 복용한다. 외용할 때는 생풀을 짓찧어서 환부에 붙인다.

◾ 생약명
저편초(猪鞭草), 수초(綏草), 용포(龍抱), 반용삼(盤龍蔘)

◾ 효능
편도선염과 당뇨병, 심한 기침으로 피를 토할 때 효능이 있다.

◾ 그렇군요!
우리나라 전국 야생지에서 흔히 피는 다년생 야생난으로써, 특히 양지를 좋아해 할미꽃과 함께 무덤가에 주로 많이 피어난다. 진분홍 꽃이 실타래처럼 줄기를 빙빙 돌며 피기 때문에 타래난이라 불린다.

털동자꽃

해열과 해독의 효능이 있는 이로운 약초

학명 *Lychnis fulgens*
과 석죽과의 여러해살이풀
서식장소 산지
개화기 6~8월
분포 한국, 일본, 중국
크기 높이 50~100cm
꽃말 기다림

형태 및 생태
줄기는 속이 비고 원주형이나 상부는 모서리가 있다. 잎은 마주나고 긴 달걀 모양이며 끝은 뾰족하고 가장자리는 밋밋하다. 줄기와 함께 기다란 흰색 털이 있다. 꽃은 6~8월에 줄기 끝과 잎겨드랑이에 붉은색으로 피며 취산꽃차례를 이룬다. 열매는 여러 개의 방에서 튀어나오는 삭과로 8~9월에 익으며 끝이 5개로 갈라진다.

이용
여름에 전초를 채취하여 햇볕에서 말린다. 한방에서는 전초를 천열전추라 하며 약용한다.

복용법
말린 약재 10g에 물 1리터를 붓고 달여서 아침, 저녁으로 복용한다. 외용할 때는 적당량을 짓찧어서 환부에 붙인다.

생약명
전하라(剪夏羅)

유사종
가는동자꽃, 제비동자꽃

효능
해열과 해독의 효능이 있어서 머리에 나는 부스럼인 두창을 치료한다. 어린아이의 경련과 두통에 좋다.

그렇군요!
동자꽃에 비해 털이 많다고 하여 유래된 이름이다. 동자꽃과 비교할 때 꽃받침이 크고 꽃잎이 깊게 갈라지는 점이 특징이다.

털부처꽃

이질, 궤양 등에 이로운 약초

학명 *Lythrum salicaria*
과 부처꽃과의 여러해살이풀
서식장소 각지 들판의 습한 땅
개화기 여름
분포 한국, 중국, 유럽, 아프리카, 북아메리카
크기 높이 1.5m
꽃말 슬픈 사랑, 비련

◼ 형태 및 생태

원줄기는 곧게 서고 온몸에 거친 털이 있어 털부처꽃이라는 이름이 붙었다. 잎은 마주나고 넓은 피침 모양이다. 꽃은 7~8월에 붉은 자주색으로 피고 취산꽃차례로 달린다. 열매는 삭과로 달걀 모양으로 익으며 익으면 두 쪽으로 갈라진다.

◼ 이용

어린잎은 비상용 채소로 먹기도 하고 약한 술로 만들어 마시기도 한다. 약용한다. 가을에 전초를 베어 햇볕에서 말린다.

◼ 복용법

말린 약재 15~30g을 달여 복용한다. 외용약으로 쓸 때는 가루를 내서 뿌리거나 개서 붙인다.

◼ 생약명

천굴채(千屈菜)

◼ 효능

열을 내리고 혈열을 없앤다. 적리균을 비롯한 일련의 병원성 미생물에 대하여 항균 작용을 나타내고 부정자궁출혈, 이질, 궤양 등에 효능이 있다. 잎은 피부를 팽팽하게 하고 주름을 펴주며 머리에 광택을 준다. 꽃은 설사를 멈추게 하고 식중독을 치료한다.

◼ 주의

성질이 차서 몸이 차가운 사람이나 맥이 약한 사람은 많이 먹지 않는 것이 좋다.

559

퉁퉁마디(함초)

심장기능 자체를 향상시키고 혈압유지에
도움을 주는 이로운 나무

학명 *Salicornia europaea*
과 명아주과의 한해살이풀
서식장소 바닷가 갯벌
개화기 8~9월
분포 한국, 일본, 중국, 인도 등지
크기 높이 10~30cm
꽃말 순화, 영감

◾ 형태 및 생태
줄기는 곧추서며 육질이고 원기둥 모양이다. 가지가 마주달리고 퇴화한 비늘잎이 마주달리며 마디가 많고 불룩하게 튀어나온다. 꽃은 8~9월에 녹색으로 피고 가지의 위쪽 마디 사이의 오목한 곳에 3개씩 달린다. 열매는 포과로서 10월에 익으며 납작한 달걀 모양이다. 화피로 싸이고 검은 종자가 들어 있다.

◾ 이용
줄기를 잘라다 국을 끓이거나 갈아서 밀가루에 함께 반죽하여 전을 부쳐 먹는다.

◾ 복용법
음식물 섭취로 가능하며 함초환, 함초즙으로 가공한 제품으로 복용하는 것도 좋다.

◾ 생약명
함초(鹹草)

◾ 효능
식이섬유가 많아 변비에 좋으며 타우린 성분이 많아 혈중 콜레스테롤을 낮춰주고 혈액을 맑게 해 혈관질환 예방에 도움이 된다. 숙변을 제거하며 피부미용에 탁월한 효과를 가지고 있어 여성들에게 좋다. 노폐물을 분해하며 당뇨에도 효과가 있다.

◾ 주의
따뜻한 성질을 가지고 있어 몸에 열이 많은 사람은 과하게 먹지 말아야 하며 짠맛을 가지고 있어 환을 먹을 때도 과용하지 말아야 한다.

Ⅱ

파대가리/팥배나무/패랭이꽃/풀협죽도
풍선덩굴/피나물/피막이풀

열을 내리고 기침을 멈추게 하는 이로운 약초

학명 *Kyllinga brevifolia* var. *leiolepis*
과 사초과의 여러해살이풀
서식장소 들의 양지바른 습지
개화기 7~9월
분포 한국
크기 높이 30cm
꽃말 순결

▪ 형태 및 생태
줄기는 곧게 서며 수많은 작은 꽃이 둥글게 뭉쳐 핀다. 잎은 줄기 밑 부분에서 나고 좁은 선 모양이다. 꽃은 7~9월에 줄기 끝의 긴 포 사이에서 갈색 또는 녹색으로 피며 공 모양이다. 열매는 수과로 뒤집힌 달걀 모양이며 10월에 익는다.

▪ 이용
뿌리를 포함한 풀 전체를 약재로 쓴다. 8~9월에 채취하여 햇빛에 말리는데 생풀을 쓰기도 한다.

▪ 복용법
말린 약재를 1회 4~8g을 달여 복용하고 외용할 때에는 생풀을 찧어 베에 싸서 환부에 붙인다.

▪ 생약명
수오공(水蜈蚣), 수오매(水烏梅), 삼전초(三箭草), 수천부(水泉附), 한근초(寒筋草),

▪ 효능
열을 내리고 기침을 멈추게 하는 효능이 있으며 온몸의 근육과 뼈마디가 쑤시는 증세, 기침, 백일해, 간염, 황달, 종기 등에도 효과가 있다.

▪ 그렇군요!
꽃차례의 모양이 파의 꽃송이를 닮았다고 해서 붙여진 이름이다.

ㄱㄴㄷㄹㅁㅂㅅㅇㅈㅊㅋㅌ **ㅍ** ㅎ

565

팥배나무

고열과 기침 가래, 빈혈에 이로운 나무

학명 *Sorbus alnifolia*
과 장미과의 낙엽활엽교목
서식장소 깊고 높은 산의 계곡가
개화기 5월
분포 한국, 일본, 중국
크기 높이 약 15m
꽃말 매혹

형태 및 생태
나무껍질은 회색빛을 띤 갈색이고 줄기는 거무스름하고 밋밋하며 가지에 피목이 뚜렷하다. 잎은 어긋나고 달걀 모양에서 타원형이며 잎자루가 있고 가장자리에 불규칙한 겹톱니가 있다. 꽃은 5월에 흰색으로 피며 산방꽃차례에 달린다. 열매는 이과(梨果)로 타원형이며 반점이 뚜렷하고 9~10월에 씨방이 응어리지고 홍색으로 익는다.

이용
가을에 채취하여 햇볕에 말려서 쓴다.

복용법
말린 약재 120g을 물 2리터에 넣고 달여서 복용한다.

생약명
수유과(水楡果)

다른 이름
벌배나무, 산매자나무, 물앵두나무, 물방치나무, 운향나무

효능
고열과 기침 가래, 빈혈과 허약체질을 치료한다. 혈당을 조절해 주어 당뇨와 위장질환에 효능이 있으며 정력에도 좋다.

그렇군요!
가을에 익는 열매가 팥을 닮아서 팥배나무라 한다. 팥배나무의 한자 이름은 감당(甘棠)이며, 당이(棠梨), 두이(豆梨)라는 별칭이 있다.

패랭이꽃

이뇨, 항염, 소화를 촉진하게 하는 이로운 약초

568

학명 *Dianthus chinensis*
과 석죽과의 여러해살이풀
서식장소 숲의 가장자리, 냇가 모래땅
개화기 6~8월
분포 한국, 중국, 유럽
크기 높이 약 30cm
꽃말 순결한 사랑, 재능, 거절

형태 및 생태
줄기는 빽빽하게 모여 나며 곧추서고 위에서 가지가 갈라진다. 잎은 마주나고 밑 부분에서 합쳐져 원줄기를 둘러싸며 줄모양으로 가장자리가 밋밋하다. 꽃은 양성화로 6~8월에 붉은 보라색으로 피고 가지 끝에 한 개씩 달린다. 열매는 삭과로 9~10월에 익는다.

이용
한방에서는 꽃과 열매가 달린 전초를 그늘에 말려 약재로 쓴다.

약성
성질은 차며 맛은 쓰고 달고 매우며 독은 없다.

생약명
석죽화(石竹花), 대란(大蘭), 산구맥(山瞿麥), 거구맥(巨句麥),

효능
이뇨, 소염, 통경, 항염제 등에 효과가 있으며 쓴맛을 내어 소화를 촉진하는 효과도 있다. 소변이 잘 나오지 않거나 적게 자주 보는 것과 구토가 멎지 않는 것이 동시에 나타나는 증상을 낫게 한다. 가시 박힌 것을 나오게 하고 옹종을 삭이며 눈을 밝게 하고 심경을 통하게 하며 소장을 순조롭게 하는 데 매우 좋다.

그렇군요!
우리나라에서 옛날 서민들이 머리에 쓰던 패랭이 모자를 닮았다고 하여 이름이 붙여졌다. 중국에선 바위에서 대나무처럼 마디가 고운 꽃이 피어난 대나무를 닮은 꽃이라 해서 '석죽'이라 불렀다고 한다.

569

풀협죽도

변비나 소화불량, 위장질환에 이로운 약초

학명 *Phlox paniculata*
과 꽃고비과의 여러해살이풀
서식장소 풀밭, 공원, 화단
개화기 6~9월
원산지 북아메리카
크기 높이 약 1m
꽃말 주의, 방심은 금물

■ 형태 및 생태

줄기는 밀생하고 곧게 선다. 잎은 마주나고 피침형으로 3장씩 돌려나고 가장자리가 밋밋하며 잔털이 있다. 꽃은 6~9월에 흰색, 자주색, 분홍색 등으로 피며 커다란 원추꽃차례에 달린다. 꽃이 피는 기간은 길지만 꽃 자체의 수명은 짧다. 열매는 삭과로 9월에 익는다.

■ 이용

한방에서는 잎과 뿌리를 약재로 쓰는데 특히 뿌리를 달여 안과질환이나 성병에 사용한다. 외용제로 종기나 습진을 치료한다.

■ 복용법

말린 약재 1~2g을 달여 복용하고 생것을 짓찧어서 바르기도 한다.

■ 다른 이름

협죽초

■ 효능

변비나 소화불량, 위통, 위장질환에 효능이 있다.

■ 주의

몸이 찬 사람은 복용하지 않는 것이 좋다.

■ 그렇군요!

꽃에 향기가 있어서 관상용으로 많이 재배하고 약재나 향수로도 사용한다. 세포자멸(Apoptosis) 활성화를 통해 구강암 세포의 증식에 효과적일 것이라는 보고가 있다.

학명 *Cardiospermum halicacabum*
과 무환자나무과의 덩굴성 여러해살이풀
서식장소 집 화단
개화기 8~9월
원산지 남아메리카
크기 길이 3~4m
꽃말 어린 시절의 재미

▪️ 형태 및 생태
덩굴은 뻗어가고 덩굴손으로 다른 물체를 감아 올라간다. 잎은 어긋나고 잎자루가 길며 가장 자리에 뾰족한 톱니가 있다. 꽃은 8~9월에 흰색으로 피고 잎보다 긴 꽃자루 끝에 한 쌍의 덩굴손과 함께 몇 개의 꽃이 달린다. 열매는 9월에 익으며 각 실에 검은 종자가 한 개씩 들어 있다. 열매가 풍선처럼 생겨 풍선덩굴이라 한다.

▪️ 이용
전초를 약용한다. 여름과 가을에 채취하여 햇볕에 말리거나 생것으로 이용한다.

▪️ 복용법
말린 약재 10~15g을 달여서 복용한다. 외용 시에는 생것을 짓찧어서 바르거나 달인 물로 환부를 씻어낸다.

▪️ 생약명
가고과(假苦瓜)

▪️ 다른 이름
풍경덩굴, 풍선초, 방울초롱아재비

▪️ 효능
열과 혈압을 낮춰주고 피를 맑게 하여 독을 풀어준다. 황달, 청열, 양혈(凉血), 해독의 효능이 있다.

573

피나물

관절염, 류머티즘에 이로운 약초

학명 *Hylomecon vernalis*
과 양귀비과의 여러해살이풀
서식장소 숲속
개화기 4~5월
분포 한국, 중국, 우수리 강, 헤이룽 강
크기 높이 약 30cm
꽃말 봄나비

형태 및 생태
뿌리줄기는 짧고 굵으며 여기서 잎과 줄기가 나온다. 잎은 깃꼴겹잎이고 작은 잎은 넓은 달걀 모양이며 가장자리에 불규칙한 톱니가 있다. 꽃은 양성화로 4~5월에 피고 윗부분의 잎 겨드랑이에서 산형꽃차례에 1~3개의 꽃이 달린다. 열매는 삭과로 7월에 익는데 많은 종자가 들어 있다.

이용
봄에 어린잎을 나물로 먹으며 한방에서는 풀 전체를 약용하는데 약간의 독성이 있다. 한방에서는 뿌리를 하청화근(荷靑花根)이라 하여 외상을 입은 부위에 붙이거나 환약으로 만들어 복용하여 신경통, 관절염 등을 치료한다.

복용법
뿌리 말린 약재 2~4g을 300cc 물에 달여 물의 양이 반이 될 때까지 달인 뒤 식후에 마신다.

생약명
하청화근(荷靑花根)

다른 이름
하청화, 노랑매미꽃, 여름매미꽃

효능
관절염, 류머티즘, 옹종, 제습, 종독, 진통, 지혈, 타박상 등에 효능이 있다.

주의
독성이 있어 전문가와 상의한 뒤 복용을 하고 장복을 하면 좋지 않다.

575

피막이풀

신장염, 간염, 황달, 해독에 이로운 약초

학명 *Hydrocotyle*
과 미나리과의 여러해살이풀
서식장소 습기 있는 풀밭
개화기 7~8월
분포 제주도
크기 5~10cm
꽃말 내일의 행복

형태 및 생태
땅을 기어 나가며 자라는 풀로 가는 줄기는 땅에 닿는 곳마다 뿌리를 내린다. 잎은 마디마다 서로 어긋나고 기다란 잎자루를 가지고 있다. 잎은 신장 모양으로 작은 톱니를 가지고 있다. 꽃은 7~8월에 잎겨드랑이로부터 긴 꽃대가 자라나 3~5송이의 아주 작은 꽃이 둥글게 뭉쳐 핀다.

이용
전초를 약재로 쓴다. 꽃이 피었을 때 채취하여 햇볕에 말린다. 생풀을 쓰기도 한다.

복용법
말린 약재를 한 번에 3~5g을 달여서 복용하며 외용할 때는 생풀을 짓찧어서 환부에 붙인다.

생약명
천호유, 예초, 변지금, 계장채

효능
신장염, 간염, 황달, 신장결석, 인후염과 이뇨, 해독, 소종 등의 효능이 있으며 백내장에도 효험이 있다.

그렇군요!
국내에 5종류가 있는데 큰피막이풀, 큰피막이, 선피막이, 제주피막이, 피막이다. 완전히 옆으로 기는 제주피막이와 군데군데에서 가지가 뻗어서 서는 종류가 있다. 수조에서도 키운다.

ㅎ

학명 *Eclipta prostrata* (L.) L.
과 국화과의 한해살이풀
서식장소 논둑, 밭, 하천변
개화기 8~9월
분포 전 세계 열대, 아열대 습지
크기 높이 20~30cm
꽃말 애국심, 승리

■ 형태 및 생태

줄기는 곧게 서서 자라며 전체에 짧고 억센 강모가 있고 가지가 어긋난다. 잎은 마주나며 양면에 굳세고 짧은 털이 있으며 가장자리에 톱니가 조금 있다. 꽃은 8~9월에 가지와 원줄기 끝에 한 개씩 달리고 두화이다. 열매는 수과로 검게 익는다. 열매에 깃털이 없어 종자를 퍼뜨리기 위해서는 종자가 익을 시기에 지표면에 반드시 물이 있어야 한다.

■ 이용

꽃을 포함한 전초를 약재로 쓴다. 꽃이 필 때 채취해 햇볕에서 말린다.

■ 복용법

말린 약재 5~10g을 물에 달여서 복용하고 외용할 때는 생것을 짓찧어서 환부에 붙인다.

■ 생약명

한련초(旱蓮草), 수한련(水旱蓮), 연자초(蓮子草), 저아초

■ 효능

지혈작용과 정력에 효능이 있으며 근육과 뼈를 튼튼하게 해준다. 대장염, 이질, 혈뇨, 혈변, 대하증, 음부가 습하고 가렵거나 간지러울 때 효험이 있다. 남성의 양기부족, 음위, 조루, 발기부전 등 갖가지 남성질환을 치료하는데 효력이 탁월하다.

학명 *Pulsatilla koreana*
과 미나리아재비과의 여러해살이풀
서식장소 산과 들판의 양지바른 곳
개화기 4~5월
분포 한국, 중국 북동부, 우수리 강, 헤이룽 강
크기 꽃줄기 길이 30~40cm
꽃말 공경

▪ 형태 및 생태

전체에 흰 털이 빽빽하게 나서 흰빛이 돌지만 표면은 짙은 녹색이고 털이 없다. 곧게 들어간 굵은 뿌리 머리에서 잎이 무더기로 나와 비스듬히 퍼진다. 잎은 잎자루가 길고 꽃은 4~5월에 밑을 향하여 붉은빛을 띤 자주색으로 핀다. 열매는 수과로서 긴 달걀 모양이다.

▪ 이용

유독식물이지만 뿌리를 약용한다. 이른 봄이나 가을에 뿌리를 채취하여 물에 씻어 잔뿌리를 제거하고 햇볕에 말려 쓴다.

▪ 복용법

말린 약재를 하루 9~15g을 달여 복용한다.

▪ 생약명

백두옹(白頭翁), 야장인(野丈人), 백두공(白頭公)

▪ 다른 이름

노고초(老姑草)

▪ 효능

뇌암, 뇌종양, 뇌염, 해열과 소염, 살균, 수렴, 학질과 신경통에 효험이 있다. 또한 뿌리는 무좀에 특효약으로 알려졌으며 살균, 살충 작용이 강하다. 대장염, 복통, 치통, 뼈마디가 아플 때, 관절통을 치료한다.

▪ 그렇군요!

양지성 식물이므로 햇볕이 잘 드는 곳에서 재배한다. 가능한 한 건조한 상태를 유지하며 너무 습하게 되면 지하부가 썩기 쉽다. 시비는 거의 필요하지 않다. 부적절한 시비관리는 식물체를 고사시키기 쉽고 이식성도 좋지 않다.

함박꽃나무

간과 심장, 만성비염에 이로운 나무

학명 *Magnolia sieboldii*
과 목련과의 낙엽소교목
서식장소 산골짜기의 숲속
개화기 5~6월
분포 한국, 일본, 중국 북동부
크기 높이 7m
꽃말 수줍음

형태 및 생태
가지는 잿빛과 노란빛이 도는 갈색이며 잎은 어긋나고 달걀을 거꾸로 세운 듯한 모양의 긴 타원형이다. 표면에는 광택이 많이 나고 가장자리는 밋밋하다. 꽃은 5~6월에 흰색의 양성으로 피며 밑을 향하여 달린다. 열매는 골돌과로 타원형이며 9월에 익는다. 익으면 터지면서 실에 매달린 씨가 나온다.

이용
한방에서는 약재로 쓴다. 꽃봉오리를 채취하여 말린 후 탕전하거나 환제 또는 산제로 쓴다.

복용법
말린 약재 5~10g을 달여서 하루 세 번 나누어 복용한다.

생약명
신이(辛夷)

다른 이름
천녀화, 천녀목란, 함백이꽃, 함박이, 옥란

효능
간과 심장, 위경련, 신경을 다스리며 축농증, 만성비염, 두통, 복통, 복수, 설사, 이질, 출혈, 폐렴, 해수 등에 효능이 있다. 중국의서『약성론』에서는 얼굴에 생긴 기미나 여드름을 치료한다고 적혀 있다.

그렇군요!
산목련이란 이름으로 더 잘 알려져 있다. 아름답고 향기가 좋아 정원에서 기르면 좋다. 하지만 꽃집 등에서 잘 취급하지 않아 식물을 구하기 어렵다.

585

해당화
당뇨병 치료에 이로운 약초

학명 *Rosa rugosa* THUNB.
과 장미과의 낙엽관목
서식장소 바닷가 모래땅
개화기 5~7월
분포 한국
크기 1.5m
꽃말 온화, 미인의 삼결

형태 및 생태
줄기와 가시에 융털이 있다. 잎은 어긋나며 표면은 주름살이 많고 광택이 나며 이면은 잔털이 밀생하고 가장자리에 톱니가 있다. 꽃은 5~7월에 홍자색으로 피며 꽃자루에는 자모가 있다. 열매는 가장과(假漿果)로 구형이며 8월에 황적색으로 익는다.

이용
어린순은 나물로 먹고 뿌리는 꽃이 필 때 채취하여 말려서 쓴다.

복용법
말린 약재 3~6g을 달여서 복용한다. 꽃을 이용한 꽃차도 효과적이며 술에 넣어 담금주로 6개월 정도 지나 마셔도 된다.

생약명
매괴화(玫瑰花)

다른 이름
해당나무, 해당과(海棠果), 필두화(筆頭花)

효능
당뇨병 치료에 효능이 있다. 혈액순환, 부인과 질환, 관절염과 빈혈 등에도 도움을 준다.

해바라기

동맥경화, 뇌졸중을 예방하는 이로운 약초

학명 *Helianthus annuus*
과 국화과의 한해살이풀
서식장소 양지바른 곳
개화기 8~9월
원산지 중앙아메리카
크기 높이 약 2m
꽃말 프라이드

형태 및 생태

줄기는 곧게 자라고 전체에 억센 털이 있으며 잎은 어긋난다. 잎자루가 길며 심장형 달걀 모양이고 가장자리에 톱니가 있다. 꽃은 8~9월에 피며 원줄기가 가지 끝에 한 개씩 달려서 옆으로 처진다. 열매는 10월에 익으며 2개의 능선이 있다. 번식력이 강해 각처에서 자생하고 있다.

이용

종자를 짜서 기름을 만들어 식용한다. 한방에서는 줄기 속을 약재로 이용하고 있다.

생약명

향일규(向日葵)

다른 이름

조일화(朝日花), 향일화(向日花), 산자연

효능

해바라기씨의 비타민E 성분은 유해한 콜레스테롤을 분해하여 혈관 내 혈액 점성이 높아지지 않도록 이를 관리한다. 혈액이 끈적이게 되면 각종 이물질과 함께 뭉쳐져서 혈전을 형성하게 되고, 혈전은 혈관 벽에 들러붙어 딱딱해지거나 갈라지게 만드는 동맥경화를 유발한다. 뇌졸중을 예방하고 혈압을 조절할 수 있도록 도와주는 것이 바로 해바라기씨의 효능이다. 이뇨, 진해, 지혈에 효능이 있다. 소변불리, 백일해, 해소, 요로결석, 방광결석 등에 치료제로 사용한다.

그렇군요!

해바라기란 중국 이름인 향일규(向日葵)를 번역한 것이며, 해를 따라 도는 것으로 오인한 데서 붙여진 것이다. 콜럼버스가 아메리카대륙을 발견한 다음 유럽에 알려졌으며 '태양의 꽃' 또는 '황금꽃'이라고 부르게 되었다.

589

학명 *Suaeda maritima*
과 명아주과의 한해살이풀
서식장소 바닷가
개화기 7~8월
분포 북반구와 호주
크기 높이 30~50cm

■ 형태 및 생태
곧게 자라고 가지가 많이 달린다. 잎은 통통한 긴 바늘모양으로 뭉쳐나고 선형이다. 꽃은 7~8월에 피고 꽃대가 없다. 열매는 포과로 원반 같이 생기고 종자가 한 개씩 들어 있으며 배(胚)는 나선형이다.

■ 이용
어린순을 나물로 먹는다. 5월 단오 무렵에 채취한 것이 가장 좋다.

■ 복용법
말린 약재 5~10g을 달여서 복용한다.

■ 약성
맛은 약간 짜고 성질은 약간 차다.

■ 생약명
염봉(鹽蓬)

■ 효능
해열, 소화불량, 적취, 변비, 비만증 등에 효과가 있다.

호랑가시나무

간, 신장, 방광에 이로운 약초

학명 *Ilex cornuta*
과 감탕나무과의 상록소교목
서식장소 해변가 산의 양지
개화기 4~5월
분포 한국, 중국
크기 높이 2~3m
꽃말 가정의 행복, 평화

형태 및 생태
줄기는 밑 부분에서 여러 줄기의 가지가 모여 자라고 털이 없다. 잎은 어긋나고 두꺼우며 윤택이 나고 타원상 육각형이다. 꽃은 4~5월에 피고 5~6개가 잎겨드랑이에서 산형꽃차례로 달린다. 열매는 핵과로 둥글고 9~10월에 붉게 익는다. 종자는 4개씩 들어 있다.

이용
한방에서는 잎과 열매를 약재로 쓴다. 잎은 8월에 채취하여 가는 가지와 잡물을 없애고 햇볕에 말려서 쓰고 뿌리는 연중 채취한다.

복용법
말린 약재 3~5g을 달여서 복용한다. 외용할 때는 생것을 짓찧어서 즙을 만들거나 달인 물로 환부를 씻는다.

생약명
잎 : 구골엽(枸骨葉), 묘아자(猫兒刺), 열매 : 구골자(枸骨子)

효능
신경성두통, 관절염 뼈질환, 야맹증, 청풍열, 자음, 강정, 거풍, 강장 등에 효험이 있으며 치통을 치료한다. 『본초강목』에 의하면 호랑가시나무 열매와 잎을 술에 담가 복용하면 허리가 튼튼해진다고 했다. 간과 신장, 방광에 효능이 있다.

그렇군요!
잎 끝에 호랑이 발톱을 닮은 가시가 있어 그렇게 이름이 붙여졌다. 가시가 뾰족하다.

홍화

심장과 간에 이로운 약초

학명 *Carthamus tinctorius* L.
과 국화과의 두해살이풀
서식장소 재배
개화기 6~7월
분포 한국, 중국, 인도, 이집트, 남유럽,
　　　북아메리카 오스트레일리아
크기 30~150cm
꽃말 불변

■ 형태 및 생태

줄기는 곧게 서고 가지가 많이 발생하면서 가늘어진다. 잎은 어긋나고 가장자리는 예리한 톱니모양이다. 꽃은 7~8월에 붉은빛이 도는 노란색으로 피고 가지 끝에 한 개씩 핀다. 열매는 수과로 윤택이 나고 짧은 관모가 있다.

■ 이용

어린 순을 식용한다. 한방에서는 부인병, 통경약 등으로 쓴다.

■ 복용법

볶은 홍화씨 30g에 물 1리터를 넣고 푹 달인 후 공복에 하루 3잔정도 복용한다.

■ 약성

맛은 맵고 성질은 따뜻하며 독은 없다.

■ 생약명

홍화(紅花), 홍화자(紅花子)

■ 효능

심장과 간에 작용하여 온몸의 혈액순환을 돕고 어혈을 풀어주는 동시에 통증을 완화시키는 효능이 있다. 또한 뇌건강을 좋게 하고 피부세포를 활성시켜 피부미용에도 도움을 준다.

595

학명 *Crotalaria sessiliflora*
과 콩과의 한해살이풀
서식장소 산과 들의 양지바른 풀밭
개화기 7~9월
분포 한국, 중국
크기 높이 20~70cm
꽃말 행복감

형태 및 생태

가지가 위에서 갈라지며 잎의 표면을 제외하고는 전체에 털이 있다. 잎은 어긋나고 넓은 선형으로 턱잎이 있다. 꽃은 7~9월에 하늘색으로 피고 줄기와 가지 끝에 수상꽃차례로 달린다. 열매는 협과로 9~10월에 익는다.

이용

약재로 쓴다.

복용법

황달에는 말린 약재 30g을 달여 복용하면 치유 효능을 얻게 된다. 뱀에 물렸을 때는 생것을 짓찧어서 환부에 붙이면 독성을 완화시킨다.

생약명

야백합(野百合), 야지마(野芝麻), 이두(狸豆), 구령초(狗鈴草)

효능

이 식물의 약효성분은 알칼로이드로서 대표적인 것은 모노크로타린을 들 수 있는데 이 성분은 암세포의 발육을 억제시켜 폐암, 유방암, 위암, 자궁암등에 효능이 있다. 혈압을 떨어뜨리는 작용과 황달, 이뇨효과도 있다.

회향

위, 폐, 대장에 효험이 있는 약초

학명 *Foeniculum vulgare*
과 미나리과의 두해살이풀
서식장소 산지, 들
개화기 4~10월
원산지 지중해 연안
크기 높이 1.5~2m
꽃말 극찬, 역량

형태 및 생태
줄기는 곧게 자라며 속은 비어 있다. 잎은 끝이 뾰족하며 깃털처럼 3~4갈래로 가늘게 갈라져 있다. 꽃은 가지 끝에 노란색으로 피며 작은 꽃이 우산 모양의 꽃차례를 이룬다. 열매는 분열과이다.

이용
인도, 이란 등의 전통의학에서도 이용되고 이들 의학에서 무려 43개 이상의 질병에 사용되었다.

복용법
말린 약재를 3~9g을 진하게 달여 복용한다.

생약명
회향

다른 이름
원대회향, 야회향, 토회향

효능
이뇨작용과 체중감량, 비만을 방지하여 다이어트 허브라고 불리기도 한다. 식욕을 돋우고 소화를 도우며 스트레스 해소와 숙면에 효과가 있다. 위, 폐, 대장, 가래, 동맥경화, 신장염, 신부전증에도 효능이 있다.

후박나무

암세포의 생성을 억제하고 전이를 막아주는 이로운 나무

학명 *Machilus thunbergii*
과 녹나무과의 상록활엽교목
서식장소 바닷가 산기슭
개화기 5~6월
분포 한국
크기 20m
꽃말 모정

형태 및 생태
나무껍질은 회갈색으로 껍질눈이 있으며 어린 가지는 녹색이다. 잎은 어긋나고 가지 끝에서 돌려난 것처럼 보이며 가장자리는 밋밋하다. 꽃은 양성화로 5~6월에 황록색의 꽃이 피며 원추꽃차례로 달린다. 열매는 장과로 둥글고 이듬해 7~9월에 흑자색으로 익는다.

이용
나무껍질을 약재로 쓴다.

복용법
말린 약재를 1회에 2~4g 물로 달여 복용한다. 아주 약하게 달여 차로 마셔도 된다.

생약명
후박(厚朴)

효능
암세포의 생성을 억제하고 전이를 막아 항암, 항균 등에 효과가 있다. 비장, 위장, 대장에 이로우며 습기를 없애고 기순환을 원활히 해준다. 위궤양과 십이지장경련, 위액분비를 억제시키고 중추신경 억제작용, 혈압강하작용을 한다. 고지혈증, 당뇨, 동맥경화 예방 및 개선에 뛰어난 나린진 성분이 함유되어 있다.

주의
임산부나 허약자는 주의해서 사용해야 하고 몸에 이상이 나타나면 복용을 금해야 한다.

601

|부록|

1. 약초대백과에 사용된 용어해설

2. 한방용어 사전

3. 병에 이로운 약초

약초대백과에 사용된 용어해설

과(果)

각과(殼果) 단단한 껍데기와 깍정이에 싸여 한 개의 씨만이 들어 있는 나무 열매를 통틀어 이르는 말. 도토리, 밤, 은행, 호두 따위가 있다. =견과.

골돌과((蓇葖果) 열과(裂果)의 하나. 여러 개의 씨방으로 이루어졌으며, 익으면 벌어진다. 작약의 열매, 투구꽃의 열매 따위가 이에 속한다. 늑골돌, 분과.

구과(毬果) 구과 식물의 열매. 낙우송과 식물, 측백나뭇과 식물, 소나뭇과 식물 따위의 열매로, 목질(木質)의 비늘 조각이 여러 겹으로 포개어져 둥글거나 원뿔형이며, 미숙할 때는 밀착되어 있으나 성숙함에 따라 벌어져 열린다. 솔방울, 잣송이 따위이다.

대과(袋果) 하나의 심피로 이루어지는 씨방이 익어서 생기는 과실. 이러한 열매를 맺는 식물로는 하늘매발톱, 백부자, 박주가리 따위가 있다.

삭과(蒴果) 익으면 과피(果皮)가 말라 쪼개지면서 씨를 퍼뜨리는, 여러 개의 씨방으로 된 열매. 심피(心皮)의 등이나 심피 사이가 터져서 씨가 나오는데, 세로로 벌어지는 것에 나팔꽃, 가로로 벌어지는 것에 쇠비름, 구멍을 벌리는 것에 양귀비 따위가 있다. 늑삭.

상과(桑果) 복화과(複花果)의 하나. 짧은 꽃대에 많은 꽃이 엉겨서 피고 열매가 다닥다닥 열어 겉으로 보기에 한 개처럼 보인다. 오디, 파인애플 따위가 있다.

수과(瘦果) 식물의 열매로 폐과(閉果)의 하나. 씨는 하나로 모양이 작고 익어도 터지지 않는다. 미나리아재비, 민들레, 해바라기 따위의 열매가 있다.

시과(翅果) 열매의 껍질이 얇은 막 모양으로 돌출하여 날개를 이루어 바람을 타고 멀리 날아 흩어지는 열매. 단풍나무의 열매, 물푸레나무의 열매, 복장나무의 열매, 신나무의 열매 따위이다. 늑익과.

영과(穎果) 과피가 말라서 씨 껍질과 붙어 하나처럼 되고, 속의 씨는 하나인 열매. 벼, 보리, 밀 따위가 있다.

이과(梨果) 다육과(多肉果)의 하나. 씨방은 응어리가 되고 그 바깥쪽을 다육부가 둥글게 둘러싸고 있다. 배, 사과 따위가 있다.

장과(漿果) 다육과(多肉果)의 하나로 과육과 액즙이 많고 속에 씨가 들어 있는 과실. 감, 귤, 포도 따위가 있다. 늑물열매.

포과(胞果) 건과의 하나. 얇고 마른 껍질 속에 씨가 들어 있는데 명아주, 고추나무, 새우나무 따위의 열매가 이에 속한다.

핵과(核果) 액과(液果)의 하나. 단단한 핵으로 싸여 있는 씨가 들어 있는 열매로, 외과피는 얇고 중과피는 살과 물기가 많다. 복숭아, 살구, 앵두 따위가 있다. 보통 하나의 방에 한 개의 종자가 들어 있다. 늑석과.

협과(莢果) 건조과의 하나. 열매가 꼬투리로 맺히며 성숙한 열매가 건조하여지면 심피 씨방이 두 줄로 갈라져 씨가 튀어 나온다. 콩, 완두, 팥 따위의 콩과 식물에서 볼 수 있다.

꽃차례(花序)

두상꽃차례(頭狀花序) 무한(無限) 화서의 하나. 여러 꽃이 꽃대 끝에 모여 머리 모양을 이루어 한 송이의 꽃처럼 보이는 것을 이른다. 국화과 식물의 꽃 따위가 있다.

산방꽃차례(繖房花序) 무한 화서의 하나. 총상 화서와 산형 화서의 중간형이 되는 화서이며, 꽃가지가 아래에서 위로 차례대로 달리지만 아래의 꽃가지 길이가 길어서 아래쪽에서 평평하고 가지런하게 핀다. 유채 따위가 있다.

산형꽃차례(繖形花序) 무한 화서의 하나. 꽃대의 끝에서 많은 꽃이 방사형으로 나와서 끝마디에 꽃이 하나씩 붙는다. 미나리, 파꽃 따위에서 볼 수 있다.

수상꽃차례(穗狀花序) 무한 화서의 하나. 한 개의 긴 꽃대 둘레에 여러 개의 꽃이 이삭 모양으로 피는 화서를 이른다. 질경이, 오이풀 따위가 있다.

원추꽃차례(圓錐花序) 무한(無限) 화서 가운데 총상(總狀) 화서의 하나. 화서의 축(軸)이 수회 분지(分枝)하여 최종의 분지가 총상 화서가 되고 전체가 원뿔 모양을 이루는 것을 이른다. 남천, 벼 따위가 있다. ≒원뿔꽃차례

육수꽃차례(肉穗花序) 무한 화서의 하나. 수상(穗狀) 화서와 비슷하나 꽃대의 주위에 꽃자루가 없는 수많은 잔꽃이 모여 피는 화서이다.

총상꽃차례(總狀花序) 무한 화서의 하나. 긴 꽃대에 꽃자루가 있는 여러 개의 꽃이 어긋나게 붙어서 밑에서부터 피기 시작하여 끝까지 핀다. 꼬리풀, 투구꽃, 싸리나무, 아까시나무의 꽃 따위가 있다. ≒총상

취산꽃차례(聚繖花序) 유한 화서의 하나. 먼저 꽃대 끝에 한 개의 꽃이 피고 그 주위의 가지 끝에 다시 꽃이 피고 거기서 다시 가지가 갈라져 끝에 꽃이 핀다. 미나리아재비, 수국, 자양화, 작살나무, 백당나무 따위가 있다.

한방용어 사전

ㄱ

가사(假死) 한동안 의식이 없어지고 호흡과 맥이 멎어 죽은 것 같이 된 상태.

가피(痂皮) 상처나 헌데에서 고름이나 피, 진물이 나와 말라서 피부에 딱지가 앉는 것을 말함.

각궁반장(角弓反張) 중풍으로 얼굴이 비뚤어지거나 사지가 마비된 상태.

각기병(脚氣病) 비타민 비 원(B1)이 부족하여 일어나는 영양실조 증상.

각질(脚疾) 다리가 아픈 병.

각혈(咯血) 혈액이나 혈액이 섞인 가래를 토함. 또는 그런 증상. 결핵, 암 따위로 인해 발생한다.

간기(肝氣) 간의 정기(精氣). 간의 정기가 눈과 통하여 있으므로 간기가 고르면 눈이 맑고 잘 보인다.

간열(肝熱) 간에 열사(熱邪)가 있거나 기울(氣鬱)이 되어서 생기는 병.

간증(癎症) 간질(癎疾)의 증세.

간풍(肝風) 병의 진행 과정에서 온몸이 떨리고 어지러우며 경련이 일어나는 따위의 풍(風)증상

간허(肝虛) 간의 기혈(氣血)이 부족하여 생긴 병. 머리가 어지럽고 아프며 시력 장애나 청력 장애가 온다.

간화(肝火) 간기(肝氣)가 지나치게 왕성하여 생기는 열. 머리가 아프고 어지러우며 얼굴과 눈이 붉어지고 입이 쓰며 마음이 조급해지고 쉽게 노한다.

감병(疳病) 수유나 음식 조절을 잘못하여 어린아이에게 생기는 병. 얼굴이 누렇게 뜨고 몸이 여위며 배가 불러 끓고, 영양 장애, 소화 불량 따위의 증상이 나타난다.

감로(疳勞) 소화 기능의 장애로 영양이 불량하고 심신이 극히 쇠약하여 기침과 식은땀이 나고 얼굴이 창백해지는 어린이의 폐결핵, 만성 기관지 카타르 따위를 이른다.

감종(疳腫) 감병(疳病)의 하나. 얼굴이 붓고 몸이 쇠약하여지면서 배가 불러온다.

객담(喀痰) 가래를 뱉음. 또는 그 가래. 늑각담.

객혈(喀血/略血) 혈액이나 혈액이 섞인 가래를 토함. 또는 그런 증상. 결핵, 암 따위로 인해 발생한다. 늑각혈, 폐출혈.

건위(健胃) 위(胃)를 튼튼하게 함. 또는 튼튼한 위.

견비통(肩臂痛) 신경통의 하나. 어깨에서 팔까지 저리고 아파서 팔을 잘 움직

이지 못한다.

견식(肩息) 숨이 많이 차서 입을 벌리고 어깨를 들썩거리며 힘들게 숨을 쉬는 증상. 천식 발작이나 산소 부족으로 나타난다.

격통(膈痛) 가슴과 명치 끝이 아픈 증상.

결양증(結陽症) 수종(水腫)의 하나. 모든 양(陽)의 근본인 팔다리에 양기가 몰려 퍼지지 못하여 생기며, 팔다리가 붓고 아프다.

결흉증(結胸症) 사기(邪氣)가 가슴 속에 몰려 생긴 증상. 명치 끝에서 하복부에 걸쳐 딴딴하고 아프다.

경담(驚痰) 몹시 놀랐을 때 담이 가슴 속에 뭉쳐 아픈 증상. 주로 여자들에게 많다.

경락(經絡) 인체 내의 경맥과 낙맥을 아울러 이르는 말. 전신의 기혈(氣血)을 운행하고 각 부분을 조절하는 통로이다. 이 부분을 침이나 뜸으로 자극하여 병을 낫게 한다.

경축(驚搐) 회충병, 뇌척수 질환, 고열 따위로 인하여 어린아이의 온몸에 경련이 일어나는 증상. 늑축닉.

경풍(驚風) 어린아이에게 나타나는 증상의 하나. 풍(風)으로 인해 갑자기 의식을 잃고 경련하는 병증으로 급경풍과 만경풍의 두 가지로 나뉜다. 늑간병, 경기, 경풍증, 바람증.

경혈(驚血) 어혈(瘀血)이 엉긴 것으로, 멍든 피를 이르는 말.

고갈(苦渴) 몹시 목이 말라 고생함.

고경(苦梗) 도라지를 한방에서 이르는 말. 허파의 기(氣)를 순화하며 객혈 따위를 치료하는 데 쓴다.

고정(固精) 병자나 허약한 사람의 정력(精力)을 강하게 함.

고창(蠱脹) 기생충 때문에 배가 불러 오면서 아픈 증상.

고혈압(高血壓) 혈압이 정상 수치보다 높은 증상. 최고 혈압이 140~150mmHg 이상이거나 최저 혈압이 80~95mmHg 이상인 경우인데, 콩팥이 나쁘거나 갑상샘 또는 부신 호르몬에 이상이 있어 발생하기도 하고 유전적인 원인으로 발생하기도 한다. 늑고혈압증, 혈압 항진증.

곡달(穀疸) 황달의 하나. 음식 조절을 잘못하여 체하거나 영양 불균형 따위로 몸과 눈이 노래지면서 추웠다 더웠다 한다.

골막염(骨膜炎) 뼈막의 염증을 통틀어 이르는 말. 화농균의 감염이나 매독, 유행성 감기, 타박상에 의한 심한 자극 따위로 인하여 생기며 뼈조직의 곪음과 파괴를 일으킨다. =뼈막염.

골절증(骨絕症) 등뼈가 시큰거리고 아프며 허리가 무거워서 돌아눕기 힘든 증상.

골증열(骨蒸熱) 음기(陰氣)와 혈기(血氣)가 부족하여 골수가 메말라서 뼈 속이 후끈후끈 달아오르고 몹시 쑤시는 증상. 기침과 미열이 나고 식은땀이 많이 나며 마른다. 결핵 따위의 만성 소모성 질환에 나타난다. 늑골증, 골증증.

골한증(骨寒症) 뼈가 시린 증상.

곽란(霍亂/癨亂) 음식이 체하여 토하고 설사하는 급성 위장병. 찬물을 마시거나 몹시 화가 난 경우, 뱃멀미나 차멀미로 위가 손상되어 일어난다. 늑곽기, 도와리.

관절염(關節炎) 관절에 생기는 염증.

괴혈병(壞血病) 비타민 시(C)의 결핍으로 생기는 병. 기운이 없고 잇몸, 점막과 피부에서 피가 나며 빈혈을 일으키고, 심하면 심장 쇠약을 일으키기도 한다.

구갈(嘔渴) 욕지기와 갈증을 아울러 이르는 말.

구금(口噤) 입을 꼭 다물고 벌리지 못하는 중풍 증상.

구미(驅黴) 매독(梅毒)의 균을 없앰.=구매.

구미(鳩尾) 사람의 복장뼈 아래 한가운데의 오목하게 들어간 곳. 급소의 하나이다.=명치.

구수(久嗽) 기침이 오랫동안 계속되는 병. 기침이 나아졌다 더해졌다 하면서 오래 끌며 기침 소리는 약하고 가래는 없거나 진득진득하여 잘 뱉어지지 않는다.

구창(口瘡) 입안에 나는 부스럼.

구창(灸瘡) 쑥으로 뜸을 뜬 자리가 헐어서 생긴 부스럼.

규폐증(硅肺症) 규산이 많이 들어 있는 먼지를 오랫동안 들이마셔서 생기는 폐병. 숨이 차고 얼굴빛이 흙처럼 검어지면서 부기가 생기고 식욕이 없어지는 증상을 보이는데 채광, 채석, 야금 따위의 일을 하는 사람이나 도자기공, 석공들이 많이 걸린다. =규소폐증.

귤홍(橘紅) 귤피 안쪽의 흰 부분을 긁어 버린 껍질. 가슴에 막힌 기를 치료하는 데 쓴다.늑홍피.

극통(極痛/劇痛) 몹시 심한 아픔.

근골(筋骨) 근육과 뼈대를 아울러 이르는 말.

근염(筋炎) 근육에 생기는 염증을 통틀어 이르는 말. 근육이 여러 가지 화농균의 전염을 받아 염증을 일으키며, 부기·발열 따위의 증상을 나타낸다. =근육염.

금구리(噤口痢) 이질로 인해 입맛이 없어지고 욕지기가 나서 음식을 먹지 못하는 병.

금창(金瘡) 칼, 창, 화살 따위로 생긴 상처. 늑금상.

급간(急癇) 갑자기 온몸에 경련이 일어나 발작 상태가 반복되면서 정신을 잃는 병.

기결(氣結) 기가 소통이 되지 않고 인체의 어느 한 부분에 모여 있어 여러 가지 질환을 일으키는 병리 현상.

기관지염(氣管支炎) 기관지의 점막에 생기는 염증. 바이러스나 세균이 원인인 급성의 경우와 먼지, 가스, 흡연 따위가 원인인 만성의 경우가 있는데, 대개 기침이 나고 가래가 나오며 열이 나고 가슴이 아프다. 늑기관지 카타르.

기관지천식(氣管支喘息) 기관지가 과민하여 보통의 자극에도 기관지가 수축되고 점막이 부으며 점액이 분비되고 내강이 좁아져 숨쉬기가 매우 곤란해지는 병.

기궐(氣厥) 기의 순환 장애로 인하여 생기는 궐증

기담(氣痰) 칠정(七情)이 울결하여 생기는 담. 가래가 목에 걸려서 가슴이 답답하고 거북하다.

기색(氣塞) 어떠한 원인으로 인하여 기의 소통이 원활하지 못하고 막힘. 또는 그런 상태.

기역(氣逆) 기운이 위로 치미는 병리 현상. 가슴이 답답하고 손발이 차고 머리가 아프며 어지럽고 목이 마르는 증상이 나타난다.

기울(氣鬱) 정신적인 원인으로 기가 한곳에 몰려 잘 순환하지 못하는 병리 현상. 혹은 그로 인하여 나타나는 증상. 마음이 울적하고 가슴이 답답하며 입맛이 없고 옆구리가 결리는 따위의 증상이 나타난다. 늑기울증.

기창氣脹) 기가 정체되어서 복부가 더부룩하게 불러 오는 증상. 대개 간이나 지라 기능의 장애로 생긴다.

기창(起瘡) 천연두를 앓을 때 부르터서 곪음.=관농.

기체(氣滯) 체내의 기(氣) 운행이 순조롭지 못하여 어느 한곳에 정체되어 막히는 병리 현상. 또는 그로 인하여 나타나는 증상. 배가 더부룩하거나 통증이 있다. 늑기통.

기혈(氣血) 기와 혈을 아울러 이르는 말.

한방용어 사전

기혈(氣穴) 14경맥(經脈)에 속해 있는 혈(穴)을 이르는 말. 경락(經絡)의 기혈
(氣血)이 신체 표면에 모여 통과하는 부위로, 침을 놓거나 뜸을 떠서 자
극을 내부 장기(臟器)로 전달하기도 하고 내부 장기의 징후를 드러내기
도 한다. =경혈.

ㄴ

나력(瘰癧) '결핵 목 림프샘염'을 한방에서 이르는 말.
나력루(瘰癧瘻) 감루(疳瘻)의 하나. 나력이 생겨 곪아 뚫린 구멍에서 늘 고름이
나는 병이다. 늑서루.
내상(內傷) 음식을 잘못 먹었거나 과로, 정신 쇠약 따위로 생기는 질환을 통
틀어 이르는 말.
내옹(內癰) 몸 안에 생기는 종기.
내풍(內風) 병의 진행 과정에서 나타나는 풍증. 화열(火熱)이 몹시 성하거나 음
혈(陰血)이 부족하여 생긴다.
냉담(冷痰) 담병(痰病)의 하나. 팔과 다리가 차고 마비되어서 근육이 군데군데
쑤시고 아프다. =한담.
냉병(冷病) 하체를 차게 하여 생기는 병증. 늑냉, 냉증.
냉비(冷痹) 찬 기운 때문에 손발의 감각이 없어지고 저린 병.
냉약(冷藥) 성질이 찬 약. 소염 · 진정 작용이 있다. 늑찬약.
냉적(冷積) 배 속에 찬 기운이 뭉쳐 아픔을 느끼는 냉병. 찬 기운에 의한 혈액
순환의 장애로 생긴다.
노수(勞嗽) 몸이 허약해져서 기침과 오한이 있고 열이 나는 병.
노학(老瘧) 학질의 하나. 이틀을 걸러서 발작하며, 좀처럼 낫지 않는다. =이
틀거리.
노화(老化) 질병이나 사고에 의한 것이 아니라 시간이 흐름에 따라 생체 구조
와 기능이 쇠퇴하는 현상.
녹농균(綠膿菌) 슈도모나스과에 속하는 그람 음성균(Gram陰性菌). 가운데귀
염, 방광염의 고름증의 원인이 되며 푸르스름한 고름을 나게 한다. 병원
성은 그리 강하지 않다.
농루(膿漏) 고름이 끊임없이 흘러나오는 증상. =고름 흐름.
뇌내출혈(腦內出血) 뇌의 동맥이 터져서 뇌 속에 혈액이 넘쳐흐르는 상태. 고
혈압이 그 주된 원인으로, 출혈이 되면 갑자기 의식을 잃고 쓰러져 코

를 골며 자는 것 같다가 그대로 죽는 수가 많으며, 의식이 회복되더라도 손발이나 얼굴의 마비, 언어 장애와 같은 후유증이 있다. ≒뇌속출혈, 뇌출혈.

뇌혈전증(腦血栓症) 경화된 뇌의 동맥에 혈전이 생겨서 혈관을 막아 생기는 병. 고혈압, 당뇨병, 고지질 혈증, 아교질병 따위의 질병을 가진 사람에게 일어나기 쉬우며, 얼굴과 손발의 마비, 언어 상실증, 의식 장애 따위의 증상을 보인다.

누풍증(漏風症) 술을 지나치게 많이 마셔서 온몸에 늘 열과 땀이 나며, 목이 마르고 느른하여지는 병.≒주풍.

ㄷ

다발성(多發性) 여러 가지 일이 함께 일어나는 성질.

단독(丹毒) 피부의 헌데나 다친 곳으로 세균이 들어가서 열이 높아지고 얼굴이 붉어지며 붓게 되어 부기(浮氣), 동통을 일으키는 전염병. ≒단진, 단표, 적유풍, 풍단, 홍사창, 화단.

단백뇨(蛋白尿) 일정량 이상의 단백질이 섞여 나오는 오줌. 신장에 질환이 있을 때 나타나는 병적인 것과 오래 서 있었거나 과격한 운동 후에 나타나는 생리적인 것이 있다.

단방(單方) 한 가지 약재로 약을 조제함. 또는 그 약제(藥劑).≒단방약.

단유아(單乳蛾) 열이 나며 한쪽의 편도가 붓는 병.≒단아.

단전(丹田) 삼단전의 하나. 도가(道家)에서 배꼽 아래를 이르는 말이다. 구체적으로 배꼽 아래 한 치 다섯 푼 되는 곳으로 여기에 힘을 주면 건강과 용기를 얻는다고 한다. =하단전.

담(痰) 허파에서 후두에 이르는 사이에서 생기는 끈끈한 분비물. 잿빛 흰색 또는 누런 녹색의 차진 풀같이 생겼으며 기침 따위에 의해서 밖으로 나온다. =가래.

담궐(痰厥) 원기가 허약한 데다가 추운 기운을 받아서 생긴 담이 기혈의 순환을 막아서 생기는 병증. 팔다리가 싸늘해지며 맥박이 약해지고 마비, 현기증을 일으킨다.

담석증(膽石症) 쓸개나 온쓸개관에 돌이 생겨 일어나는 병.=쓸갯돌증.

담설(痰泄) 담병(痰病) 때문에 일어나는 설사.

담열(痰熱) 담병(痰病)의 하나. 담과 사열(邪熱)이 겹쳐 일어나는 병리 현상이나 그로 인하여 나타나는 증상을 이른다.

담울(痰鬱) 우울증의 하나. 물질대사가 안 되어 국소(局所) 부위에 담이 몰려 생긴다.

담음(痰飮) 체내의 수액(水液)이 잘 돌지 못하여 만들어진 병리적인 물질. 혹은 그 물질이 일정 부위에 몰려서 나타나는 병증. ≒담수.

담적(痰積) 담이 가슴에 몰려 생긴 적(積). 끈끈한 가래가 많고 가슴이 답답하며 머리가 어지럽다.

담화(痰火) 담(痰)으로 인하여 생기는 열.

대하(帶下) 여성의 질에서 나오는 흰색이나 누런색 또는 붉은색의 점액성 물질.

도한(盜汗) 심신이 쇠약하여 잠자는 사이에 저절로 나는 식은땀.≒침한.

독창(禿瘡) 머리에 생기는 피부병의 하나. 군데군데 둥글고 붉은 반점이 생기고 나중에는 머리털이 빠진다.=백선 종창.

동공(瞳孔) 눈알의 한가운데에 있는, 빛이 들어가는 부분. 검게 보이며, 빛의 세기에 따라 그 주위를 둘러싸고 있는 홍채로 크기가 조절된다. =눈동자.

동계(動悸) 두근거림의 전 용어.

동통(疼痛) 몸이 쑤시고 아픔.

두중(頭重) 머리가 무겁고 무엇으로 싼 듯한 느낌이 있는 증상.

두창(痘瘡) 천연두를 한방에서 이르는 말.≒천행두.

두창(頭瘡) 머리에 나는 부스럼을 통틀어 이르는 말.

두현(頭眩) 정신이 아찔아찔하여 어지러운 증상.=현훈.

둔통(鈍痛) 「명사」 둔하고 무지근하게 느끼는 아픔.

ㄹ

레시틴(lecithin) 글리세린 인산을 함유하는 인지질의 하나. 생체막의 주요 구성 성분으로, 동물의 뇌 · 척수 · 혈구 · 난황 따위와 식물의 종자(種子) · 효모 · 곰팡이류에 많이 함유되어 있다. 식료품이나 의약품에 쓴다.

ㅁ

마도창(馬刀瘡) '나력창'을 달리 이르는 말. 곪아 터져 헌데가 말조개 모양과 같은 데서 나온 말이다.

마목(痲木) 전신 또는 사지의 근육이 굳어 감각이 없고 몸을 마음대로 움직일 수 없는 병.

만경풍(慢驚風) 경풍의 하나. 천천히 발병하는데 잘 놀라거나 눈을 반쯤 뜨며 감지 못하고 자는 것 같으면서도 자지 않고 손발을 떨면서 전신이 차가워진다. 큰 병을 앓거나 구토나 설사를 많이 한 후에 몸이 허약해져서 생기거나 급경풍에서 전환되기도 한다. 늑만경.

매핵기(梅核氣) 목 안에 무엇인가 맺히어 있는 것 같아서 뱉으려 하여도 나오지 아니하고 삼키려 하여도 넘어가지 아니하는 증상. 정신적인 원인에 의하여 기(氣)가 목에 맺혀서 생긴다.

목설(木舌) 혀가 부어 입안에 가득 차고 굳어져서 움직일 수 없는 병.

목설(鶩泄) 배가 부르고 아프며 설사가 나는 병. 오리 똥과 같은 검푸른 묽은 변을 보게 된다.=당설.

몽설(夢泄) 잠을 자다가 꿈속에서 성적인 쾌감을 얻으면서 정액을 내보냄.=몽정.전체 보기

미란(糜爛/靡爛) 썩거나 헐어서 문드러짐.

ㅂ

반관맥(反關脈) 생리적으로 뛰는 위치가 달라진 맥. 촌구(寸口) 부위에서 뛰는 보통 사람과는 달리 손등에서 뛰는 맥을 이른다.

반신불수(半身不隨) 병이나 사고로 반신이 마비되는 일. 또는 그런 사람.늑반신마비, 일체편고.

반위(反胃) 음식을 먹으면 구역질이 심하게 나며 먹은 것을 토해 내는 위병.=번위.

반진(斑疹) 온몸에 좁쌀 모양의 붉은 점이 돋는 병을 통틀어 이르는 말.

발반(發斑) 천연두·홍역 따위의 병을 앓을 때에, 열이 몹시 나서 피부에 발긋발긋하게 부스럼이 돋음. 또는 그 부스럼.

발열(發熱) 열이 남. 또는 열을 냄.

발작(發作) 어떤 병의 증세나 격한 감정, 부정적인 움직임 따위가 갑자기 세차게 일어남.

발적(發赤) 피부나 점막에 염증이 생겼을 때에 그 부분이 빨갛게 부어오르는 현상. 모세 혈관의 확장이 그 원인이다.

발진(發疹) 피부 부위에 작은 종기가 광범위하게 돋는 질환. 또는 그런 상태. 약물이나 감염으로 인해 발생한다.

발포(發泡) 거품이 남

발한(發汗) 병을 다스리려고 몸에 땀을 내는 일.=취한.

방광결석(膀胱結石) 방광 속에 돌과 같은 물질이 생기는 병. 40~60세의 남자에게 많은 병으로, 오줌을 누는 데 장애가 되고 피가 나며 몹시 아프다.

배농(排膿) 곪은 곳을 째거나 따서 고름을 빼냄.

배뇨(排尿) 오줌을 눔.

배뇨통(排尿痛) 요도나 방광에 병이 생겨 오줌을 눌 때 느끼는 고통.

백탁(白濁) 소변이 뿌옇고 걸쭉함. 또는 그런 병.

번갈(煩渴) 가슴이 답답하고 열이 나며 목이 마르는 증상.

번열(煩熱) 몸에 열이 몹시 나고 가슴 속이 답답하여 괴로운 증상.≒번열증.

번위(反胃) 음식을 먹으면 구역질이 심하게 나며 먹은 것을 토해 내는 위병.≒반위, 위반.

번조(煩燥) 몸과 마음이 답답하고 열이 나서 손과 발을 가만히 두지 못하는 짓.≒번, 번조 불안, 번조증.

변독(便毒) 매독의 초기 궤양으로서 무통·경화성(硬化性)·부식성 구진이 감염 부위에 발생하는 것.=하감.

변탁(便濁) 비뇨 기관 계통의 염증, 결핵, 종양 때문에 소변이 흐린 병. 쌀 씻은 물처럼 뿌옇게 흐린 것은 백탁, 색이 벌건 것은 적탁이라고 한다. =요탁.

변비(便祕) 대변이 대장 속에 오래 맺혀 있고, 잘 누어지지 아니하는 병.≒변비증.

보법(補法) 육법의 하나. 몸에 기(氣), 혈(血), 음(陰), 양(陽)이 부족한 것을 보충하여 각종 허증을 치료하는 방법이다.

보사(補瀉) 원기(元氣)를 돕는 치료법과 나쁜 기운을 내보내는 치료법을 통틀어 이르는 말.

복량(服量) 약 따위를 먹는 분량.

복명(腹鳴) 창자 가스 소리의 전 용어.

복벽(腹壁) 배안 앞쪽의 벽. 피부, 근육, 복막 따위로 이루어져 있다.=배벽.

복수(腹水) 배 속에 장액성(漿液性) 액체가 괴는 병증. 또는 그 액체. 배가 팽만하여지고 호흡 곤란 증상이 나타나는데, 주로 간경변증·결핵 복막염·간매독(肝梅毒)·문정맥 혈전 때에 일어나며 심장 질환·신장 질환의 경과 중에도 볼 수 있다.

복창(腹脹) 체내에 수분의 대사가 원활하지 못하여 몸이 붓는 증상. 습사(濕邪)로 인하여 비(脾)의 기능에 장애가 생겨 장위에 수기(水氣)가 몰려서 생긴다. 물소리가 나며 배가 불러 오고 숨이 차는 증상이 나타난다. =수창.

복통(腹痛) 복부에 일어나는 통증을 통틀어 이르는 말.

복학(腹瘧) 어린아이에게 생기는 병의 하나. 배 안에 자라 모양의 멍울이 생기고, 추웠다 더웠다 하며 몸이 점차 쇠약하여지는 병이다. 늑별복, 별학, 자라배.

부인병(婦人病) 여성 생식 기관의 질환이나 여성 호르몬 이상으로 인한 병을 통틀어 이르는 말.

부종(腐腫) 염증 속에서 살이 상하면서 고름이 나오는 증상.

불임증(不妊症) 임신을 못 하는 병적 증상. 결혼하여 정상적인 부부 생활을 하나 삼 년이 지나도록 임신하지 못하는 경우를 이른다. 한 번도 임신되지 않는 원발성 불임증과 임신하였던 여성이 다시 임신하지 못하는 속발성 불임증이 있다. 늑생식 불능.

비(痹) 중풍 후유증으로 통증이 없으면서 한쪽 팔다리를 잘 쓰지 못하는 병.

비(鼻) '코'를 한방에서 이르는 말.

비구(鼻鼽) 코가 막히거나 맑은 콧물이 자꾸 흐르는 콧병. 급성 코염에 속한다. 늑구비.

비색증(鼻塞症) 코가 막히어 숨쉬기가 거북하고 냄새를 잘 맡을 수 없는 증상. 늑비질.

비염(鼻炎) 코안 점막에 생기는 염증을 통틀어 이르는 말. 급성 코염·만성 코염·알레르기성 코염 따위가 있는데, 코가 막히고 콧물이 흐르며 두통과 기억력 감퇴를 가져오기도 한다. =코염.

비통(鼻痛) 감기 때문에 코가 막히고 아픈 병.

비허(脾虛) 지라의 기능이 허약하여 소화가 잘되지 아니하고 식욕이 없어지며 몸이 야위는 병.

빈뇨(頻尿) 하루의 배뇨량에는 거의 변화가 없으나, 배뇨 횟수가 많아지는 증상. 하루에 소변을 10회 또는 그 이상 보며, 방광이나 요도 뒷부분의 염증, 당뇨병, 콩팥 굳음증 따위가 원인이다. =빈뇨증.

ㅅ

사리(瀉痢) 변에 포함된 수분의 양이 많아져서 변이 액상(液狀)으로 된 경우.

또는 그 변. 소화 불량이나 세균 감염으로 인해 장에서 물과 염분 따위가 충분히 흡수되지 않을 때나 소장이나 대장으로부터의 분비액이 늘어나거나 장관(腸管)의 꿈틀 운동이 활발해졌을 때 일어난다. =설사.

사상(蛇床) '사상자'의 성숙한 열매. 요통, 발기 불능(勃起不能), 낭습증 따위의 치료에 쓴다.=사상자.

사수(邪祟) 제정신을 잃고 미친 사람처럼 되는 증상. 원인은 알 수 없으며 귀신이 붙어서 일어나는 것이라고 하여 붙여진 이름이다.

사역(四逆) 손발에서 팔꿈치와 무릎까지 싸늘해지는 증상.

사지통(四肢痛) 팔다리가 쑤시고 아픈 병.

사하(瀉下) 설사하게 함.

사혈(死血) 상처 따위로 한곳에 뭉쳐서 흐르지 못하고 괴어 있는 피.≒죽은 피.

산기(疝氣) 생식기와 고환이 붓고 아픈 병증. 아랫배가 땅기며 통증이 있고 소변과 대변이 막히기도 한다.=산증.

산통(産痛) 해산할 때에, 짧은 간격을 두고 주기적으로 반복되는 배의 통증. 분만을 위하여 자궁이 불수의적(不隨意的)으로 수축함으로써 일어난다. =진통.

산한(産限) 해산(解産) 후 100일 동안.

산후풍(産後風) 아이를 낳은 뒤에 한기(寒氣)가 들어 떨고 식은땀을 흘리며 앓는 병.=산후 발한.

삼습(滲濕) 오줌을 누게 하거나 땀을 흘리게 하여 몸 안에 정체되어 있는 물기와 습기를 치료하는 방법.

삼초(三焦/三膲) 상초(上焦), 중초(中焦), 하초(下焦)를 통틀어 이르는 말. 상초는 가로막 위, 중초는 가로막과 배꼽 사이, 하초는 배꼽 아래의 부위에 해당한다. ≒외부.

상초(上焦) 삼초(三焦)의 하나. 가로막 위의 부위로 심(心)과 폐(肺)를 포함한다.

상한(上寒) 몸 윗도리에 찬 기운이 있는 것. 또는 한사(寒邪)가 상초(上焦)에 있는 것.

상혈(傷血) 외상을 당한 뒤에 어혈과 출혈 증상이 나타나는 병증.

상화(相火) 간(肝), 쓸개, 콩팥, 삼초(三焦)의 화(火)를 통틀어 이르는 말.

생기(生氣) 싱싱하고 힘찬 기운.

서설(暑泄) 여름철 더위로 인하여 생기는 설사. 열이 나며 배가 아프고 설사를 하면서 가슴이 답답하다.

한방용어 사전

서열(暑熱) 심한 더위.

서체(暑滯) 여름철에 더위로 인하여 생기는 체증(滯症).

서풍(暑風) 더위 먹은 뒤에 풍사(風邪)를 받아서 생기는 병. 경풍처럼 까무러치며 경련이 일어난다.

석림(石淋/石痳) 임질의 하나. 콩팥이나 방광에 돌처럼 굳은 것이 생겨서 소변볼 때에 요도 통증이 심하며 돌이 섞여 나온다.

설태(舌苔) 혓바닥에 끼는 흰색이나 회색, 황갈색의 이끼 모양 물질.

섬어(譫語) 앓는 사람이 정신을 잃고 중얼거리는 말.=헛소리.

소갈(消渴) 갈증으로 물을 많이 마시고 음식을 많이 먹으나 몸은 여위고 오줌의 양이 많아지는 병.≒소갈증, 조갈증.

소곡(消穀) 음식을 소화시키는 일.

소변불금(小便不禁) 오줌이 나오는 것을 알면서도 참지 못하는 증상.

소변불리(小便不利) 오줌의 양이 적어지면서 잘 나오지 아니하는 증상.

소산(小産) 임신 3개월 이후 저절로 낙태되는 일.

소양(小恙) 대수롭지 아니한 작은 병(病).

소양(搔癢) 가려운 데를 긁음.

소어(消瘀) 어혈(瘀血)을 삭이는 일. 또는 그런 치료법.

손설(殘泄) 먹은 음식이 소화되지 아니하고 그대로 배설되는 일. 또는 그런 설사.≒손사, 수곡리.

수역(水逆) 목이 말라 물을 마시고자 하면서도 물을 마시면 곧 토하여 버리는 병.

수음(水飮) 몸 안의 물과 습기가 한곳으로 몰리는 일.

수종(水腫) 신체의 조직 간격이나 체강(體腔) 안에 림프액, 장액(漿液) 따위가 많이 괴어 있어 몸이 붓는 병. 신장성, 심장성, 영양 장애성 따위가 있다.≒물종기, 수증.

수포(水疱) '물집'의 전 용어.

수해(嗽咳) 기침을 심하게 하는 병.=해수병.

습(濕) 병의 원인이 되는 습기.

습각기(濕脚氣) 다리의 근맥(筋脈)이 이완되고 붓는 병증.

습담(濕痰) 습기가 몸 안에 오래 머물러 있어서 생기는 담.

습리(濕痢) 습사(濕邪)로 생기는 이질. 배가 더부룩하고 검붉은 진액이 섞인 설사를 한다.

습비(濕痺) 습기로 말미암아 관절이 저리고 쑤시며 마비되는 병증.

617

습사(濕邪) 육음(六淫)의 하나. 습기가 병의 원인으로 작용한 것을 이르는 말.

습설(濕泄) 설사의 하나. 습기가 위장에 머물거나 지라가 상하여 생기는 설사를 이른다.≒습사, 유설.

습열(濕熱) 습(濕)과 열(熱)이 결합된 나쁜 기운. 또는 그 기운으로 생기는 병.

습온(濕溫) 습사(濕邪)로 머리가 아프고 가슴과 배가 그득하며 다리가 싸늘해지는 병.

습윤(濕潤) 습기가 많은 느낌이 있음.

식담(食痰) 담병의 하나. 음식에 체하여 생기는데 가슴이 그득하고 답답하여진다.

식적(食積) 음식이 잘 소화되지 아니하고 뭉치어 생기는 병. 비위(脾胃)의 기능 장애로 인하여 가슴이 답답하고 트림을 하는 따위의 증상이 나타난다. ≒체적.

식체(食滯) 음식에 의하여 비위가 상하는 병증. 과식을 하거나 익지 않은 음식, 불결한 음식을 먹거나 기분이 안 좋은 상태에서 음식을 섭취할 때 생긴다. =식상.

신경염(神經炎) 신경 섬유나 그 조직에 생기는 염증. 외상, 과로, 전염병, 영양 장애, 중독, 냉각, 류머티즘 따위로 일어나는데 신경의 길에 따라 통증, 압통(壓痛), 이상 감각, 운동 마비 따위의 증상이 나타난다.

신수(腎水) 신(腎)을 오행(五行)의 수(水)에 소속시켜 이르는 말.

신양(腎陽) 신(腎)의 생리적 기능의 동력이 되며 생명 활동에서 힘의 근원이 되는 신의 양기(陽氣).≒원양.

신음(腎陰) 신의 음기(陰氣). 신양(腎陽)에 상대되는 말로 신양과 의존하는 관계가 있어 신양의 기능 활동에 물질적 기초가 된다. ≒원음, 진음.

신허(腎虛) 하초(下焦)가 허약한 병. 과로나 지나친 성생활, 만성병으로 인하여 생기며 식은땀이 나거나 허리가 시큰거리고 유정(遺精), 발기 불능(勃起不能)의 증상이 있다.

실열(實熱) 외부의 사기(邪氣)가 몸 안에 침입하여 정기(正氣)와 서로 싸워서 생기는 열. 열이 높고 갈증이 나며 대변이 굳고 설태가 낀다.

실증(實症) 허(虛), 실(實), 음(陰), 양(陽) 가운데 실로 판단되는 증상. 주로 급성 열병이나 기혈의 울결(鬱結), 담음(痰飮), 식적(食積) 따위가 있다.

심기(心氣) 마음으로 느끼는 기분.

심허(心虛) 심장의 음양, 기혈이 부족하여서 생기는 병. 가슴이 두근거리고 아프며 숨결이 밭고 건망증이 심하며 불안해하고 잘 놀라는 증상이 나타난다.

ㅇ

아구창(鵝口瘡) 어린아이의 입안에 염증이 생겨 혀에 하얀 반점이 곳곳에 생기는 병. 칸디다균의 입안 감염으로 발생한다.

아장풍(鵝掌風) 손바닥에 생기는 피부병의 하나. 풍독이나 습사가 피부에 침입하여 생기는데 흰 껍질이 벗어지고 쌓여서 거위 발바닥과 비슷해진다. ≒아장선.

악창(惡瘡) 고치기 힘든 부스럼.

안신(安神) 치료를 위하여 정신을 안정하게 함.

안압(眼壓) 눈알 내부의 일정한 압력. 정상적인 안압은 15~25mmHg이며, 그 이상 또는 그 이하이면 시력 장애를 일으킨다.

압통(壓痛) 피부를 세게 눌렀을 때에 느끼는 아픔.

야뇨증(夜尿症) 밤에 자다가 무의식중에 오줌을 자주 싸는 증상.

야수(夜嗽) 밤이면 나는 기침. 음허(陰虛)로 인하여 생긴다.

야제(夜啼) 어린아이가 밤이 되면 불안해하고 발작적으로 우는 증상.=야제병.

양혈(養血) 약을 써서 피를 맑게 하거나 보호함.

어혈(瘀血) 타박상 따위로 살 속에 피가 맺힘. 또는 그 피.≒적혈, 축혈, 혈어.

역기(逆氣) 토할 듯 메스꺼운 느낌.=욕지기.

역절풍(歷節風) 관절이 붓고 통증이 극심하며 구부리고 펴기를 잘하지 못하는 병. 서양 의학의 급성 류머티즘성 관절염에 해당한다. 낮에는 좀 나았다가 밤에는 심해지는데, 그 통증이 범에 물린 것같이 심하여 백호(白虎) 역절풍이라고도 한다.

연주창(連珠瘡) 림프샘의 결핵성 부종인 갑상샘종이 헐어서 터진 부스럼.≒연주.

열격(噎膈) 음식이 목구멍으로 잘 넘어가지 못하거나 넘어가도 위에까지 내려가지 못하고 이내 토하는 병증.≒격열

열궐(熱厥) 궐증의 하나. 몸에 열이 난 뒤에 몸 안에 열이 막히고 팔다리가 차가워진다.=양궐.

열담(熱痰) 담음(痰飮)의 하나. 본래 담이 있는 데다 열이 몰려 생기는데, 몸에 열이 심하고 가슴이 두근거리며 입이 마르고 목이 잠긴다. ≒화담.

619

열독(熱毒) 더위 때문에 생기는 발진(發疹).≒온독.

열림(熱淋/熱痳) 오줌 빛이 붉고 요도가 열이 나고 막히며 아랫배가 몹시 아픈 임질.

열증(熱症) 열이 몹시 오르고 심하게 앓는 병. 두통, 식욕 부진 따위가 뒤따른다.=열병.

염창(臁瘡) '허구리'를 전문적으로 이르는 말.

영위(營衛) 영혈(營血)과 위기(衛氣)를 아울러 이르는 말.

오경(五硬) 선천적으로 원기(元氣)가 허하거나 풍사(風邪)를 받아서 어린아이의 손, 다리, 허리, 살, 목의 다섯 곳이 뻣뻣하여지는 증상.

오로(五勞) 오장(五臟)이 허약하여 생기는 다섯 가지 허로.

오림(五淋/五痳) 다섯 가지 종류의 임질. 기림(氣淋), 노림(勞淋), 고림(膏淋), 석림(石淋), 혈림(血淋)을 이른다.

오미(五味) 다섯 가지 맛. 신맛·쓴맛·매운맛·단맛·짠맛을 이른다.

오심(惡心) 위가 허하거나 위에 한, 습, 열, 담, 식체 따위가 있어서 가슴 속이 불쾌하고 울렁거리며 구역질이 나면서도 토하지 못하고 신물이 올라오는 증상.

오심번열(五心煩熱) 지라에 열이 쌓이거나 허실로 음혈이나 진액이 부족하여 양쪽 손바닥과 발바닥, 가슴의 다섯 곳에 열감을 느끼는 증상. =오심열.

오연(五軟) 어린아이의 머리·목·손·발·입의 근육 조직이 연약하고 무력한 병을 통틀어 이르는 말. 세 살 이전에 잘 생기는데 선천적인 기혈 부족에 후천적인 영양 장애가 겸하여서 생긴다. 각연(脚軟), 구연(口軟), 수연(手軟), 신연(身軟), 항연(項軟)이 이에 속한다.

오한(惡寒) 몸이 오슬오슬 춥고 떨리는 증상.≒오한증.

온경(溫經) 경맥을 따뜻하게 하여 기혈의 흐름을 원활하게 하여 주는 치료법.

온열병(溫熱病) 풍(風)에 온열(溫熱)을 수반한 병증.

온병(溫病) 여러 가지 외감성 급성 열병을 통틀어 이르는 말.

옹저(癰疽) '큰종기'를 한방에서 이르는 말.

완마(頑痲) 피부에 감각이 없는 증상.≒완비.

완화(莞花) 말린 팥꽃나무의 꽃봉오리를 한방에서 이르는 말. 부증(浮症), 창증(脹症), 해수(咳嗽), 담(痰) 따위에 쓴다. =원화.

왕래한열(往來寒熱) 병을 앓을 때, 한기와 열이 번갈아 일어나는 증상.=한열왕래.

요삽(尿澁) 오줌이 막히어 잘 나오지 아니하는 증상.

요통(腰痛) 허리와 엉덩이 부위가 아픈 증상. 척추 질환, 외상, 척추 원반 이상, 임신, 부인과 질환, 비뇨 계통 질환, 신경·근육 질환 따위가 원인이다. 늑허리앓이.

요혈(尿血) 오줌에 피가 섞여 나오는 병.=혈뇨.

울담(鬱痰) 목구멍과 입안이 마르고 기침이 나는 증상.

울모(鬱冒) 갑자기 현기증이 생겨서 심하면 잠시 정신을 잃는 병. 중한 병을 앓은 뒤 피와 진액이 부족하여 생긴다.

울혈(鬱血) 몸 안의 장기나 조직에 정맥의 피가 몰려 있는 증상. 혈관 안의 이물이나 혈전 따위로 국소적으로 일어나는 경우와 오른 심장 기능 상실이나 심장막염 따위로 전신적으로 일어나는 경우가 있다.

위궐(痿厥) 위증(痿證)과 궐증(厥證)을 아울러 이르는 말. 손발이 여위고 힘이 없으며 싸늘해진다.

위내정수(胃內停水) 비위(脾胃)의 수분 대사 기능의 장애로 위(胃) 안에 물이 고이는 병. 명치 부위를 가볍게 두드리면 물소리가 난다.

위암(胃癌) 위에 발생하는 암. 초기에는 뚜렷한 증상이 없지만 점점 위 부위의 통증이나 팽만감, 메스꺼움, 식욕 부진 따위의 증상이 나타나며 토한 내용물이나 대변에 피가 섞여 나오는 수도 있다.

위하수증(胃下垂症) '위 처짐증'의 전 용어.

유두(乳頭) 젖의 한가운데에 도드라져 내민 부분.=젖꼭지.

유륜(乳輪) 젖꼭지 둘레에 있는 거무스름하고 동그란 부분.=젖꽃판.

유선염(乳腺炎) 젖꼭지에 생긴 상처로 화농균이 침입하여 일어나는 젖샘의 염증. 젖샘이 부어 빨개지고 통증이 심하다. =유방염.

유정(遺精) 성교를 하지 아니하고 무의식중에 정액이 몸 밖으로 나오는 일. 수면 중 꿈을 꾸면서 사정하는 것은 생리적 현상이나 그 이외의 것은 병적 증상이다. 흔히 몸이 허약할 때 일어난다. 늑누정.

유중풍(類中風) 중풍과 비슷한 병. 정신을 잃고 갑자기 넘어지는 것은 중풍과 같으나, 입과 눈이 비뚤어지거나 몸의 반쪽을 쓰지 못하는 따위의 후유증을 남기지는 않는다.

유풍(油風) 머리카락이 군데군데 한 뭉치씩 빠지는 증상. 머리카락이 빠진 부위는 벌겋게 되면서 반들반들 광택이 나고 가렵다.

육부(六腑) 배 속에 있는 여섯 가지 기관. 위, 큰창자, 작은창자, 쓸개, 방광, 삼초를 이른다. 음식물을 받아들여 소화하고 영양분을 흡수하며 찌꺼기를 내려보내는 역할을 한다. 늑육부.

음양(陰瘍) '음부 가려움증'을 한방에서 이르는 말.

음위증(陰痿症) 음경의 발기가 잘되지 아니하는 병적 상태. 과로, 성적 신경 쇠약, 뇌척수 질환, 내분비 이상 따위가 원인이다. =발기 불능.

음허(陰虛) 음액(陰液)이 부족한 증상. 손, 발, 가슴에 열이 나는데 특히 오후에만 열이 오르고 대변이 굳으며 입안이 건조하다.

음허화동(陰虛火動) 몸에 음기(陰氣)가 부족하여 열과 땀이 심하고 식욕이 줄며 기력이 쇠약하여지는 현상. 쉽게 화를 내고, 얼굴이 붉어지며, 입이 마르고, 성욕이 병적으로 높아진다. ≒신허화동.

이급(裏急) 이질의 증상. 배변하기 전에는 배가 아프고 급하여 참기 어려우며 일단 배변을 하더라도 시원하게 되지 않고 뒤가 묵직한 느낌이 있다. =이급후중.

이급후증(裏急後重) 이질의 증상. 배변하기 전에는 배가 아프고 급하여 참기 어려우며 일단 배변을 하더라도 시원하게 되지 않고 뒤가 묵직한 느낌이 있다. ≒이급, 이급증, 후중.

이뇨(利尿) 오줌을 잘 나오게 함.

이명(耳鳴) 몸 밖에 음원(音源)이 없는데도 잡음이 들리는 병적인 상태. 귓병, 알코올 의존증, 고혈압 따위가 그 원인이다. =귀울림.

이질(痢疾) 변에 곱이 섞여 나오며 뒤가 잦은 증상을 보이는 법정 전염병. 세균성과 원충성으로 구별한다. ≒이점, 이증, 하리.

이허(裏虛) 몸 안의 장기에 기혈이 부족한 현상. 얼굴이 창백하고 맥이 없어져 말하기가 싫어지며, 가슴이 두근거리고 어지럽다. ≒이허증.

인음(引飮) 물이 계속 먹히는 증상.

인후통(咽喉痛) 목구멍이 아픈 병. 또는 그런 증상.

일음(溢飮) 담음(痰飮)의 하나. 수음(水飮)이 피하 조직에 몰려 생긴 병증으로, 몸이 붓고 무거우며 숨이 차고 기침을 한다. ≒일음증.

ㅈ

자궁내막염(子宮內膜炎) 여러 가지 세균 감염에 의하여 자궁안의 점막에 생기는 염증. 임균, 결핵균 따위가 원인이 되며 대하증, 하복통, 월경 불순 따위의 증상이 나타난다.

자궁발육부전증(子宮發育不全症) 성인의 자궁 발육 정도가 불완전한 병증. 부전 정도에 따라 태아 자궁, 소아 자궁 따위로 나눈다. 대부분 선천성으로 난소 내 분비 부전이 원인이며 월경 이상, 대하 증가, 불감증, 불임증 따위의 증상이 나타난다.

자번(子煩) 임신 때에 가슴이 답답하며 초조하고 쉽게 화를 내거나 정신적으로 우울하여지는 증상. ≒자번증.

자수(子嗽) 임신 중에 감기 따위로 늘 기침이 나는 증상.

자학(子瘧) 임신 중에 앓는 학질.

잔뇨(殘尿) 오줌을 누고 난 뒤에도 방광 속에 남는 오줌. 방광에 기능 장애가 있거나 방광목에 병이 있을 때 나타난다.

장골(長骨) 폭보다 길이가 훨씬 더 긴 뼈. 가운데 몸통과 양쪽 끝에 부풀어 커져서 관절을 이루는 뼈의 끝부분을 이룬다. =긴뼈.

장열(壯熱) 병으로 인하여 오르는 몸의 열. =신열.

장염(腸炎) 창자의 점막이나 근질(筋質)에 생기는 염증. 세균 감염이나 폭음·폭식 따위로 인하여 복통, 설사, 구토, 발열 따위가 나타난다. 급성과 만성이 있는데, 대개 급성이다. =창자염.

장출혈(腸出血) 궤양, 악성 종양 따위로 인하여 장관(腸管)에서 일어나는 출혈. 장티푸스, 창자 결핵, 창자암 따위에서 나타나는 증상으로, 혈변이나 하혈이 보인다. =창자 출혈.

적(積) 몸 안에 쌓인 기로 인하여 덩어리가 생겨서 아픈 병. 적(積)은 오장에 생겨서 일정한 부위에 있는 덩어리이고, 취(聚)는 육부에 생겨서 일정한 형태가 없이 이리저리 옮겨 다니는 덩어리를 이른다. =적취.

적리(赤痢) 급성 전염병인 이질의 하나. 여름철에 많이 발생하며, 입을 통하여 전염하여 2~3일 동안의 잠복기가 지난 후, 발열과 복통이 따르고 피와 곱이 섞인 대변을 누게 된다. 세균성 적리와 아메바 적리로 나눈다.

적체(積滯) 음식물이 제대로 소화되지 못하고 체한 채로 있음.

적취(積聚) 몸 안에 쌓인 기로 인하여 덩어리가 생겨서 아픈 병. 적(積)은 오장에 생겨서 일정한 부위에 있는 덩어리이고, 취(聚)는 육부에 생겨서 일정한 형태가 없이 이리저리 옮겨 다니는 덩어리를 이른다. ≒적, 적기, 적병.

전간(癲癇) '뇌전증'의 전 용어.

전경(傳經) 상한병에서 사기(邪氣)가 어느 한 경락(經絡)에서 다른 경락으로 옮겨지는 일.

전광(癲狂) 정신에 이상이 생겨 일어나는 미친 증세. =광증.

정기(丁幾) 동식물에서 얻은 약물이나 화학 물질을, 에탄올 또는 에탄올과 정제수의 혼합액으로 흘러나오게 하여 만든 액제(液劑). 요오드팅크, 캠퍼 팅크 따위가 있다. =팅크.

조잡(嘈雜) 속이 편하지가 않고 부글부글한 증상. 열로 인하여 염증이 생겨서 속이 답답하고 헛배가 부르며, 트림이 나고 구토의 기미가 있으며 점차로 위가 아프다. 만성(慢性) 위병에서 많이 나타나는 증세. ≒조잡증

조혈(造血) 생물체의 기관에서 피를 만들어 냄.

종양(腫瘍) 조절할 수 없이 계속 진행되는 세포 분열에 의한 조직의 새로운 증식이나 증대. 주위 장기로의 전이가 없는 양성 종양과 전이가 있는 악성 종양으로 크게 나눌 수 있다.

종창(腫脹) '부기'의 전 용어.

좌섬(挫閃) 갑작스러운 충격이나 운동으로 근막이나 인대가 상하거나 타박상으로 피하 조직이나 장기(臟器)가 상한 것. ≒섬좌, 염좌.

주달(酒疸) 황달의 하나. 주로 술을 지나치게 마셔서 생기는데, 몸과 눈이 누렇게 되면서 가슴이 답답하고 열이 나며 오줌의 색이 붉고 잘 나오지 않는다.

주독(酒毒) 술 중독으로 얼굴에 나타나는 붉은 점이나 빛. =술독.

주마담(走馬痰) 담(痰)이 이곳저곳을 옮겨 다녀서 몸이 군데군데 욱신거리고 아픈 병. =유주담.

주하병(注夏病/疰夏病) 여름을 몹시 타서 식욕이 줄고 기운이 쇠하여지는 병. =주하증.

중설(重舌) 혓줄기 옆으로 희고 푸른 물집을 이루는 종기. 점차 커지면 달걀만 하게 되어 별로 아프지는 않으나 말하기가 거북하여진다. =중혀.

중소(中消) 소갈(消渴)의 하나. 비위(脾胃)에 열이 성하여 많이 먹지만, 배가 쉽게 고프고 도리어 몸은 여위며, 대변이 굳고 소변이 자주 마렵다.

중초(重抄) 삼초(三焦)의 하나. 가로막 아래로부터 배꼽 이상의 부위로 비(脾)와 위(胃)의 장부(臟腑)를 포함한다.

중풍(中風) 뇌혈관의 장애로 갑자기 정신을 잃고 넘어져서 구안괘사, 반신불수, 언어 장애 따위의 후유증을 남기는 병. ≒중풍병, 중풍증.

증정(症情) 병을 앓을 때 나타나는 여러 가지 상태나 모양. =증세.

지구(枳椇) 헛개나무의 열매를 한방에서 이르는 말. 술 먹은 뒤를 깨끗하게 하고 대소변을 잘 통하게 하는 데에 쓴다. =지구자.

지갈(止渴) 목마름이 그침. 또는 목마름을 그치게 함.

지경(枝莖) 가지와 줄기를 아울러 이르는 말.

지음(支飮) 담음 가운데 하나. 기침이 나고 숨이 차서 반듯이 눕지 못하며 가슴이 답답하고 그득하며 심하면 몸이 붓는다. ≒지음증.

진통(陣痛) 해산할 때에, 짧은 간격을 두고 주기적으로 반복되는 배의 통증. 분만을 위하여 자궁이 불수의적(不隨意的)으로 수축함으로써 일어난다. ≒산통.

진해(鎭咳) 기침을 그치게 하는 일.

징가(癥瘕) 배 속에 덩어리가 생기는 병. 주로 여자에게 많이 생기는데 '징'은 뭉쳐서 일정한 곳에 자리하여 움직이지 않는 것을 이르고, '가'는 이곳저곳으로 옮겨 다니며 모양도 일정하지 않은 덩어리를 이른다. ≒비괴증.

大

창만(脹滿) 배가 몹시 불러 오르면서 속이 그득한 감이 있는 증상.

창양(瘡瘍) 몸 겉에 생기는 여러 가지 외과적 질병과 피부병을 통틀어 이르는 말.

천공(穿孔) 궤양(潰瘍), 암종(癌腫) 따위로 위벽, 복막 따위에 구멍이 생김. 또는 구멍을 생기게 함.

천식(喘息) 기관지에 경련이 일어나는 병. 숨이 가쁘고 기침이 나며 가래가 심하다. 기관지성, 심장성, 신경성, 요독성(尿毒性) 따위로 나눈다.

청곡(淸穀) 먹은 것이 소화되지 아니하여 그대로 멀건 물 같은 대변으로 나오는 증상.

청변(淸便) 물 같은 설사를 하는 증상. 소변과 대변을 통틀어 이르는 말.

청열(淸熱) 차고 서늘한 성질의 약을 써서 열증(熱症)을 제거하는 일.

청장(靑腸) '쓸개'를 한방에서 이르는 말.

청혈(圊血) 대변에 피가 섞여 나오는 증상.

체설(滯泄) 먹은 음식물이 체하여 일어나는 설사.

체이(涕洟) 눈물과 콧물을 아울러 이르는 말.

체증(滯症) 먹은 음식이 잘 소화되지 아니하는 증상. ≒체, 체병.

촬구(撮口) 신생아의 파상풍. 갓난아이가 입술이 오므라들어 젖도 빨지 못하고 우는 소리도 내지 못하며 혀가 뻣뻣하고 입술이 푸르고 열이 난다. ≒촬구증, 촬풍.

최산(催産) 약물 따위를 써서 임신부의 해산을 쉽고 빠르게 함.

최유(催乳) 젖이 나게 함.

출한(出汗) 땀이 남.

치루(痔漏/痔瘻) 항문 또는 곧창자 부위에 고름집이 저절로 터지면서 샛길이 생기고, 고름 따위가 나오는 치질의 하나. =항문 샛길.

ㅌ

타태(墮胎) 유산

탁독(托毒) 종기나 피부병을 치료할 때에 약으로 병독(病毒)을 한곳에 국한하거나 몰아내는 방법.

탄산(呑酸) 위에 신물이 고여서 속이 쓰린 증세. 위산 과다증일 때에 흔히 나타난다.

탈항(脫肛) 곧창자 점막 또는 곧창자 벽이 항문으로 빠지는 증상. =직장 탈출증.

태독(胎毒) 젖먹이의 몸이나 얼굴에 진물이 흐르며 허는 증상.

태동(胎動) 모태 안에서의 태아의 움직임.

태동불안(胎動不安) 임신 중에 태아가 빈번하게 움직여서 배가 아프고 당기는 느낌이 있으며 심하면 질에서 약간의 출혈이 있는 병증. 늑동태, 태동.

태루(胎漏) 임신 중에 자궁에서 피가 나는 병. 늑누태.

태황(胎黃) 갓난아이의 황달. 늑태달.

토사(吐瀉) 위로는 토하고 아래로는 설사함. =상토하사.

토산(吐酸) 위에서 신물이 올라오면서 신물을 게우는 증상.

토혈(吐血) 위나 식도 따위의 질환으로 피를 토함. 또는 그 피. 늑구혈.

통경(痛經) 여성의 월경 기간 전후에 하복부와 허리에 생기는 통증.

통리(通利) 대소변이 통함.

통맥(通脈) 혈맥(血脈)을 잘 통하게 함. 또는 그런 치료법.

통풍(痛風) 팔다리 관절에 심한 염증이 되풀이되어 생기는 유전성 대사 이상 질환. 관절 속이나 주위에 요산염이 쌓여서 일어나며, 열이 나고 피부가 붉어지며 염증이 생긴 관절에 통증이 있다.

퇴산(㿗疝/癲疝) 고환이 붓는 병을 통틀어 이르는 말. 늑퇴산증.

ㅍ

편고(偏枯) '반신불수'를 한방에서 이르는 말. 늑탄탄.

폐(肺) 가슴안의 양쪽에 있는, 원뿔을 반 자른 것과 비슷한 모양의 호흡을 하는 기관.=허파.

폐로(肺癆) 몸이 점점 수척해지고 쇠약해지는 증상. 폐결핵 따위에서 볼 수 있다.=노점.

폐창(肺脹) '천식'을 한방에서 이르는 말.

포의불하(胞衣不下) 아이를 낳은 뒤에 비교적 오랜 시간이 지나도 태반이 나오지 아니함.≒포의불하증.

포도당(葡萄糖) 단당류의 하나. 흰 결정으로, 단맛이 있고 물에 잘 녹으며 환원성이 있다. 생물계에 널리 분포하며, 생물 조직 속에서 에너지원으로 소비된다. 화학식은 C6H12O6. ≒글루코스, 글루코오스.

풍담(風痰) 풍증을 일으키는 담병. 또는 풍으로 생기는 담병.

풍비(風祕) 풍사(風邪)로 인하여 생기는 변비. 중풍 환자나 노인들에게 주로 생긴다.

풍비(風痱) 중풍의 하나. 의식에 이상이 없고 아프지는 않으나 팔다리 또는 한쪽 팔을 사용할 수 없다.≒비병.

풍비(風痹) 비증(痹症)의 하나. 팔다리와 몸이 쑤시고 무거우며 마비가 오는데 그 부위가 일정하지 않고 수시로 이동한다. =주비.

풍사(風邪) 육음(六淫)의 하나. 바람이 병의 원인으로 작용한 것을 이르는 말이다.

풍사(風瀉) 풍사(風邪)가 장(腸)과 위(胃)에 침입하여 생기는 설사.=풍설.

풍수(風嗽) 풍사(風邪)가 폐(肺)에 들어가서 생기는 해수(咳嗽). 코가 막히고 목이 쉬며 기침이 자주 난다.≒상풍해수.

풍습(風濕) 풍사(風邪)와 습사(濕邪)가 겹친 것. 또는 이로 인하여 생긴 병증. 뼈마디가 쑤시고 켕기며 굽혔다 폈다 하기가 어렵다.

풍열(風熱) 풍사(風邪)에 열이 섞인 것. 발열과 오한 따위의 증상이 나타난다.

풍의(風懿) 중풍의 하나. 갑자기 쓰러지며 혀가 뻣뻣하여져서 말을 하지 못하고 목구멍이 가래에 막혀 가래가 끓는 소리가 난다.

풍치(風瘈) 중풍과 치병(瘈病)을 아울러 이르는 말.

풍치(風齒) 썩거나 상하지 않은 채 풍증으로 일어나는 치통.

풍한천(風寒喘) 감기가 들어 숨이 차고 호흡이 곤란한 병.

피지(PG) 전립샘, 정낭(精囊) 따위에서 분비되는 호르몬과 같은 불포화 지방산의 약제. 위액 분비 억제, 기관지 근육 이완, 혈압 강하, 진통 유발 및 촉진, 사후(事後) 피임약 따위로 쓴다. =프로스타글란딘.

ㅎ

하초(下焦) 삼초(三焦)의 하나. 배꼽 아래의 부위로 콩팥, 방광, 대장, 소장 따위의 장기(臟器)를 포함한다. ≒주포.

학슬풍(鶴膝風) 무릎이 붓고 아프며 다리 살이 여위어 마치 학의 다리처럼 된 병. ≒슬유풍, 학슬.

한산(寒疝) 산증(疝症)의 하나. 고환이 붓고 차가우며, 당기고 아픈 병이다.

한습(寒濕) 한사와 습사를 아울러 이르는 말.

항강(項強) 목 뒤가 뻣뻣하고 아프며 목을 잘 돌리지 못하는 증상. ≒항강증.

해역(咳逆) 기침을 하면서 기운이 치밀어 올라 숨이 차는 증상.

해역(解㑊) 인체가 피로를 느끼고 팔다리와 뼈가 나른해지는 증상. 소갈병, 만성 소모성 질병, 열성병 따위에서 나타난다.

해울(解鬱) 기(氣)가 막혀 있는 것을 풀어 주는 치료법.

해천(咳喘) 기침과 천식을 아울러 이르는 말. ≒해천증.

행기(行氣) 기운을 차려 몸을 움직임.

행혈(行血) 혈(血)을 잘 돌게 하는 일.

허번(虛煩) 기력이 쇠약한 데다 속에 열이 있어서 가슴이 답답하고 불안한 증상.

허손(虛損) 몸이 점점 수척해지고 쇠약해지는 증상. 폐결핵 따위에서 볼 수 있다. =노점.

허열(虛熱) 몸이 허약하여 나는 열. ≒허화.

허증(虛症) 정기가 부족하여 몸의 저항력과 생리적 기능이 약하여진 증상. 폐결핵, 신경 쇠약 따위가 있다.

허한(虛汗) 몸이 허약하여 나는 땀.

허화(虛火) 몸이 허약하여 나는 열. =허열.

혈고(血枯) 피가 부족하여 생기는 병. 가슴과 옆구리가 더부룩하여지고, 여자의 경우 월경이 적어지거나 폐경이 되기도 한다. ≒혈폐.

현훈(眩暈) 정신이 아찔아찔하여 어지러운 증상. ≒두현, 두훈, 현운, 현훈증.

혈농(血膿) '피고름'의 전 용어.

혈뇨(血尿) 오줌에 피가 섞여 나오는 병. ≒소변혈, 요혈, 피오줌.

혈담(血痰) 피가 섞여 나오는 가래. 기관지 확장증, 폐암, 폐결핵, 폐렴 따위에 걸렸을 때 나오는 가래이다. ≒피가래.

혈림(血淋/血痳) 피가 섞인 오줌이 나오는 임질.

혈붕(血崩) 월경 기간이 아닌데도 대량의 출혈이 있는 증상.

혈전(血栓) 생물체의 혈관 속에서 피가 굳어서 된 조그마한 핏덩이.

혈풍창(血風瘡) 몹시 가렵고 긁으면 피가 나는 습진.≒혈감.

혈허(血虛) 영양 불량, 만성 질병, 출혈 따위로 혈분(血分)이 부족하여 생기는 증상.

협심증(狹心症) 심장부에 갑자기 일어나는 심한 동통(疼痛)이나 발작 증상. 심장벽 혈관의 경화, 경련, 협착(狹窄), 폐색 따위로 말미암아 심장 근육에 흘러드는 혈액이 줄어들어 일어난다. 때로는 심장 마비의 원인이 된다.

호기(狐氣) '암내'를 전문적으로 이르는 말.

홍맥(洪脈) 맥의 폭이 넓고 힘 있게 뛰며 가볍게 짚어도 여유 있는 감을 주는 맥의 모습. 열이 심할 때에 나타난다.

홍반(紅斑) 붉은 빛깔의 얼룩점.

화담(火痰) 담음(痰飮)의 하나. 본래 담이 있는 데다 열이 몰려 생기는데, 몸에 열이 심하고 가슴이 두근거리며 입이 마르고 목이 잠긴다. =열담.

화습(化濕) 상초(上焦)에 있는 습사(濕邪)를 없애는 치료 방법.

화위(和胃) 위기(胃氣)가 조화롭지 못한 것을 치료하는 방법.≒화중.

활혈(活血) 혈액 순환이 원활하도록 하는 일. 또는 그런 치료법.

황달(黃疸) 담즙이 원활하게 흐르지 못하여 온몸과 눈 따위가 누렇게 되는 병. 온몸이 노곤하고 입맛이 없으며 몸이 여위게 된다. ≒기달, 달기, 달병, 달증, 황달병, 황병.

황한(黃汗) 황달의 하나. 열이 나고 누런 땀이 나는 병이다.

후담(喉痰) 후두에 생기는 염증. 기침이 심하고 가래가 많이 나온다.

후중기(後重氣) 뒤가 무지근한 느낌.

휴식리(休息痢) 증상이 좋아졌다 나빠졌다 하면서 오래 끄는 이질.

흉골(胸骨) 가슴 한복판에 세로로 있는 짝이 없는 세 부분으로 된 뼈. 위쪽은 빗장뼈와 관절을 이루고, 옆은 위쪽 일곱 개의 갈비 연골과 연결되어 있다. =복장뼈.

흉비(胸痞) 가슴이 그득하고 답답한 병.

흉만(胸滿) 가슴이 그득한 증상.

흉통(胸痛) 가슴의 경맥 순환이 안되어 가슴이 아픈 증상.

흉협고만(胸脇苦滿) 가슴과 옆구리가 그득하고 괴로운 증상.

흘역(吃逆) 가로막의 경련으로 들이쉬는 숨이 방해를 받아 목구멍에서 이상한 소리가 나는 증세.=딸꾹질.

병에 이로운 약초

간경화증
개머루, 개오동나무, 귀룽나무, 방가지똥, 배롱나무, 쇠뜨기

간암
개오동나무, 구지뽕나무, 삼백초, 방가지똥, 배롱나무

간염
개머루, 개오동나무, 거지덩굴, 계뇨등, 귀룽나무, 도깨비바늘, 돌소리쟁이, 띠, 물매화, 배롱나무, 삼백초, 소나무, 절굿대, 제비꽃, 파대가리, 피막이풀

갱년기장해
고추나물

고혈압
감나무, 갯까치수영, 고사리, 고수, 고욤나무, 구상나무, 남가새, 납매, 다정큼나무, 돈나무, 돌나물, 두메부추, 들쭉나무, 등골나물, 만병초, 명아주, 바위구절초, 복수초, 석류나무, 쑥, 애기메꽃, 여주, 은행나무, 자귀나무, 절굿대, 진달래, 청미래덩굴

골다공증
달맞이꽃, 두충나무, 소나무, 으름덩굴

관절염(통)
계뇨등, 골담초, 귀룽나무, 등갈퀴나물, 만병초, 복수초, 사위질빵, 사초, 살갈퀴, 삽주, 석류나무, 쐐기풀, 여주, 자귀나무, 절굿대, 진달래, 찔레꽃, 청나래고사리, 청미래덩굴, 큰개불알풀, 피나물, 해당화

당뇨
갯까치수영, 고욤나무, 달맞이꽃, 닭의장풀, 돈나무, 두릅나무, 두메부추, 둥굴레, 등골나물, 뚱딴지, 마, 멍석딸기, 산마늘, 산앵두나무, 소나무, 수국, 쐐기풀, 애기메꽃, 여주, 으름덩굴, 주목, 타래난초, 통통마디(**함초**), 팥배나무, 해당화, 후박나무

대장암(염)
가죽나무, 구릿대, 연화바위솔(**와송**), 오이풀, 인동덩굴, 자작나무, 한련초, 할미꽃, 후박나무

동맥경화
가문비나무, 결명자, 고사리, 고수, 남가새, 돈나무, 두충나무, 바위구절초, 배초향, 부처손, 산마늘, 쇠뜨기, 쑥, 잇꽃, 자주꽃방망이, 해바라기, 회향, 후박나무

류머티즘
계뇨등, 고마리, 구족도리풀, 달맞이꽃, 대극, 독말풀, 돌소리쟁이, 들쭉나무, 등갈퀴나물, 때죽나무, 버드나무, 소리쟁이, 오리나무, 우단담배풀, 자작나무, 피나물

만성기관지염
개미취, 금불초, 물푸레나무, 오리나무, 창포

면역력
고사리, 도라지, 두릅나무, 만삼, 무, 바위돌꽃, 산사나무, 생강나무, 아이비, 엉겅퀴, 오미자

방광염
띠, 마디풀, 배롱나무,

변비
강아지풀, 개비름, 개석송, 갯까치수영, 결명자, 고사리, 고욤나무, 꽃다지, 녹두, 돌소리쟁이, 두메부추, 뚱딴지, 삼, 삼백초, 소리쟁이, 수박풀, 아욱, 아주까리**(피마자)**, 어리연, 연화바위솔**(와송)**, 자주꽃방망이, 접시꽃, 차조기, 퉁퉁마디**(함초)**, 풀협죽도, 해홍나물

복수
개머루, 고욤나무, 대극

빈혈
물억새, 컴프리

성인병 예방
눈개승마, 돈나무, 무, 쑥

식도암
개비자나무, 구지뽕나무

신경통
계뇨등, 고추나무, 골담초, 구릿대, 귀룽나무, 남가새, 두릅나무, 두충나무, 마가목, 만병초, 말냉이, 복수초, 사위질빵, 생강나무, 소나무, 아이비, 자귀나무, 청미래덩굴, 큰까치수영

신장암(염)
개머루, 개오동나무, 겨우살이, 금방망이, 나팔꽃, 마디풀, 바위떡풀, 앉은부채, 오리나무, 옻나무, 용담, 자운영, 작살나무, 찔레꽃, 측백나무, 피막이풀, 회향

심장질환
겨우살이, 구지뽕나무, 다정큼나무, 별꽃, 부추, 으름덩굴, 은행나무, 인삼, 중의무릇

아토피
가막살나무, 구상나무, 극락조화, 누리장나무, 달맞이꽃, 백선, 좀개구리밥

우울증
강황, 고추나물

위궤양
가막사리, 가죽나무, 금잔화, 마, 마름, 애기똥풀, 컴프리, 후박나무

위암
겨우살이, 구지뽕나무, 두릅나무, 마름, 자작나무, 제비꽃

위장병(염)
가는기린초, 고추냉이, 고수, 금잔화, 남천, 매발톱꽃, 산앵두나무, 소나무, 앉은부채, 애기똥풀, 얼레지, 오리나무, 으름덩굴, 작약, 전나무, 참여로, 팥배나무, 풀협죽도, 회향, 후박나무

유방암
방가지똥, 활나물

이뇨
닭의장풀, 대극, 멍석딸기, 바위떡풀, 보춘화, 복수초, 비름, 산마늘, 삼백초, 소리쟁이, 쐐기풀, 억새, 엉겅퀴, 원추리, 자작나무, 잣나무, 제비꽃, 조밥나물, 차조기, 초피나무, 피막이풀

자궁암
구지뽕나무, 활나물

장염
동백나무, 범의꼬리, 산앵두나무

중풍
감나무, 겨우살이, 고욤나무, 남가새, 누리장나무, 들쭉나무, 등골나물, 만병초, 말냉이, 백화등, 복수초, 이팝나무, 자귀나무, 잣나무, 절굿대, 참여로, 천남성, 청미래덩굴, 측백나무

천식
가문비나무, 개미취, 금목서, 끈끈이주걱, 남천, 독말풀, 돌배나무, 두메부추, 머위, 멍석딸기, 산앵두나무, 쑥부쟁이, 앵초, 우단담배풀, 전호

치매 예방
갈대, 들쭉나무, 비름, 석창포, 이팝나무

콜레스테롤
강황, 겨우살이, 고수, 눈개승마, 돌나물, 배초향, 산마늘, 석류나무, 해바라기

폐결핵
가는기린초, 가막사리, 구름송이풀, 돌배나무, 소나무, 수박풀, 왕과, 회향

폐렴
구름송이풀, 등골나물, 매발톱꽃, 배암차즈기, 자작나무, 회향

폐암
개비자나무, 겨우살이, 구지뽕나무, 누리장나무, 삼백초, 자작나무, 활나물, 회향

항산화
개병풍, 관중, 녹두, 다정큼나무, 뚱딴지, 배암차즈기, 산사나무, 삼지구엽초, 서양금혼초, 씀바귀

항암
가래나무, 개병풍, 녹나무, 누리장나무, 닭의장풀, 동아, 마름, 무, 방가지똥, 방아풀, 부처손, 비름, 산마늘, 삼백초, 서양금혼초, 석류나무, 석창포, 쇠뜨기, 수박풀, 엉겅퀴, 연화바위솔(와송), 왕과, 은행나무, 청나래고사리, 한련초, 후박나무

해독
개망초, 갯댑싸리, 거지덩굴, 깽깽이풀, 꽃치자나무, 꿩의다리, 냉이, 녹두, 누리장나무, 대추나무, 마름, 머위, 무, 방가지똥, 부레옥잠, 비름, 산마늘, 산벚나무, 살갈퀴, 삼백초, 솔나물, 수크령, 쑥, 아욱, 어리연, 억새, 오이풀, 옻나무, 이질풀, 큰꿩의비름, 털동자꽃

황달
거지덩굴, 꽃치자나무, 꽈리, 도깨비바늘, 돌나물, 돌소리쟁이, 등골나물, 띠, 마디풀, 매발톱꽃, 미역취, 삼백초, 소리쟁이, 솔나물, 수박풀, 왕과, 용담, 원추리, 절굿대, 제비꽃, 조뱅이, 좁은잎해란초, 파대가리, 풍선덩굴, 피막이풀

참고 문헌
『당본(唐本)』『동의보감(東醫寶鑑)』『동의학사전(東醫學辭典)』『신농본초경(神農本草經)』『약성론(藥性論)』『본초강목(本草綱目)』『약품식물학각론(藥品植物學各論)』『중약대사전中藥大辭典』『물명고(物名攷)』『천공개물(天工開物)』네이버 백과, 국립국어원 표준국어대사전, 한방용어사전